Martin Fischer, Wolfgang Ingerl

Deutsche Armbandchronometer & Qualitätsuhren 1935–1980

MARTIN FISCHER
WOLFGANG INGERL

DEUTSCHE ARMBAND-CHRONOMETER & QUALITÄTSUHREN

1935–1980

Bibliografische Information Der Deutschen Nationalbibliothek

Die Deutsche Nationalbibliothek verzeichnet diese Publikation in der Deutschen Nationalbibliografie; detaillierte bibliografische Daten sind im Internet über http://dnb.dnb.de abrufbar.
ISBN 978-3-86646-220-5

Für uns, die Battenberg Gietl Verlag GmbH mit all ihren Imprint-Verlagen, ist Nachhaltigkeit ein wichtiger Teil unserer Unternehmensphilosophie. Daher achten wir bei allen unseren Produkten auf den Einsatz umweltschonender Ressourcen und Materialien.
Dieses Buch wurde auf FSC®-zertifiziertem Papier gedruckt. FSC (Forest Stewardship Council®) ist eine nicht staatliche, gemeinnützige Organisation, die sich für die verantwortungsvolle und ökologische Nutzung der Wälder unserer Erde einsetzt.

Unsere Partnerdruckerei kann zudem für den gesamten Herstellungsprozess nachfolgende Zertifikate vorweisen:
- Zertifizierung für FOGRA PSO
- Zertifizierungssystem FSC®
- Leitlinien zur klimaneutralen Produktion (Carbon Footprint)
- Zertifizierung EcoVadis (die Methodik besteht aus 21 Kriterien in den Bereichen Umwelt, Einhaltung menschlicher Rechte und Ethik)
- Zertifikat zum Energieverbrauch aus 100% erneuerbaren Quellen
- Teilnahme am Projekt „Grünes Unternehmen“ zum Schutz von Naturressourcen und der menschlichen Gesundheit

Bilder Innenteil: wenn nicht anders angegeben: Martin Fischer

Bilder Umschlag:
U1: Junghans Chronometer J82/2, Luga 451 Chronometre mit Durowe 451; Foto: Martin Fischer
U4 : Recta G1 (MV* G1); Foto: Martin Fischer

1. Auflage 2022

ISBN 978-3-86646-220-5
www.battenberg-gietl.de

VORWORT

Der Siegeszug der Armbanduhr setzte ab 1920 nach dem Ende des Ersten Weltkriegs ein. Die Uhr am Handgelenk und ein kurzer Blick darauf waren einfach praktisch. Schnell wurde die Armbanduhr zum Konsumartikel. In Deutschland dominierten zunächst Schweizer Damen- und Herrenuhren den Markt. Kein Wunder, denn schon vorher kamen in Deutschland die meisten Taschenuhren aus der Schweiz.

Für die Armbanduhr lassen sich in Deutschland zwei Entwicklungslinien erkennen: Einerseits waren da die großen Uhrenfirmen, die Uhrentechnologie und entsprechende Uhrwerke entwickelten, andererseits die Schmuckwarenindustrie im Raum Pforzheim und Schwäbisch Gmünd. Nach tastenden Anfängen präsentierten Thiel 1928 und Junghans 1930 eigene Armbanduhrenkollektionen. Bereits im Katalog von 1931 bot Junghans 43 verschiedene Modelle an. Die gegenüber Taschenuhren wesentlich vielfältigeren Gestaltungsmöglichkeiten für Gehäuse, Zifferblatt und Zeiger bei Armbanduhren führten zu einer explosionsartigen Vermehrung des Angebots. Das war vorteilhaft für die Uhrenindustrie in Pforzheim, die nach 1920 die Gelegenheit ergriff, fertige Schweizer Uhrwerke zu importieren und sie in eigene Gehäuse einzubauen. Nach einer Schweizer Schätzung wurden 1927 ca. 700.000 Rohwerke nach Pforzheim geliefert. Kurz vor dem Zweiten Weltkrieg besaßen die Pforzheimer und Schwäbisch Gmünder Industrie eine führende Rolle und produzierten über 70 % aller in Deutschland hergestellten Armbanduhren, überwiegend mit Uhrwerken aus deutscher Fertigung. Die Vielzahl der Uhrenmarken wuchs laufend. Allein über 8.000 Schweizer Uhrenmarken und Labels wurden 1965 im „Indicateur Suisse" aufgeführt. Die unglaubliche Fülle des Angebots entsprach allen Anforderungen der Käufer, was sowohl das Äußere als auch die Ganggenauigkeit der Armbanduhren betraf. Von der preiswerten Gebrauchsuhr für den Alltag, mit hinreichenden Toleranzen, bis zu hochwertigen Modellen mit Gangzeugnis und wenigen Sekunden Abweichungen pro Tag, wurde alles angeboten.

Seit dem Ende der 60er Jahre des letzten Jahrhunderts nahm das Sammeln von Antiquitäten eine stürmische Entwicklung. Gesammelt wurde alles Mögliche und das mit großer Leidenschaft. Auch das Sammeln von Uhren fand schnell immer mehr Anhänger. Das umfangreiche Fachbuch „Uhren" von Bassermann-Jordan/Bertele (7. Aufl. 1969) war damals das einzige Standardwerk eines jeden Uhrensammlers. In diesem Buch findet sich allerdings noch kein einziges Wort zu Armbanduhren. Für diese Kategorie gab es bis dahin lediglich Spezialliteratur (z.B. Hillmann, Die Armbanduhr – Ihr Wesen und ihre Behandlung bei der Reparatur, 1925).

Es ist das Verdienst des Callwey Verlags mit dem inspirierenden Christian Pfeiffer-Belli im Hintergrund, dass 1983 das weltweit erste umfassende Werk über Armbanduhren von Helmut Kahlert, Richard Mühe und Gisbert L. Brunner erschien. Das Ziel der Verfasser war, der damals noch kleinen Sammlergemeinde von Armbanduhren das Thema in seiner ganzen Breite vorzustellen, aber auch die

technologische Entwicklung der Armbanduhr in Wort und Bild angemessen zu dokumentieren. Das Hauptaugenmerk lag auf der Schweizer Armbanduhr. Das Buch hatte einen Riesenerfolg und erschien in 5. Auflage 1996. Aus diesen Anfängen heraus entwickelte sich die Armbanduhrenliteratur stürmisch. In den folgenden Jahren entstand eine umfangreiche Spezialliteratur mit markenspezifischen Monographien, z.B. sehr früh Martin Huber, Patek Philippe, 1987, oder jüngst Martin Fischer, Faszination Junghans – Sieben Jahrzehnte Armbanduhren aus Schramberg, 2017. Die DGC-Bibliothek weist heute bereits über 600 Titel für dieses Sammelgebiet auf. Dass es trotz des enormen Umfangs einschlägiger Literatur noch vieles Interessantes zu entdecken gibt, beweisen Martin Fischer und Wolfgang Ingerl im vorliegenden Werk. Die Verfasser schließen hier eine echte Lücke im Literaturangebot und widmen sich ausschließlich dem Deutschen Armbandchronometer und den deutschen Präzisionsarmbanduhren der Nachkriegszeit.
Dieses Sammelgebiet war bisher eine Domäne weniger Spezialisten, die untereinander enge Kontakte pflegen. Sie haben sich ihr Wissen im Lauf der Zeit angeeignet, aber nirgends dokumentiert. Nur sporadisch finden sich Beiträge zu ausgewählten Armbandchronometern in Fachzeitschriften. Eine umfassende Übersicht mit einer Systematik fehlte bisher. Die Autoren des vorliegenden Werks haben hier Großes geleistet. Es ist ihnen nach intensiver und zeitaufwändiger Forschungsarbeit gelungen, trotz schwieriger Quellenlage viele neue Erkenntnisse zu gewinnen. Die zusammengetragenen Mosaiksteine wurden zusammen mit bereits bekannten Informationen zum Thema sinnvoll strukturiert und für den Leser mit Sachkenntnis aufbereitet. Somit liegt jetzt erstmals eine umfassende Geschichte der deutschen Armbandchronometer und ihrer Hersteller vor. Sie wird sicher viele Uhrenbegeisterte anlocken, sich näher mit diesem spannenden Themenkreis und den attraktiven, aber seltenen Uhren zu beschäftigen. Damit ist das Werk von Martin Fischer und Wolfgang Ingerl zum zukünftigen Standard- und Nachschlagewerk für alle einschlägigen Sammler prädestiniert.

Dr. Bernhard Huber
Deutsche Gesellschaft für Chronometrie
Bibliothek

ZentRa
PRAZISION
SONDERKLASSE
Laco
CHRONOMETER
STOWA

INHALTSVERZEICHNIS

Vorwort ... **5**
Einleitung ... **10**

1 Was ist ein (Armband-)Chronometer? ... **11**
2 Was führte zu den heutigen Armbandchronometern? ... **12**
3 Chronometerprüfung in Deutschland heute (2021) ... **20**
4 Die Observatorien ... **21**
4.1 Observatoriumsprüfungen und Wettbewerbe ... 22
4.2 Prüfanstalten in der Schweiz ... 24
5 Die deutschen Prüfanstalten ... **24**
5.1 Deutsches Hydrographisches Institut ... 24
5.2 Physikalisch-Technische Bundesanstalt Braunschweig (PTB) ... 28
5.3 Deutsches Amt für Mess-und Warenprüfung (DAMG) ... 29
5.4 Uhrenprüfstelle des Landesgewerbeamt Baden-Württemberg (LGA) ... 30
5.5 Die Sorgen der Endkunden … ... 40
6 Die Prüfung ... **43**
6.1 Bedingungen für die amtliche Prüfung 1955 ... 46
Prüfungsdauer ... 46
Prüfungsschema ... 46
Gangzeugnisse und Gangtabellen ... 47
6.2 Deutscher Normenausschuss ... 49
6.3 Entstehung der RAL-Norm ... 51
6.4 Allgemeine staatliche Uhrenprüfungen in den Prüfanstalten ... 52
7 Zeit heute ... **56**
8 Auf dem Weg zum Chronometer – Qualitätsuhren bis 1952 ... **56**
8.1 Junghans Chronomètre und Meister ... **57**
Junghans Chronomètre ... 57
Junghans Meister vor 1952 ... 57
8.2 Page, Ancre, und Ehr Chronometre und eine Provita Extra Precision ... 59
8.3 Dr. Kurtz ... 62
8.4 Glashütter Uhrenbetriebe GUB 28 und 28.1 ... 65
8.5 Bifora ... 67
9 Die deutschen Armbandchronometer nach 1952 ... **69**
10 Die deutschen Chronometerhersteller ... **72**
10.1 Junghans aus dem Schwarzwald ... 72
10.2 Glashütter Uhrenbetriebe (GUB) aus Sachsen ... 89
10.3 Laco (Lacher & Co.) ... 95
10.4 Porta (Wehner KG, Pforzheim) ... 103
10.5 Kienzle ... 108
10.6 Bifora ... 114
10.7 Die Raritäten ... 119

ALP (A. Lange Pforzheim) und Lange, vormals Glashütte 119
Bellana 120
Der Sonderfall Blumus 124
Condor 126
DUGENA 130
DUGENA Vacuum Automatica 131
Eppo / Otero Epora 136
Exquisit / Weinmann 142
Isoma 146
Luga 148
Mars 153
Page 154
Provita 156
10.8 Chronograph ≠ Chronometer 162
10.9 Unbekannte Chronometerhersteller und Meisteruhren 167
11 Elektronische Chronometer – Paradigmenwechsel in der Uhrenindustrie 169
11.1 Elektromechanische Chronometer 169
12 Quarz Armbandchronometer 175
12.1 Quarzchronometer – Der Griff nach den Sternen 179
13 Zeitleiste Armbandchronometer 182
14 Präzisionszeitmesser am Arm – auf der Chronometerwelle reiten! 184
14.1 Anker Extraprecision 186
14.2 Arctos Elite 186
14.3 Badenia Precision 188
14.4 Berg und Bergana 190
14.5 Delcona Precision und Helma 193
14.6 Dugena Precision 195
14.7 Gruen Watch Co. 203
14.8 Henzi und Pfaff (H&P oder HPP) 203
14.9 Junghans Meister ab 1951 – Die Uhren-Sonderklasse 206
Kaliberliste Junghans Meister 207
14.10 PARA 209
14.11 Primato 210
14.12 STOWA 212
14.13 Vortmann Précision und Meckenstock Précision 214
14.14 Schwarzwälder Précision 215
14.15 Wempe Zeitmeister 216
14.16 ZentRa 218
ZentRa Präzision 218
ZentRa Präzision Sonderklasse 218
ZentRa Solamaster 220
15 Auflistung der abgebildeten Uhren 223
16 Zeitliche Einteilung deutsche Chronometer 231
17 Liste Bestellsignaturen der Archivalien Staatsarchiv Ludwigsburg 232

Nachwort 233
Danksagung 233
Autorenvita 233
Literatur 234

EINLEITUNG

Deutsche Armbandchronometer und Präzisionsarmbanduhren der Nachkriegszeit – es gibt kaum ein spannenderes Thema für Uhrenliebhaber, denn deutsche Chronometer gehören zu den Spitzenprodukten der Uhrenhersteller. Sie sind ein lohnendes Sammelgebiet, das auch noch überschaubar bleibt und den Geldbeutel nicht immer übermäßig strapazieren muss. Aber nicht nur die Uhren der Königsklasse sind sammelwürdig, sondern sicher auch die vermeintlich zweite Liga, deren Gangleistungen zwar nicht offiziell geprüft wurden, aber dennoch beständig herausragende Ergebnisse hervorgebracht hatten. Und obwohl gerade zu dieser Materie schon so manches veröffentlicht wurde, konnten jetzt viele neue Entdeckungen an die Oberfläche gebracht werden. Bei der Nachforschung tauchten naturgemäß viele Hindernisse auf, denn viele Firmen existieren nicht mehr, und wenn sie existieren, wurden nicht selten bei eventuellen Besitzerwechseln Unterlagen vernichtet und leider kaum ein Archiv angelegt. Die Quarzkrise erledigte den Rest der damals unmodernen mechanischen Uhren und den zugehörigen Unterlagen, die häufig vernichtet wurden. Wer konnte damals schon wissen, dass Jahre später Sammler um jede Variante und Unterart eines Kalibers diskutieren und fachsimpeln?

Die Autoren konnten viele neue Informationen und ein paar wirkliche Entdeckungen auftun, die in dieser Veröffentlichung präsentiert werden. Die Belege zu den Chronometern stammen häufig aus originalen und zeitgenössischen Unterlagen, aus alten Werbeunterlagen oder Korrespondenz der Firmen. Das Institut, das über die längste Zeit die Zertifizierung der Mehrzahl der deutschen Armbandchronometer vollzog, war die Uhrenprüfstelle des Landesgewerbeamtes Baden-Württemberg in Stuttgart. Leider existiert dort kein Archiv mehr – aber glücklicherweise wurde eine große Anzahl der Unterlagen in das Staatsarchiv nach Ludwigsburg übergesiedelt und ist dort einsehbar.

Dieses Buch soll einen ersten Überblick über Armbandchronometer und die „Zweite Liga" der hochwertigen Armbanduhren der deutschen Uhrenhersteller geben. Eine Vollständigkeit ist aufgrund der Masse jedoch kaum machbar. Die großen Chronometerhersteller wurden nach Stückzahlen innerhalb der Kapitel sortiert, in den anderen Kapiteln wurde eine alphabetische Sortierung vorgenommen.

Recherchearbeit im Staatsarchiv Ludwigsburg

WAS IST EIN (ARMBAND-) CHRONOMETER?

1

Die Schweizer haben 1951 bereits definiert: „Ein Chronometer ist eine Präzisionsuhr, die in verschiedenen Lagen sowie unter unterschiedlichen Temperaturen reguliert ist und einen offiziellen Gangschein erhalten hat."
Vor 1951 wurde es deutlich vager und konjunktivisch gehalten: Ein Chronometer ist eine Uhr, die „...einen Gangschein erhalten könnte...". Ein Grund dafür, dass auf so manchem Zifferblatt „Chronometer" prangte, ohne dass zwingend eine Prüfung bei einem staatlichen Institut erfolgt sein musste.
In einem Informationsschreiben aus dem Jahr 1959 für die Presse des damaligen Ausschusses für Lieferbedingungen und Gütesicherung, kurz RAL (heute „Deutsches Institut für Gütesicherung und Kennzeichnung e. V.", früher „**R**eichs-**A**usschuss für **L**ieferbedingungen"), werden „Uhren als Chronometer bezeichnet, die amtlich geprüft und mit einem Gangzeugnis ausgestattet sind".
Als Leiter des Instituts für Uhrentechnik und Feinmechanik der Universität Stuttgart und des Forschungsinstituts der Forschungsgesellschaft für Uhren- und Feingerätetechnik beschreibt es Günther Glaser in der zweiten Auflage (1981) des Lexikons der Uhrentechnik folgendermaßen: Das Chronometer ist eine Uhr, die bei entsprechender Bauart und Präzision Prüfbedingungen erfüllt und amtlich geprüft ist. Chronometer darf eine Uhr nur dann genannt werden, wenn sie amtlich geprüft und mit einem amtlichen Prüfzeugnis ausgestattet ist.
Definition aus dem Illustrierten Fachlexikon der Uhrmacherei von G.-A. Berner:
1. Chronometer, das
Bezeichnung eines Präzisionszeitmessers, der für diverse Verwendungsbedingungen geregelt ist (z.B. jene der ISO-Norm 3159 für mechanische Armbandchronometer). Die Übereinstimmung mit der Definition des Chronometers wird durch eine neutrale offizielle Instanz anerkannt, die das Zeitmessgerät oder ggf. dessen Werk prüft und eine individuelle offizielle Bestätigung ausstellt (Gangschein), die den Anspruch als Chronometer beglaubigt.
(Definition aus dem Jahr 1995)
2. Chronometer, der
Etymologisch, jeder Apparat, der die Zeit misst. Im Sprachgebrauch hat sich jedoch eine andere Bedeutung durchgesetzt: **Apparat von äußerster Genauigkeit**. So sagt man von einer sehr guten Uhr: sie ist ein richtiger Chronometer.
Die Vereinigung Schweizerischer Uhrenfabrikanten-Verbände (F. H.) umschreibt den Chronometer wie folgt: Uhr, die einen offiziellen Gangschein erhalten hat. In der Schweiz werden die offiziellen Gangscheine nur durch die Observatorien Genf und Neuenburg und durch die offiziellen Schweizerischen Uhren-Gangkontrollstellen ausgestellt.
Bordchronometer: großformatige Uhr (45 – 65 mm Durchmesser), auch als **Torpedoboot-Uhr** bezeichnet.
Marinechronometer: in einem Kästchen aufbewahrter großer Chronometer mit Kardanaufhängung, den man auf Hochseeschiffen zur Bestimmung der geographischen Länge verwendet.
Observatoriums-Chronometer: der von einem Observatorium einen Gangschein erhalten hat.
Schaufenster-Chronometer: in ein Kästchen eingebauter Chronometer, der im Schaufenster ausgestellt wird und immer in der gleichen Lage bleibt.
(Definition aus dem Jahr 1961)

2 WAS FÜHRTE ZU DEN HEUTIGEN ARMBAND-CHRONOMETERN?

Warum tragen wir heute kleine Meisterwerke der Uhrmacherkunst, die sich geprüfte Chronometer nennen, mit besonderem Stolz und Augenmerk?
Gegenwärtig kann sich jeder Sammler für gut hundert Euro eine Zeitwaage anschaffen, die einfach bedienbar relativ schnell eine gewisse Aussage über den Zustand und die Ganggenauigkeit eines mechanischen Uhrwerks zulässt. Die Uhren werden im geschlossenen Zustand über einem Kristallmikrofon fixiert, und das Gerät prüft die Uhr über das abgenommene Tickgeräusch. Durch Veränderung der Lagen, der Temperatur und der Aufzugzustände kann heute selbst ein Amateur einen momentanen und kurzzeitigen Vergleich zu einem Zeitnormal durch das Ablesen einer Standkurve auf der Anzeige als „Gang pro Tag" erkennen. Das ist erst seit wenigen Jahren möglich. Vorher waren Zeitwaagen, also Uhrenprüfgeräte, die eine schnelle Kontrolle des Uhrganges und das Erkennen von Gang- und Werkfehlern erkennen lassen, nur in Uhrmacherfachwerkstätten zu finden. Davor ausschließlich in Uhrenprüfstellen, Zeitdienstinstituten, Laboratorien und den Prüfsälen der Uhrenhersteller.
Die wohl erste Zeitwaage baute 1926 der Uhrentechniker, Ingenieur und Unternehmer Prof. Dr. h. c. Ing. Reinhard Straumann (*1892 – †1967) zusammen mit Siemens und Halske, den sogenannten Chronokomparator. Das Gerät wird auch Siemens-Straumann-Zeitwaage genannt.
Doch die Notwendigkeit, besonders präzise Zeitmesser zu schaffen, liegt einige hundert Jahre zurück, und wir müssen uns in eine Zeit begeben, die geprägt war von der Entdeckung neuer Länder und Kontinente, von technischen Erfindungen und auch etlichen Entbehrungen und Schwierigkeiten im alltäglichen Leben.
Die großen seefahrenden Nationen des 17. und 18. Jahrhunderts wie Portugal, Frankreich, Spanien und England quälte ein vorrangiges Problem, die Bestimmung des Längengrades, um die genaue Position des Schiffes auf den unendlichen Weiten der Weltmeere festzustellen. Eine Abweichung von nur wenigen Winkelgraden bedeutete unweigerlich, die angepeilte Insel zu verfehlen, und hatte oft zur Folge, dass wichtige Vorräte wie Trinkwasser oder vitaminreiche Kost an Bord nicht aufgefüllt werden konnten, und führte viele hunderte Seeleute zu Krankheiten wie Skorbut oder nicht selten in den Tod. Lange wurde die Bestimmung über nautische Präzisionsgeräte wie Fernrohr, Sextant und Kompass und über den Stand der Sterne verfeinert, da keine andere Lösung existierte. Herrschte tagelang keine Sicht auf die Gestirne, konnte eine exakte Bestimmung

Gesamtbild der Zeitwaage unter Verwendung einer Unruhuhr (auf dem Aufnahmegerät N) als Zeitnormale

Aufnahmegerät

Bilder einer Straumann-Zeitwaage aus dem Jahr 1934. Foto: Schriftenreihe der Gesellschaft für Zeitmeßkunde und Uhrentechnik, Band 6; 1935

des Längengrades nicht erfolgen. Gerade in Zonen wie dem Kap Horn, der südlichsten Landmarke Südamerikas, konnte es vorkommen, dass mehrere Wochen bis zu Monaten der Himmel nicht aufklarte und damit keine Zuordnung möglich war. Zusätzlich wurde die Schwierigkeit der Positionsbestimmung beeinflusst durch Variablen wie die Geschwindigkeit des Schiffes und die vorherrschende Meeresströmung. Die Geschwindigkeit wurde über ausgeworfene Loggen ermittelt. Mittels einer Sanduhr oder einer mehr oder weniger genau gehenden Taschenuhr wurde das Vorbeigleiten des Schiffes von dieser ausgeworfenen Marke halbwegs genau festgestellt und auf die Gesamtdauer des Kurses hochgerechnet. Die Fehlerquote der Navigatoren war enorm und Abweichungen von mehreren hundert Seemeilen fast an der Tagesordnung. Lange wurde weiterhin an der Bestimmung über die Sterne festgehalten, und keine geringeren Geister als Cassini, Huygens, Newton und Galileo beschäftigten sich mit der Problematik. Maßgeblich für die Beobachtung der Sterne, beispielsweise über die Monddistanzmethode oder die Verfinsterung der Jupitermonde, waren die Wissenschaftler, die sich schließlich an den nationalen Observatorien organisierten.
Um endlich Abhilfe zu schaffen, wurde im Jahr 1714 eine riesige Belohnung des englischen Parlaments für eine präzise Methode zur Änderung des Missstandes ausgerufen. Der Longitude Act wurde ausgelobt – eine Reise von Großbritannien zu den Westindischen Inseln mit einem maximalen Fehler von einem halben Grad genau zu bestimmen, dies entspricht 2 Minuten Zeit. Belohnt würde das Erreichen des Ziels mit 20.000 Pfund Sterling. Ein neuer Weg, zur Lösung des Problems der Bestimmung des Längengrades, der so genannten Longitudinalbestimmung, also der Bestimmung der geographischen Länge des jeweiligen Standortes, wurde schließlich von verschiedenen Uhrmachern angegangen. Der in Den Haag geborene Uhrmacher Christiaan Huygens (*1629 – †1695) beispielsweise nannte seine Uhr schon Schiffsuhr und gab diese bereits Kapitänen zur Erprobung mit. Bislang war es nicht einmal gelungen, an Land, unter relativ konstanten Bedingungen, eine solch genau gehende Uhr zu erschaffen. Es gibt jedoch kaum einen Ort, an dem mehr permanente Bewegung herrscht, als an Bord eines Schiffes auf hoher See. Dazu kamen Luftdruck- und Temperaturschwankungen, die zusätzlich den präzisen Gang einer Uhr massiv beeinflussten.
Deutlich erfolgreicher war der schottische Schreiner John Harrison (*03.04.1693 – †24.03. 1776), der ebenfalls versuchte, eine möglichst genau gehende Uhr zu bauen.

Harrison fertigte insgesamt vier Uhren. Seine H1 genannte erste Uhr hatte mit der heutigen Vorstellung einer Schiffsuhr nichts gemein und wurde von 1730–1735 gefertigt. Sie war ca. eineinhalb Meter hoch und ca. 32 kg schwer. Auf einer ersten, offiziellen Testfahrt mit der Uhr schipperte Harrison als Begleiter und Betreuer seiner Uhr im Jahr 1736 von England nach Lissabon und schaffte dieses mit nur wenigen Sekunden Fehlgang in 24 h. Nach der Rückkehr Harrisons und seines Zeitmessers wurde er am 30. Juni 1737 vor die Mitglieder der Längenkommission gebeten und erhielt zunächst eine Unterstützung von 500 Pfund Sterling, um eine verbesserte Version zu bauen. Harrison baute eine zweite und schließlich eine dritte Version, an der er 20 Jahre arbeitete. Seinen absoluten Zenit hatte Harrisons Erfindergeist aber mit der letzten Uhr, der H4, die einer Taschenuhr ähnlich war, aber zwölf Zentimeter Durchmesser hatte und 1759 fertiggestellt wurde. Diese Schiffsuhr sicherte John Harrison schlussendlich den Preis.

Größtes Hindernis, den Längengrad nicht mehr, wie viele Jahrzehnte vorher, über die Beobachtung der Sterne zu bestimmen, war die mächtige Lobby der Astronomen und Mathematiker an den Observatorien, die ihren ganzen Einfluss geltend machten, um eine Preisverleihung an Harrison zu verhindern. Das Pariser Observatorium wurde 1667 gegründet und gleichzeitig wurde dieser Punkt zum Nullmeridian erklärt, der die folgenden französischen Messungen standardisierte. 1675 wurde das Observatorium im englischen Greenwich fertiggestellt, dessen Aufgabe es war, „mit der allergrößten Sorgfalt und Gewissenhaftigkeit die Tabellen der Bewegungen der Himmelskörper und die Stellungen der Fixsterne zu berücksichtigen, auf dass die so angestrebte Längengradbestimmung zur See ermöglicht und die Kunst der Navigation vervollkommnet würden“. Oder, wie es Dava Sobel in ihrem Buch „Längengrad“ beschreibt, „... konnte die Lösung nur vom Himmel kommen – aus dem göttlichen Uhrwerk des Universums und nicht von einer gewöhnlichen Uhr“.

Der Uhrmacher John Arnold, der John Harrisons Konstruktionen in engster Zusammenarbeit mit ihm umsetzte, schuf 1780 den Begriff „Chronometer“.

Über viele Jahre wurde die Konstruktion dieser Uhren perfektioniert, und später wurden sie Schiffschronometer oder Marinechronometer, Längenuhr oder auch einfach nur Schiffsuhr genannt. Sie wurden in einem mit einem Glasdeckel verschlossenen Messinggehäuse untergebracht, das durch eine kardanische Aufhängung in einem Holzkasten die schlingernden Bewegungen eines Schiffes ausglich. Der Schiffschronometer war auf der Brücke des Schiffes festgeschraubt. Einmal täglich wurde die Zeit der taschenuhrgroßen Beobachtungsuhr, wenn möglich, mit dem Nulldurchgang der Sonne mittels eines Sextanten abgeglichen und zum Schiffschronometer übertragen.

Diese ortsveränderlichen B-Uhren dienten auch dem Abgleich der Zeit mit einer ortsfesten Uhr als Zeitnormal, beispielsweise einer Präzisionspendeluhr in einem Observatorium. Die Herstellung der Schiffschronometer erstreckte sich über lange Zeit in Einzelanfertigungen, vor allem der Uhrmacher aus England. Kaum ein Schiffschronometer gleicht dem anderen und erst spät, genauer im Jahr 1905, wurden Uhren entwickelt, die „von Maschinen in höchstmöglicher, gleichbleibender Qualität“ hergestellt wurden. Damit war es möglich, Teile auszutauschen und die Technik zu standardisieren, zu verfeinern und vor allem günstiger zu machen. Und mit zunehmender Nutzung des Militärs im Ersten und Zweiten Weltkrieg mussten exakte Seechronometer in höchster Qualität hergestellt werden; dies mündete in Deutschland in der Schaffung des „Deutschen Einheits-Chronometers“ – eines Chronometers, der mit einer

Stückzahl von 58.000 gebauten Modellen der am häufigsten produzierte ist.
Das Uhrenjournal aus dem Jahr 1952 erklärt eine Definition der beiden Schiffsuhrentypen:

Schiffschronometer sind Uhren mit einer Auslösehemmung zur Anzeige der halben Sekunden und mit einer Aufhängevorrichtung, die dazu bestimmt ist, das Uhrwerk ohne Rücksicht auf die Stellung des Gehäuses horizontal zu halten.
Schiffsbeobachtungsuhren sind Schiffschronometer kleinen Formats mit einer Hemmung, die 2/5 Sekunden anzeigt, ohne Aufhängevorrichtung zur Horizontalhaltung des Uhrwerks.

Vor allem englische und französische Uhrmacher und Konstrukteure schufen immer bessere Zeitmesser, die kleiner waren und weniger kosteten. Die Entwicklung der tragbaren Zeitmesser führte schließlich zu hochpräzisen Unruh Spirale-Schwingsystemen, die in Verbindung mit einer Chronometerhemmung sehr genau gehende Uhren hervorbrachte, die schließlich auch erschwinglich sein mussten und deren Entstehung nicht mehrere Jahre dauern durfte.
Einen Meilenstein in der Grundlagenentwicklung zu einer Unruh, die weniger von Temperaturschwankungen beeinflusst wurde, schuf Charles Édouard Guillaume (*1861 – †1938), der in der zweiten Hälfte der neunziger Jahre des 19. Jahrhunderts zunächst eine Eisen-Nickel-Legierung gefunden hatte, die deutlich günstiger als die bis dahin vorhandenen Platin-Iridium-Legierungen war. Später wurde die von Guillaume gefundene Eisen-Nickel-Legierung Invar (für invariabel) genannt. Guillaumes Erfindung war auch für andere wissenschaftliche Disziplinen maßgeblich, wie die Landvermessung, die schließlich mit 24 Meter langen Invar-Messdrähten durchgeführt wurde. Guillaume wurde im Jahr 1920 für seine Leistungen mit dem Nobelpreis geehrt.
Den entscheidenden Gedankensprung vom temperaturunabhängigen Invardraht zur Temperaturkompensation bei Uhren hatte P. Berner im Jahr 1897, und die Umsetzung fand

Marine-Chronometer (Kaliber 6MX) und Beobachtungsuhr der Ersten Moskauer Uhrenfabrik aus dem Jahr 1995. Fotos: André Born

durch den Chronometer Regleur P. Perret aus La Chaux-de-Fonds statt, der bei Guillaume um eine Invar-Materialprobe zur Herstellung von Spiralfedern für Taschenuhren bat. Allerdings ging die damit ausgestattete Versuchsuhr bei hohen Temperaturen in auffallender Weise vor.
Bisher hatten Taschenuhren nämlich bei üblicher Bauweise mit Messingunruh und Stahlspiralfeder eine temperaturabhängige Fehlweisung von rund 11 s pro °C. Dies bedeutete, dass die Uhren zwischen einer täglichen Temperaturschwankung von 0° C bis 30° C bis zu 6 min am Tag nachgingen. Dieses Problem lag zu 90 % an der Spiralfeder.
Schiffschronometer waren weniger anfällig, da diese mit einer bimetallkompensierenden Unruh ausgestattet waren und somit eine Fehlweisung von nur 2–3 Sekunden pro Tag hatten (vorgehend, im Temperaturbereich zwischen 0° C und 30° C).
Guillaume und Perret konnten die Spiralen der Taschenuhren (und auch der Schiffschronometer) soweit verbessern, dass nur noch ein Gangunterschied von rund einer Sekunde pro Tag und Grad entstand, was bei durchschnittlichen Verhältnissen zu einem Tagesfehler von nur noch einer halben Minute pro Tag führte. Bis dahin waren 4–6 Minuten normal.
Guillaume forschte auch an einer anderen Form der Unruharme, um diese Restfehler aufzuheben, und verbesserte die bis dahin übliche Form der Bimetallunruh hin zu seiner 1899 vorgestellten „Integralbalance". Auch das Material der Spiralen wurde nochmals verbessert und dem Invar noch zusätzlich Chrom hinzugefügt; damit wurde eine erhöhte Elastizität und auch eine erleichterte Herstellbarkeit erreicht – die ELINVAR Spirale (Élasticité invariable) war entstanden. Und obwohl die Hoffnung groß war, die perfekte Spirale geschaffen zu haben, zeigte auch diese Legierung wieder seine Nachteile: Sie war

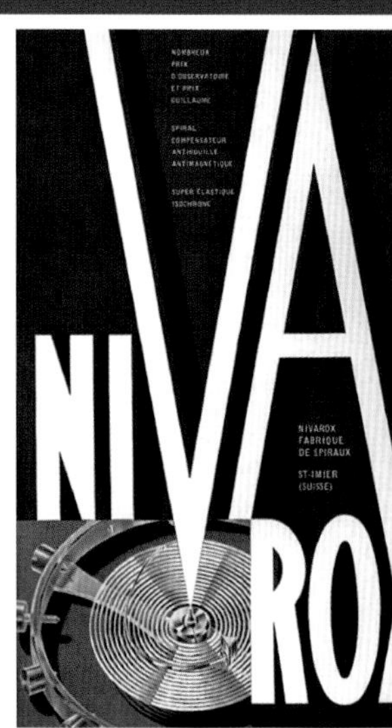

Bereits ab 1945 warb Nivarox mit den besten Gangergebnissen, getestet am Observatorium in Neuchatel, Schweiz – ab 1960 deutlich plakativer!

Werbung aus dem Jahr 1908

zwar elastisch, aber nicht hart genug. Die Schwingungsamplitude war geringer als bei den Stahlspiralen.
NIVAROX – nicht variabel, nicht oxidierend: Die Lösung kam erst im Jahr 1933 mit der Entwicklung des Werkstoffs Nivarox für selbstkompensierende Unruhspiralen durch den Schweizer Reinhard Straumann. Er schuf eine Legierung, die in einer Vakuumschmelze einen äußerst temperaturstabilen, hochelastischen und dazu weitestgehend amagnetischen und rostfreien Werkstoff aus Stahl und Nickel, mit einer Beigabe von Kobalt, Beryllium, Molybdän, Wolfram sowie Titan, vereint und bindet.
Die Nivarox Spiralen wurden immer mit monometallischen Glucydur Unruhen kombiniert. Diese Unruhen bestehen aus einer

Legierung aus Kupfer, Beryllium und etwas Eisen und bieten besondere mechanische Eigenschaften: Glucydur ist amagnetisch, resistent gegen Korrosion, besitzt eine Härte von 400 Brinell (380 Vickers) und einen niedrigen Wärmeausdehnungskoeffizienten. Der Kunstname Glucydur setzt sich aus Glucinium (Beryllium) und dur (hart) zusammen.

Auch die Größe der Unruhen ist bestimmend für einen genauen Gang. Der Unterschied zwischen großem und kleinem Unruhdurchmesser ist ähnlich dem eines langen und kurzen Pendels. Je größer der Durchmesser der Unruh ist, desto unempfindlicher ist deren Schwingung gegen äußere Einflüsse. Das Gewicht soll möglichst weit vom Drehpunkt entfernt sein. Lange war man der Ansicht, dass eine Unruh nur schwer sein musste, aber nicht groß.

Bei den Uhrenherstellern gab es den Beruf des Gangmachers, der bei jedem (!) Werk dafür sorgen musste, dass Unruh und Spiralfeder aufeinander abgestimmt wurden. Die Unruhen hatten stark schwankende Trägheitsmomente und die Spiralfedern unterschiedliche Drehmomente. Der Gangmacher musste durch Montieren und Abzählen die passenden Paare zuordnen.

Auch heute noch muss klassiert werden. Um Fertigungstoleranzen auszugleichen, werden Unruhen bestimmten Klassen zugeordnet, Gleiches geschieht bei den Spiralfedern, die zwischen schwachen und starken Federn sortiert und dann zu den entsprechenden Klassen der Unruhen hinzugefügt werden.

Ein Hauptaugenmerk der Regleure lag beim Gang, dessen Optimierung durch die Breguetspirale erreicht schien, die im Gegensatz zu den in einfachen Armbanduhren hauptsächlich zu findenden flachen Spiralen, bei denen der starre äußere Befestigungspunkt bedingt, dass die Windungen nicht alle gleich sein können und die sich ständig bewegende Spirale ungleich verformt, ein gleichmäßiges Atmen der Windungen ermöglicht.

Abraham Louis Breguet (*1747 – †1823) bog die äußerste Windung zu einer speziell geformten Endkurve und erreichte damit eine günstigere Verlegung des Endpunktes nach innen, über die anderen Windungen hinweg zum Zentrum hin. Nachteil an der Breguet-Spirale ist aber die dadurch höhere Bauweise.

Die Ganggenauigkeit ist noch von etlichen weiteren Störungen abhängig, von Veränderungen der Temperatur, des Luftdruckes, von Stößen oder Beschleunigung der Uhr, aber auch von schwankendem Antrieb, Reibung oder Veränderungen zwischen Hemmung und Gangregler. Auch die Aufzugsfeder sorgt für einen Isochronismusfehler durch ein schwankendes Antriebsdrehmoment. Wäre die Feder nicht in einem Federhaus, das die weitere Entspannung der Feder begrenzt, würde dieser Fehler noch größer ausfallen.

Der Zeitabgleich wurde bis in die 1970er Jahre mit so genannten Beobachtungsuhren getätigt.

Die in Pforzheim ansässige Firma STOWA (Walter Storz) beispielsweise entwickelte um 1935 eine Marine-Beobachtungsuhr mit 60 mm Durchmesser in Form einer Taschenuhr mit kleiner Sekunde, sowie eine große Fliegeruhr mit 55 mm Durchmesser, die ab dem Jahr 1939 produziert wurde. Dieser Durchmesser war für die Fliegeruhren offiziell festgelegt, auch das matt schwarze Zifferblatt und die Beschriftung mit Radiumleuchtmasse. Alle Uhren mussten eine Zentralsekunde mit einem Zeiger mit Gegengewicht aufweisen, und die Zeit musste durch eine Unruhstoppvorrichtung sekundengenau einstellbar sein.

Die Fliegeruhr wurde an einem großen Gurt über dem Fliegeranzug am Unterarm getragen. Das Werk stammte aus der Schweiz von Unitas (Kaliber 2812). Weitere deutsche Hersteller von Fliegeruhren für die Reichsluftwaffe waren Wempe mit dem Kaliber Revue Thommen 31 und den zugelieferten Rohwer-

ken von Lange. A. Lange & Söhne lieferten auch entsprechende eigene Uhren mit dem Kaliber 48.1 und nutzten überdies Montage-Kapazitäten von Pforzheimer und österreichischen Herstellern, da man selbst die geforderten Stückzahlen nicht schaffte. Laco/Durowe fertigte komplette Uhren mit dem hauseigenen Kaliber D5. Die deutschen Streitkräfte griffen aber auch auf komplette Zeitmesser aus der Schweiz zu: IWC lieferte Uhren mit dem Kaliber 52 und dem Anforderungszeichen FL 23883, die aber nur mit dem A-Zifferblatt geliefert wurden.
Die in Deutschland produzierten Uhren wurden alle in der Seewarte in Gesundbrunnen bei Glashütte und in der Seewarte Hamburg getestet.
Zum Ende des Krieges, als sich Materialmangel und Versorgungsengpässe in allen Bereichen der Rüstungswirtschaft zeigten, wurden von Wempe auch umgebaute Taschenchronographenwerke von Valjoux, von Longines, Excelsior Park, Heuer und anderen verbaut. Diese Uhren erfüllten oftmals nicht mehr die hohen Anforderungen in Gänze.
Der Weg hin zu Chronometern, die nicht nur für einen kurzen „Transport der Zeit“ vom Observatorium zum Schiff beweglich sein mussten, sondern auch dauerhaft am Körper getragen werden konnten, war durch die großen Fliegeruhren und Dienstchronographen (siehe auch Seite 36) vorgegeben, und die Miniaturisierung der Uhrwerke wurde stetig vorangetrieben. Diese Werke unterschieden sich von denen, die damals in den im Handel erhältlichen Uhren verwendet wurden. Die für die Streitkräfte genutzten Uhren mussten spezielle Spezifikationen aufweisen, sowohl im Hinblick auf die Größe als auch auf die verwendeten Materialien und auf das Design der Platinen.

Bereits 1910 ließen die Verantwortlichen der Firma Rolex in Biel die erste Armbanduhr auf Genauigkeit testen. Dann wagten sie sich 1913 und im Folgejahr mit der Prüfung zweier Armbanduhren an das renommierte Observatorium am englischen National Physical

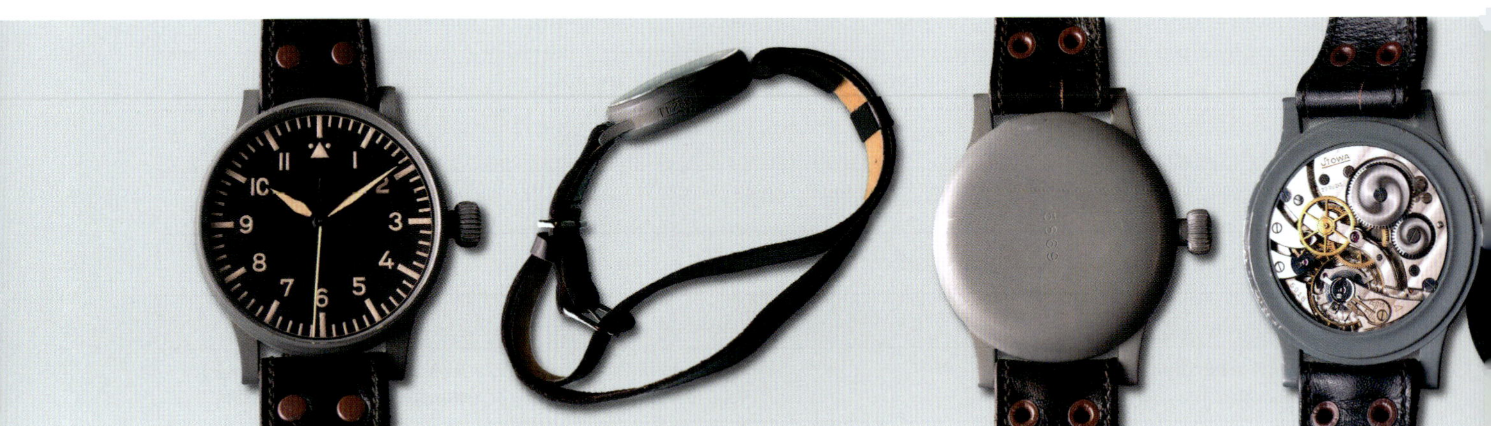

STOWA Fliegeruhr, Baumuster A, Anfang der 1940er Jahre

Laboratory in Kew-Teddington, bei der eine der Uhren sogar mit dem erstklassigen Kew-A-Zertifikat belohnt wurde.
In den Jahren 1925 und 1926 folgten erste kleinere Serien von nur wenigen Hundert Stück. Einige andere Schweizer Marken begannen zu dieser Zeit vorsichtig, einzelne Uhren prüfen zu lassen.
Der Startschuss für die Serienherstellung von geprüften Chronometern, die am Arm getragen wurden, war gefallen.
Über die Jahrzehnte folgten unzählige Firmen mit enormen technischen Verbesserungen und deutlichen Steigerungen in der Präzision der Fertigung. Uhren, die ursprünglich nur durch wochen- und monatelanges Regulieren eine Zertifizierung erreichten, wurden nun relativ problemlos zum Massenprodukt. Bei den mechanischen Chronometern stieg die Schlagzahl der Unruhen bis hin zu den High-Beat Werken mit hochfrequenten 36.000 Halbschwingungen in der Stunde (A/h). Eine höhere Schlagzahl bedeutete eine geringere Anfälligkeit gegenüber äußeren Einflüssen, dafür benötigte man eine leistungsstärkere Aufzugsfeder mit hohem Drehmoment.
Auch die Schmieröle wurden zu Hochleistungsprodukten, die Bearbeitungspräzision bei sämtlichen Komponenten stieg und stieg. Die Uhrenhersteller suchten nach immer präziseren Antrieben, und Ende der 1960er Jahre wurden dem breiten Publikum die ersten elektromechanischen Armbandchronometer zugänglich, in den 1970ern logischerweise Uhren mit einem noch schnelleren Taktgeber – dem Quarz.
Fast schien es ein Ende der mechanischen Armbandchronometer zu geben, doch mit einem immer größer werdenden Bewusstsein für hochwertigste handwerkliche Qualität, die man am Arm tragen konnte, begann die Renaissance der mechanischen Präzisionszeitmesser Ende der 1990er Jahre, und auch in Deutschland werden seit dem Jahr 2006 wieder Chronometerprüfungen durchgeführt.

Die Genauigkeit einer Armbanduhr wird von folgenden Voraussetzungen entscheidend beeinflusst, um sich als Chronometer zu eignen: Entscheidend ist neben der hohen Fertigungsqualität und der besonderen Auswahl durch die Klassifizierung die Sorgfalt der Regulierung. Grundsätzlich ist eine Konstruktion mit geringen Reibungsverlusten nötig, eine möglichst konstante Antriebskraft durch eine S-förmige Feder (bessere Vorspannung), ein hochwertiges Schwingsystem, z.B. mit einer Schraubenunruh, eine Feinregulierung und die Größe des Uhrwerks. Das Material der Unruh sollte eine Temperaturkompensation besitzen, und von Vorteil, aber nicht zwingend, ist eine möglichst hohe Schlagzahl, wobei eine höhere Schlagzahl wiederum einen kleineren Durchmesser der Unruh erlauben würde, der den Gang unempfindlicher gegen äußere Einflüsse macht.

3 CHRONOMETERPRÜFUNG IN DEUTSCHLAND HEUTE

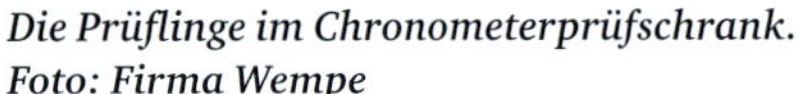

Die Prüflinge im Chronometerprüfschrank. Foto: Firma Wempe

Sternwarte Wempe, Glashütte in Sachsen. Foto: Firma Wempe

Heute wird die ehemalige Sternwarte im sächsischen Glashütte wieder betrieben. Im Jahr 2004 gelangte das ehrwürdige Gebäude in das Eigentum der Firma Wempe aus Hamburg, und am 14. Juli 2006 wurde auf Basis der Deutschen Industrienorm 8319 die offizielle Akkreditierung durch den Deutschen Kalibrierdienst (DKD) zur Prüfung von Chronometern, geleitet vom sächsischen Staatsbetrieb für Mess- und Eichwesen (SME) und vom Thüringer Landesamt für Verbraucherschutz (TLV), erteilt. Hier können alle deutschen Hersteller Uhren prüfen lassen, und natürlich lässt Wempe in der Sternwarte seine eigenen Chronometer prüfen – und alle dort zertifizierten Chronometer durchlaufen eine strengere Prüfung als in der Schweiz (ausgenommen der METAS-Zertifizierung), denn die deutsche ISO-Norm fordert sekundengenau einstellbare Chronometer und eine Prüfung im Gehäuse.
Die Prüfkriterien schreibt die ISO 3159 vor: Eine 15-tägige Kontrolle in den fünf Lagen „Krone links", „Krone oben", „Krone unten", „Zifferblatt oben" und „Zifferblatt unten". Dabei werden die mechanischen Uhren in Klimaschränken bei Temperaturen von 23 Grad, 8 Grad sowie 38 Grad Celsius und bei einer Luftfeuchtigkeit von ca. 60 Prozent gedreht und gewendet. Die Abweichungen werden über je 24 Stunden gemessen und die Werke kontrolliert aufgezogen. Zusatzkomplikationen, beispielsweise ein Chronographenmechanismus, werden am zehnten Tag zugeschaltet.
Die Abweichung des mittleren täglichen Gangs der Uhr muss zwischen minus vier und plus sechs Sekunden liegen. Die mittlere tägliche Gangänderung darf zwei Sekunden nicht überschreiten.
Obwohl bei Wempe eine große Tradition als Schiffschronometer- und B-Uhrenhersteller existiert, wurden in den 1950er bis 1970er Jahren keine eigenen Armbanduhrenlinien chronometergeprüft, im Gegensatz zu heute.

DIE OBSERVATORIEN | 4

Sinn und Zweck der Observatorien war unter anderem die grundsätzliche Bestimmung der Zeit, dafür war die präzise Beobachtung von Sternendurchgängen notwendig. Zunächst erfolgte damit die Bestimmung der Sternzeit des jeweiligen Standortes (des Observatoriums), die sogenannte Ortssternzeit (LAST: local apparent sidereal time, scheinbare Ortssternzeit). Im Prinzip wird die scheinbare Bewegung der Sterne registriert, die durch die Erdrotation stattfindet. Die Dauer, die der Sternhimmel, genauer der Frühlingspunkt, für eine ganze scheinbare Umrundung der Erde braucht, entspricht dem Sterntag. Der Sterntag ist knapp vier Minuten kürzer als der Sonnentag, der der scheinbaren Umrundung der Erde durch die Sonne entspricht.

Der Sterntag und der Sonnentag sind nicht gleich lang, da die Erde sich nicht nur um die eigene Achse dreht, sondern innerhalb eines Jahres dabei auch noch um die Sonne kreist. Würde die Erde fest im All stehend vor sich hin kreisen und ihre Umrundung der Sonne nicht vollziehen, wäre die Dauer des Sternentags dem des Sonnentags gleich.

Um die eigentlich ortsgebundene Sternzeit leichter vergleichbar zu machen, werden die örtlichen Sternzeituhren auf die Sternzeit von Greenwich (GAST: Greenwich apparent sidereal time, scheinbare Greenwich-Sternzeit) eingestellt.

Die Universal Time (UT), die eine Sonnenzeit ist, ist eine durch eine per Konvention festgelegte Formel berechnete Zeit, die von der ermittelten Sternzeit abhängt.

Und dies machte die Observatorien so wichtig, denn an diesen Stätten war die genaue Normalzeit laufend verfügbar. Als Normalzeit wird die in einem Staat oder in einem Teil davon normalerweise gültige gesetzliche Zeit definiert. Davon abweichend kann es besondere Regelungen geben, wie beispielsweise die zeitweilig davon abweichende Zeit während der Sommerzeit. Die theoretische Referenz für die mitteleuropäische Zeit ist der durch das Observatorium Greenwich verlaufende Längengrad plus eine Stunde während der Normalzeit oder zwei Stunden während der inzwischen eingeführten Sommerzeit.

Die Observatorien hatten also stets eine Verfügbarkeit der exakten Zeit, und damit wurde dieser Hort der Zeit für die Seefahrt und die Chronometerhersteller bedeutend, denn anfänglich war nur hier ein Zeitabgleich gewährleistet. Schiffschronometer waren erst spät richtige Serienprodukte. Armbandchronometer wurden mit Erscheinen dieser Uhrengattung sehr viel schneller zur Massenware. Zu Beginn der Prüfungen von Armbanduhren allerdings waren diese tatsächlich noch Individuen, zumindest durch die Tatsache, dass andere Materialien Verwendung fanden und letztlich die Uhren sich durch ihre technische Leistung von der breiten Masse abhoben. Neben der Materialwahl und der Feinheit der mechanischen Ausführung war aber die Einstellung oder Adjustierung entscheidend und machte die Uhr damit fast zum Einzelstück.

Die Genauigkeit eines Chronometers wird durch den Gang, also durch die Fehlweisung in einer definierten Zeit, bestimmt. Daher die Bezeichnung täglicher, wöchentlicher, oder monatlicher Gang.

Als Referenz wird die momentane Stellung der Zeiger genommen und als „Stand" definiert. Der tägliche Gang ist dann die Differenz der Standunterschiede der Zeiger innerhalb 24 Stunden zwischen der zu prüfenden Uhr und einer Uhr mit gesicherter Normalzeit. Früher wurde hier die G. M. T., die Greenwich Mean Time, die auf astronomischem Weg festgestellt wurde, genutzt. Der wöchentliche oder monatliche Gang wurde dementsprechend aus der Differenz nach einer Woche oder nach einem Monat abgebildet. Über die Gangkontrolle konnte in den Observatorien verlässlich und permanent Buch geführt werden.

4.1 OBSERVATORIUMSPRÜFUNGEN UND WETTBEWERBE

Chronometerprüfungen an **offiziellen Prüfanstalten** sind Tests von sehr guten, in Serie produzierten Uhren, die größtenteils für den Verkauf bestimmt sind, und im Gegensatz dazu sind die an **Observatorien** geprüften Chronometer in den seltensten Fällen für den Verkauf vorgesehene Serienprodukte, oftmals sogar nur Werke in speziellen Gehäusen, die rein für die Prüfung bestimmt sind, vergleichbar mit einem hochgezüchteten Formel-1-Rennwagen und einem Seriensportwagen. Hier schlug die Stunde der Regleure, die oftmals über Jahre hinweg an einzelnen Uhrwerken arbeiteten und optimierten und diese Hochpräzisionsuhren oft auch mehrfach über lange Zeiträume in diese Wettbewerbe brachten.

Diese Wettbewerbe waren für die Hersteller mit Aufwand und Kosten verbunden und dienten größtenteils der Werbung und der Imagebildung, aber auch der Weiterentwicklung der Werke. Edmond Guyot, Direktor des Observatoriums Neuchâtel, beschrieb 1938 die Gründe für die Observatoriumswettbewerbe:

1. Sie beleben den Wettbewerb (der Anbieter untereinander).
2. Sie sind wichtige Größen in der Werbung der Hersteller, und durch Erhöhung von Gewinn und Umsatz der Fabrikanten werden Mittel für chronometrische Forschungen frei.
3. Sie liefern wichtige technische Einblicke und Erkenntnisse über die Uhrwerkstechnik, Zugfedern, Spiralen, Unruh etc.
4. Sie sichern Arbeitsplätze.

Laut Léopold Defossez, der von 1918 bis 1926 Direktor der Uhrmacherschule in Le Locle war, „fördern die Wettbewerbe den schnellen Fortschritt bei der Ganggenauigkeit".

Observatoriums-Prüfungen und Wettbewerbe für Schiffschronometer und taschenuhrartige, sogenannte Decks- oder Beobachtungsuhren gab es in vielen Ländern.

Wie erwähnt, fanden erste Armbanduhrprüfungen von Rolex am Observatorium in Kew-Teddington bereits in den Jahren 1913 und 1914 statt. In späteren Jahren folgten weitere namhafte Schweizer Marken nach Kew. Auch das Besançon-Observatorium in Frankreich prüfte ab 1931 vereinzelte Armbanduhren.

Nur wenige Observatorien führten neben den Prüfungen auch Wettbewerbe durch, deren Preisvergabe in zwei Hauptkategorien erfolgte, nämlich für Fabrikmarken und Regleure, die aus folgenden Untergruppen bestanden: Marine-Chronometer, Bord-Chronometer, Taschenchronometer und Armbandchronometer.

Diese speziellen Wettbewerbe für Armbandchronometer gab es jedoch nur in der Schweiz und in Frankreich, an den Observatorien in Neuchâtel und Genf von 1945 bis 1967, in Besançon von 1956 bis 1974. Besançon stellte einen Sonderfall dar. Im Rahmen der jährlichen Wettbewerbe wurde das komplette französische Prüfvolumen durchgeführt und erfolgte aufgrund der geringen Mengen nicht in gesonderten Instituten.

Mit dem Aufkommen der ersten Quarzarmbanduhr im Jahr 1967 wurden in der Schweiz sämtliche Wettbewerbe beendet.
Allgemeine Prüfungen fanden in Neuchâtel von 1866 bis 1975 und in Genf von 1873 bis 1967 statt.
Bei den Observatorien unterschieden sich die Prüfbedingungen, das heißt, sie waren weder einheitlich noch vergleichbar. Im Laufe der Jahre verbesserten sich die Ergebnisse und Leistungen der Armbanduhren stetig, und 1967 war mit dem Ende der Wettbewerbe in der Schweiz die Weiterentwicklung der mechanischen Uhr nahezu ausgereizt, und die nun langsam auf den Markt drängenden Quarzuhren führten weitere Wettbewerbe ad absurdum.
An den Observatoriums-Wettbewerben in der Schweiz nahmen nur Schweizer Marken teil, lediglich in den Jahren 1965 und 1966 nahm Seiko in Neuchâtel teil. Von eingereichten deutschen Uhren ist nichts bekannt.
Die für die Schweiz und Frankreich bekannten Chronometerwettbewerbe für Armbanduhren sind für Deutschland nicht bekannt.

Philippe Chronometre mit Kaliber FEMGA 520 und Punze des Observatoire de Besançon

Datenblatt Philippe Chronometre

Kaliber	**FEMGA 520**
Chronometerprüfstelle	Besançon, Frankreich
Durchmesser (Linien)	10 ½ '''
Produktionszeit	~ 1955
Hemmungsgruppe	Schraubenunruh; Nivarox Spirale
Feinregulierung	freier Rückerzeiger, gedrittelt
Stoßsicherung	Incabloc
Stückzahl	unbekannt
Steine	21
Halbschwingungen (A/h)	18.000
Besonderheiten	Punze Observatoire de Besançon

4.2 | PRÜFANSTALTEN IN DER SCHWEIZ

Die sieben unabhängigen Prüfanstalten wurden 1973 zur Contrôle Officiel Suisse des Chronomètres, kurz COSC, mit Sitz in La Chaux-de-Fonds zusammengefasst.

Die Prüfanstalten:

1877–heute:	Biel
1883–2013:	Saint Imier
1883–heute:	La Chaux-de-Fonds (Sitz der COSC, Contrôle Officiel Suisse des Chronomètres)
1886–heute:	Genf – 2013 (auch Quarzuhren-Prüfungen)
1891–heute:	Le Locle – Observatoire cantonal de Neuchâtel (auch Quarzuhren-Prüfungen)
1942–1978:	Le Sentier
1951–1976:	Solothurn

Im Gegensatz zu früher ist heute keine Prüfung von Schweizer Werken für nicht-schweizerische Uhrenhersteller mehr möglich.

5 | DIE DEUTSCHEN PRÜFANSTALTEN

Geprüft wurden verschiedene Uhrentypen: Schiffschronometer und Beobachtungsuhren (B-Uhren), Bordchronometer, Taschenchronometer, Stoppuhren sowie mechanische Armbandchronometer und Quarzchronometer.

5.1 | DEUTSCHES HYDROGRAPHISCHES INSTITUT

Ursprünglich im Jahr 1874 in Hamburg gegründet, wurde das Institut zur Erforschung der physikalischen Verhältnisse zur Sicherung der Seefahrt anfangs „Deutsche Seewarte“ genannt, aus dem später das Deutsche Hydrographische Institut (DHI) wurde und sich inzwischen Institution Bundesamt für Schifffahrt und Hydrographie nennen darf.

In der Deutschen Seewarte wurde im Jahr 1882 die erste umfassende Uhrenuntersuchung für wissenschaftliche Zwecke, unter anderem für die Polarforschung, durchgeführt.
In dieser Einrichtung sollte eine Prüfstelle für nautische Geräte installiert und Erkenntnisse zur Meteorologie und zu wissenschaftlichen Untersuchungen maritimer Ereignisse zentral vereinigt werden. Die Seewarte startete 1875 ihren Betrieb. Ab 1877 wurden Chronometerprüfungen für Schiffschronometer und Beobachtungsuhren durchgeführt, bis 1939 auch in Wettbewerben.
Die Struktur untergliederte vier Abteilungen, die letzte Abteilung war das Chronometerprüfungsinstitut, das der Sternwarte unterstellt war und daher einen Sonderstatus besaß. Die Prüfung der Chronometer benötigte damals viel Platz, und das Institut wurde in das kleine Haus im Garten der Sternwarte verlegt. 1898 entstand ein zusätzlicher Anbau, der unter anderem Testungen in einem Eiskeller und einem Hitzeraum zuließ.
Das Deutsche Hydrographische Institut war ab dem 01. November 1919 verantwortlich für den Zeitsignaldienst über Nauen von der Hamburger Sternwarte, dessen Signal zunächst über die Küstenfunkstellen und letztlich auch über die Sender des Reichsrundfunks abgegeben wurde.
Die Chronometerprüfung wurde vornehmlich für die Wehrmacht während des Zweiten Weltkrieges getätigt. Durch vermehrte Bombenangriffe auf Hamburg gezwungen, wurden die zur Chronometerprüfung notwendigen Gerätschaften nach Sachsen verlagert, ebenso der Zeitdienst, der jedoch nach Zwischenstation im Geodätischen Institut (1943 bis April 1945) wieder nach Hamburg verlegt wurde, aber an die Hamburger Sternwarte.
Dort, wo heute die Elb-Philharmonie steht, wurde bis 1934 über eine Zeitball-Anlage den auslaufenden Schiffen die genaue Zeit angezeigt. Hiermit konnten durch Sicht die Schiffschronometer exakt gestellt werden. Durch einen Kontakt, ausgelöst vom Kontaktuhrwerk der Präzisionspendeluhr der Sternwarte, konnte durch einen elektrischen Impuls über ein unterirdisches Kabel ein großer, schwarzer Ball zum Fallen gebracht werden. Ein optisches Signal war aufgrund der kürzeren Laufzeit besser geeignet als ein akustisches, dessen Schall zu einer verzögerten Erfassung des Momentes geführt hätte.
Der Ball wurde als Vorwarnung des Falls zehn Minuten vor dem entscheidenden Zeitpunkt halb hoch gezogen und drei Minuten vorher komplett. Immer um 12 Uhr mittags in Greenwich, das den Nullpunkt der Längenmessung darstellte, fiel der Ball drei Meter nach unten.
Die Anlage der Hamburger Sternwarte steuerte nicht nur den Hamburger Zeitball, sondern auch die Zeitbälle in Bremerhaven und Cuxhaven.
Mit Ende des Zweiten Weltkrieges wurde durch die britischen Besatzer das „German Maritime Institute“, aus dem letztlich das Deutsche Hydrographische Institut (DHI) hervorging, gegründet. Das Aufgabenfeld war zonenübergreifend, die meteorologischen Aufgaben wurden an das Meteorologische Amt für Nordwestdeutschland (MANWD) ausgelagert, die nautischen, hydrographischen und meereskundlichen verblieben beim DHI. Daneben wurden alle Belange der Schifffahrt geprüft und geregelt, wie Schiffsmagnetismus, Chronometerprüfungen, Gezeitenvorausberechnungen, Windstau- und Sturmflutwarndienst sowie erdmagnetische Beobachtungen.
Die zur Chronometerprüfung entscheidenden Instrumente gingen in den Wirren des Krieges verloren, der Zeitdienst und die Chronometrie wurden nach einer Übergangslösung in Räumen der Sternwarte und im dort angehängten „Seemannshaus“ ab 1955 in das Hauptdienstgebäude in der Bernhard-Nocht-Straße umgezogen.
Das DHI entwickelte unter Anlehnung an das in der Schweiz angewandte Prüfungsverfahren das westdeutsche Prüfungsverfahren. Die Physikalisch-Technische Bundesanstalt in Braunschweig ergänzte dieses.
Armbanduhrprüfungen fanden am DHI nur in geringerem Maße statt. Ein größerer Umfang an

Prüfungen wurde von der Firma Porta sowie von Junghans in der Anfangszeit der Chronometerherstellung in Auftrag gegeben. Auch die Prüfungen der Firma Page wurden am DHI vorgenommen.
Es wurden aber einzelne Uhren und „Schulchronometer“ von Meisterschülern der Staatlichen Uhrmacherschule Hamburg, die ihre Meisterstücke vorlegten, geprüft. Am DHI war dies auch mit Uhren möglich, die nicht in der Bundesrepublik hergestellt wurden. So konnten Privatpersonen beispielsweise auch Uhren, die in der Schweiz hergestellt wurden, prüfen lassen.
In einem Schreiben vom 16.05.1957 schreibt Dr. Lange vom Deutschen Hydrographischen Institut in Hamburg, dass bereits 1949 die 16-tägige Prüfung in der Bundesrepublik eingeführt wurde und mit Wirkung vom 01.06.1957 (Abb. 3) die Prüfgrenzen nach Vorgaben der sieben Schweizer Prüfstellen (dort seit 01.08.1955 eingeführt) zur Anwendung gelangten. Damit genügte auch das Zeugnis des DHI den internationalen Anforderungen, die die Commission Internationale de Coordination des Travaux des Observatoires Chronométrique aufgestellt hatte. Ab dieser Vereinheitlichung der Prüfgrenzen galt auch der Begriff des „Armband-Chronometers“.
Im Januar 1967 scheint es zu einer Diskussion zwischen dem Landesgewerbeamt Stuttgart und der Firma Junghans über die Begrifflichkeit im Text der Chronometerzertifikate gekommen zu sein (Abb. 4). So heißt es, dass die beteiligten Uhrenhersteller zu den geänderten Prüfgrenzen befragt wurden und auch die Firma Junghans damit einverstanden gewesen sei. Junghans wollte wohl ein Hervorheben im Text, dass die Chronometerprüfungen internationalen Grundsätzen entsprächen.

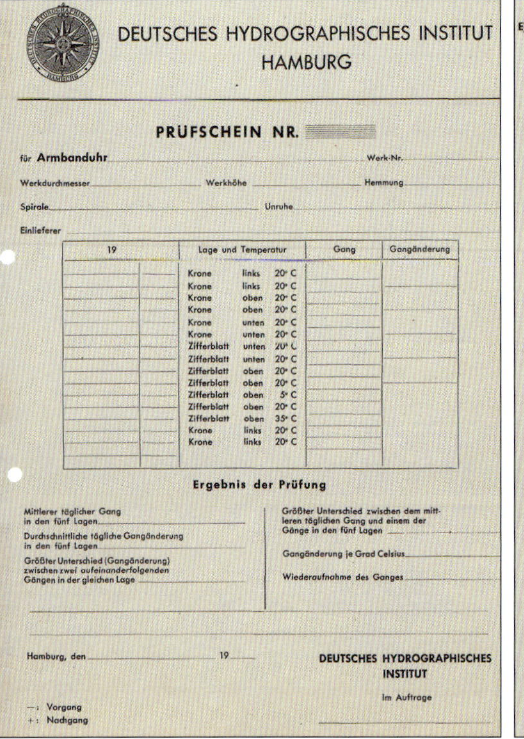

DEUTSCHES HYDROGRAPHISCHES INSTITUT
HAMBURG

PRÜFSCHEIN NR.

für **Armbanduhr** ______ Werk-Nr. ______

Werkdurchmesser ______ Werkhöhe ______ Hemmung ______

Spirale ______ Unruhe ______

Einlieferer ______

19		Lage und Temperatur			Gang	Gangänderung
		Krone	links	20° C		
		Krone	links	20° C		
		Krone	oben	20° C		
		Krone	oben	20° C		
		Krone	unten	20° C		
		Krone	unten	20° C		
		Zifferblatt	unten	20° C		
		Zifferblatt	unten	20° C		
		Zifferblatt	oben	20° C		
		Zifferblatt	oben	20° C		
		Zifferblatt	oben	5° C		
		Zifferblatt	oben	20° C		
		Zifferblatt	oben	35° C		
		Krone	links	20° C		
		Krone	links	20° C		

Ergebnis der Prüfung

Mittlerer täglicher Gang in den fünf Lagen ______

Durchschnittliche tägliche Gangänderung in den fünf Lagen ______

Größter Unterschied (Gangänderung) zwischen zwei aufeinanderfolgenden Gängen in der gleichen Lage ______

Größter Unterschied zwischen dem mittleren täglichen Gang und einem der Gänge in den fünf Lagen ______

Gangänderung je Grad Celsius ______

Wiederaufnahme des Ganges ______

Hamburg, den ______ 19 ______

DEUTSCHES HYDROGRAPHISCHES INSTITUT
Im Auftrage

—: Vorgang
+: Nachgang

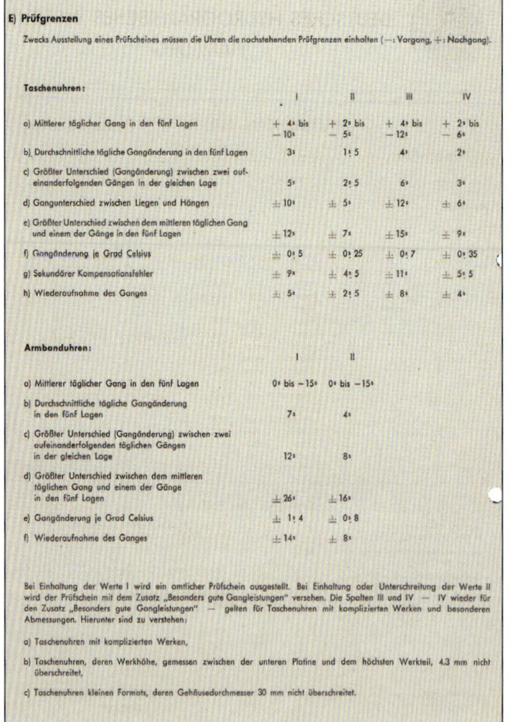

E) Prüfgrenzen

Zwecks Ausstellung eines Prüfscheines müssen die Uhren die nachstehenden Prüfgrenzen einhalten (—: Vorgang, +: Nachgang).

Taschenuhren:

	I	II	III	IV
a) Mittlerer täglicher Gang in den fünf Lagen	+ 4s bis — 10s	+ 2s bis — 5s	+ 4s bis — 12s	+ 2s bis — 6s
b) Durchschnittliche tägliche Gangänderung in den fünf Lagen	3s	1s5	4s	2s
c) Größter Unterschied (Gangänderung) zwischen zwei aufeinanderfolgenden Gängen in der gleichen Lage	5s	2s5	6s	3s
d) Gangunterschied zwischen Liegen und Hängen	± 10s	± 5s	± 12s	± 6s
e) Größter Unterschied zwischen dem mittleren täglichen Gang und einem der Gänge in den fünf Lagen	± 12s	± 7s	± 15s	± 9s
f) Gangänderung je Grad Celsius	± 0s5	± 0s25	± 0s7	± 0s35
g) Sekundärer Kompensationsfehler	± 9s	± 4s5	± 11s	± 5s5
h) Wiederaufnahme des Ganges	± 5s	± 2s5	± 8s	± 4s

Armbanduhren:

	I	II
a) Mittlerer täglicher Gang in den fünf Lagen	0s bis — 15s	0s bis — 15s
b) Durchschnittliche tägliche Gangänderung in den fünf Lagen	7s	4s
c) Größter Unterschied (Gangänderung) zwischen zwei aufeinanderfolgenden täglichen Gängen in der gleichen Lage	12s	8s
d) Größter Unterschied zwischen dem mittleren täglichen Gang und einem der Gänge in den fünf Lagen	± 26s	± 16s
e) Gangänderung je Grad Celsius	± 1s4	± 0s8
f) Wiederaufnahme des Ganges	± 14s	± 8s

Bei Einhaltung der Werte I wird ein amtlicher Prüfschein ausgestellt. Bei Einhaltung oder Unterschreitung der Werte II wird der Prüfschein mit dem Zusatz „Besonders gute Gangleistungen“ versehen. Die Spalten III und IV — IV wieder für den Zusatz „Besonders gute Gangleistungen“ — gelten für Taschenuhren mit komplizierten Werken und besonderen Abmessungen. Hierunter sind zu verstehen:

a) Taschenuhren mit komplizierten Werken,

b) Taschenuhren, deren Werkhöhe, gemessen zwischen der unteren Platine und dem höchsten Werkteil, 4.3 mm nicht überschreitet,

c) Taschenuhren kleinen Formats, deren Gehäusedurchmesser 30 mm nicht überschreitet.

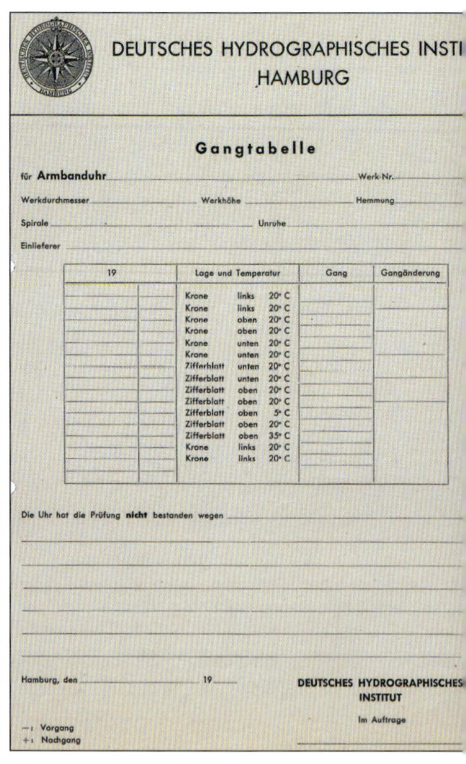

DEUTSCHES HYDROGRAPHISCHES INSTI
HAMBURG

Gangtabelle

für **Armbanduhr** ______ Werk-Nr. ______

Werkdurchmesser ______ Werkhöhe ______ Hemmung ______

Spirale ______ Unruhe ______

Einlieferer ______

19		Lage und Temperatur			Gang	Gangänderung
		Krone	links	20° C		
		Krone	links	20° C		
		Krone	oben	20° C		
		Krone	oben	20° C		
		Krone	unten	20° C		
		Krone	unten	20° C		
		Zifferblatt	unten	20° C		
		Zifferblatt	unten	20° C		
		Zifferblatt	oben	20° C		
		Zifferblatt	oben	20° C		
		Zifferblatt	oben	5° C		
		Zifferblatt	oben	20° C		
		Zifferblatt	oben	35° C		
		Krone	links	20° C		
		Krone	links	20° C		

Die Uhr hat die Prüfung **nicht** bestanden wegen ______

Hamburg, den ______ 19 ______

DEUTSCHES HYDROGRAPHISCHES
INSTITUT
Im Auftrage

—: Vorgang
+: Nachgang

Chronometerprüfschein für Uhren der Klasse I und II und eine Gangtabelle für Uhren, die die Prüfung nicht schafften.
Foto: Landesarchiv Baden-Württemberg, Abt. Staatsarchiv Ludwigsburg (1)

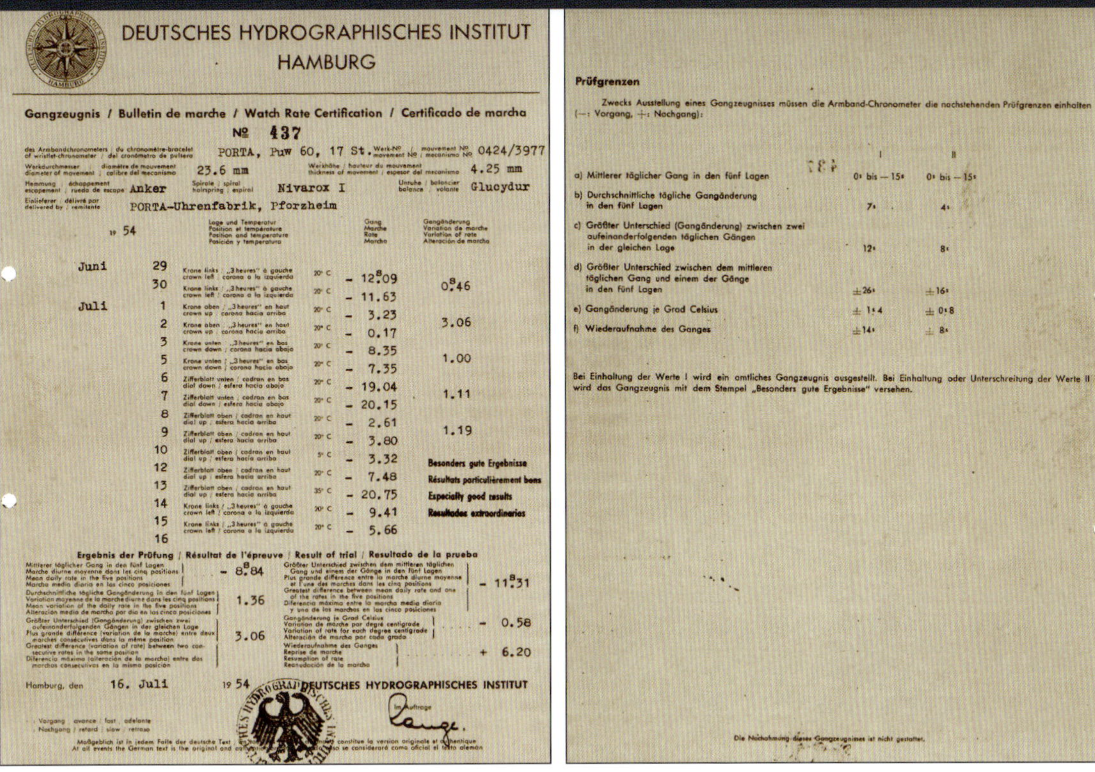

DEUTSCHES HYDROGRAPHISCHES INSTITUT
HAMBURG

Gangzeugnis / Bulletin de marche / Watch Rate Certification / Certificado de marcha

№ 437

des Armbandchronometers / du chronomètre-bracelet / of wristlet-chronometer / del cronómetro de pulsera: PORTA, Puw 60, 17 St. Werk-№ / mouvement № / movement № / mecanismo №: 0424/3977

Werkdurchmesser / diamètre de mouvement / diameter of movement / calibre del mecanismo: 23.6 mm
Werkhöhe / hauteur du mouvement / thickness of movement / espesor del mecanismo: 4.25 mm

Hemmung / échappement / escapement / rueda de escape: Anker
Spirale / spiral / hairspring / espiral: Nivarox I
Unruhe / balancier / balance / volante: Glucydur

Einlieferer / délivré par / delivered by / remitente: PORTA-Uhrenfabrik, Pforzheim

19 54		Lage und Temperatur / Position et température / Position and temperature / Posición y temperatura		Gang / Marche / Rate / Marcha	Gangänderung / Variation de marche / Variation of rate / Alteración de marcha
Juni	29	Krone links / „3 heures" à gauche / crown left / corona a la izquierda	20° C	− 12ˢ09	
	30	Krone links / „3 heures" à gauche / crown left / corona a la izquierda	20° C	− 11.63	0ˢ46
Juli	1	Krone oben / „3 heures" en haut / crown up / corona hacia arriba	20° C	− 3.23	
	2	Krone oben / „3 heures" en haut / crown up / corona hacia arriba	20° C	− 0.17	3.06
	3	Krone unten / „3 heures" en bas / crown down / corona hacia abajo	20° C	− 8.35	
	5	Krone unten / „3 heures" en bas / crown down / corona hacia abajo	20° C	− 7.35	1.00
	6	Zifferblatt unten / cadran en bas / dial down / esfera hacia abajo	20° C	− 19.04	
	7	Zifferblatt unten / cadran en bas / dial down / esfera hacia abajo	20° C	− 20.15	1.11
	8	Zifferblatt oben / cadran en haut / dial up / esfera hacia arriba	20° C	− 2.61	
	9	Zifferblatt oben / cadran en haut / dial up / esfera hacia arriba	20° C	− 3.80	1.19
	10	Zifferblatt oben / cadran en haut / dial up / esfera hacia arriba	5° C	− 3.32	
	12	Zifferblatt oben / cadran en haut / dial up / esfera hacia arriba	20° C	− 7.48	
	13	Zifferblatt oben / cadran en haut / dial up / esfera hacia arriba	35° C	− 20.75	
	14	Krone links / „3 heures" à gauche / crown left / corona a la izquierda	20° C	− 9.41	
	15	Krone links / „3 heures" à gauche / crown left / corona a la izquierda	20° C	− 5.66	
	16				

Besonders gute Ergebnisse
Résultats particulièrement bons
Especially good results
Resultados extraordinarios

Ergebnis der Prüfung / Résultat de l'épreuve / Result of trial / Resultado de la prueba

Mittlerer täglicher Gang in den fünf Lagen / Marche diurne moyenne dans les cinq positions / Mean daily rate in the five positions / Marcha media diaria en las cinco posiciones	− 8ˢ84	Größter Unterschied zwischen dem mittleren täglichen Gang und einem der Gänge in den fünf Lagen / Plus grande différence entre la marche diurne moyenne et l'une des marches dans les cinq positions / Greatest difference between mean daily rate and one of the rates in the five positions / Diferencia máxima entre la marcha media diaria y una de las marchas en las cinco posiciones	− 11ˢ31
Durchschnittliche tägliche Gangänderung in den fünf Lagen / Variation moyenne de la marche diurne dans les cinq positions / Mean variation of the daily rate in the five positions / Alteración media de marcha por dia en las cinco posiciones	1.36	Gangänderung je Grad Celsius / Variation de marche par degré centigrade / Variation of rate for each degree centigrade / Alteración de marcha por cada grado	− 0.58
Größter Unterschied (Gangänderung) zwischen zwei aufeinanderfolgenden Gängen in der gleichen Lage / Plus grande différence (variation de la marche) entre deux marches consécutives dans la même position / Greatest difference (variation of rate) between two consecutive rates in the same position / Diferencia máxima (alteración de la marcha) entre dos marchas consecutivas en la misma posición	3.06	Wiederaufnahme des Ganges / Reprise de marche / Resumption of rate / Reanudación de la marcha	+ 6.20

Hamburg, den 16. Juli 19 54

DEUTSCHES HYDROGRAPHISCHES INSTITUT
Im Auftrage
Lange.

− : Vorgang / avance / fast / adelante
+ : Nachgang / retard / slow / retraso

Maßgeblich ist in jedem Falle der deutsche Text / ... constitue la version originale et authentique / At all events the German text is the original and authentic ... se considerará como oficial el texto alemán

Prüfgrenzen

Zwecks Ausstellung eines Gangzeugnisses müssen die Armband-Chronometer die nachstehenden Prüfgrenzen einhalten (−: Vorgang, +: Nachgang):

	I	II
a) Mittlerer täglicher Gang in den fünf Lagen	0ˢ bis − 15ˢ	0ˢ bis − 15ˢ
b) Durchschnittliche tägliche Gangänderung in den fünf Lagen	7ˢ	4ˢ
c) Größter Unterschied (Gangänderung) zwischen zwei aufeinanderfolgenden täglichen Gängen in der gleichen Lage	12ˢ	8ˢ
d) Größter Unterschied zwischen dem mittleren täglichen Gang und einem der Gänge in den fünf Lagen	± 26ˢ	± 16ˢ
e) Gangänderung je Grad Celsius	± 1ˢ4	± 0ˢ8
f) Wiederaufnahme des Ganges	± 14ˢ	± 8ˢ

Bei Einhaltung der Werte I wird ein amtliches Gangzeugnis ausgestellt. Bei Einhaltung oder Unterschreitung der Werte II wird das Gangzeugnis mit dem Stempel „Besonders gute Ergebnisse" versehen.

Ein Gangzeugnis aus dem Jahr 1954 für die Firma Porta. Foto: Landesarchiv Baden-Württemberg, Abt. Staatsarchiv Ludwigsburg (2)

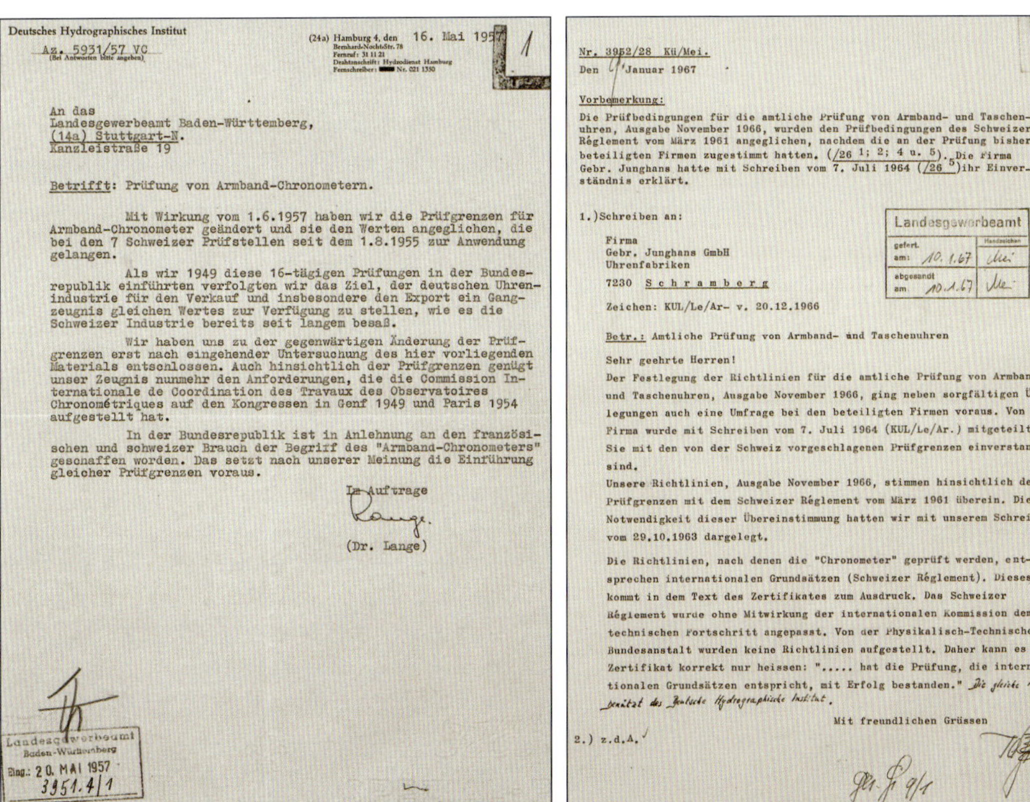

Deutsches Hydrographisches Institut
Az. 5931/57 VC
(Bei Antworten bitte angeben)

(24a) Hamburg 4, den 16. Mai 1957
Bernhard-Nocht-Str. 78
Fernruf: 31 11 21
Drahtanschrift: Hydrodienst Hamburg
Fernschreiber: Nr. 021 1350

An das
Landesgewerbeamt Baden-Württemberg,
(14a) Stuttgart-N.
Kanzleistraße 19

Betrifft: Prüfung von Armband-Chronometern.

Mit Wirkung vom 1.6.1957 haben wir die Prüfgrenzen für Armband-Chronometer geändert und sie den Werten angeglichen, die bei den 7 Schweizer Prüfstellen seit dem 1.8.1955 zur Anwendung gelangen.

Als wir 1949 diese 16-tägigen Prüfungen in der Bundesrepublik einführten verfolgten wir das Ziel, der deutschen Uhrenindustrie für den Verkauf und insbesondere den Export ein Gangzeugnis gleichen Wertes zur Verfügung zu stellen, wie es die Schweizer Industrie bereits seit langem besaß.

Wir haben uns zu der gegenwärtigen Änderung der Prüfgrenzen erst nach eingehender Untersuchung des hier vorliegenden Materials entschlossen. Auch hinsichtlich der Prüfgrenzen genügt unser Zeugnis nunmehr den Anforderungen, die die Commission Internationale de Coordination des Travaux des Observatoires Chronométriques auf den Kongressen in Genf 1949 und Paris 1954 aufgestellt hat.

In der Bundesrepublik ist in Anlehnung an den französischen und schweizer Brauch der Begriff des "Armband-Chronometers" geschaffen worden. Das setzt nach unserer Meinung die Einführung gleicher Prüfgrenzen voraus.

Im Auftrage
Lange.
(Dr. Lange)

Landesgewerbeamt Baden-Württemberg
Eing.: 20. MAI 1957
3951.4/1

Nr. 3952/28 Kü/Mei.
Den 9. Januar 1967

Vorbemerkung:
Die Prüfbedingungen für die amtliche Prüfung von Armband- und Taschenuhren, Ausgabe November 1966, wurden den Prüfbedingungen des Schweizer Réglement vom März 1961 angeglichen, nachdem die an der Prüfung bisher beteiligten Firmen zugestimmt hatten. (/26 1; 2; 4 u. 5). Die Firma Gebr. Junghans hatte mit Schreiben vom 7. Juli 1964 (/26 5) ihr Einverständnis erklärt.

1.) Schreiben an:

Firma
Gebr. Junghans GmbH
Uhrenfabriken
7230 Schramberg

Landesgewerbeamt	Handzeichen
gefert. am: 10.1.67	Mei
abgesandt am 10.1.67	Me

Zeichen: KUL/Le/Ar- v. 20.12.1966

Betr.: Amtliche Prüfung von Armband- und Taschenuhren

Sehr geehrte Herren!
Der Festlegung der Richtlinien für die amtliche Prüfung von Armband- und Taschenuhren, Ausgabe November 1966, ging neben sorgfältigen Überlegungen auch eine Umfrage bei den beteiligten Firmen voraus. Von Ihrer Firma wurde mit Schreiben vom 7. Juli 1964 (KUL/Le/Ar.) mitgeteilt, daß Sie mit den von der Schweiz vorgeschlagenen Prüfgrenzen einverstanden sind.
Unsere Richtlinien, Ausgabe November 1966, stimmen hinsichtlich der Prüfgrenzen mit dem Schweizer Réglement vom März 1961 überein. Die Notwendigkeit dieser Übereinstimmung hatten wir mit unserem Schreiben vom 29.10.1963 dargelegt.

Die Richtlinien, nach denen die "Chronometer" geprüft werden, entsprechen internationalen Grundsätzen (Schweizer Réglement). Dieses kommt in dem Text des Zertifikates zum Ausdruck. Das Schweizer Réglement wurde ohne Mitwirkung der internationalen Kommission dem technischen Fortschritt angepasst. Von der Physikalisch-Technischen Bundesanstalt wurden keine Richtlinien aufgestellt. Daher kann es im Zertifikat korrekt nur heissen: "..... hat die Prüfung, die internationalen Grundsätzen entspricht, mit Erfolg bestanden." Die gleiche Formulierung benützt das Deutsche Hydrographische Institut.

Mit freundlichen Grüssen

2.) z.d.A.

Schreiben des DHI an das LGA Baden-Württemberg zur Prüfung von Armbandchronometern und den ab dem 01.06.1957 festgelegten Prüfgrenzen und der Einführung des Begriffs „Armband-Chronometer" in Deutschland. Foto: Landesarchiv Baden-Württemberg, Abt. Staatsarchiv Ludwigsburg (3)

Schreiben aus dem Jahr 1967 an die Firma Junghans. Foto: Landesarchiv Baden-Württemberg, Abt. Staatsarchiv Ludwigsburg (4)

5.2 PHYSIKALISCH-TECHNISCHE BUNDESANSTALT BRAUNSCHWEIG (PTB)

Die Physikalisch-Technische Bundesanstalt (PTB) in Braunschweig folgte der Physikalisch-Technischen Reichsanstalt (PTR), die im Jahr 1887 von Werner Siemens und Hermann von Helmholtz mit Sitz zunächst in Berlin-Charlottenburg, das heutige Institut Berlin, gegründet wurde. Die ersten gesetzlichen Aufgaben bestanden in der Darstellung und Bewahrung der elektrischen Einheiten und der Prüfung von Messgeräten für elektrische Größen. Mitarbeiter waren unter anderem Albert Einstein und Max Planck. Die PTR wurde 1943, um einer kompletten Zerstörung durch einen Bombenangriff der Alliierten zu entgehen, an verschiedene Orte in Deutschland verlegt. Ab 1947 standen neben der PTR in Berlin-Charlottenburg auch Teile der alten Reichsanstalt in Braunschweig und die ehemalige Luftfahrtforschungsanstalt in Völkenrode bei Braunschweig für den PTR-Nachfolger zur Verfügung. Die Gründung der Physikalisch-Technischen Bundesanstalt (PTB) in Braunschweig folgte am 1. April 1950. Die PTB in Braunschweig wurde metrologisches Staatsinstitut der Bundesrepublik Deutschland, ab dem Jahr 1959 begann die offizielle Aussendung von Normalfrequenzen und Zeitmarken über den Sender DCF77 in Mainflingen bei Frankfurt, deren Zeittakt ab 1969 von der ersten Caesium-Atomuhr CS1 der PTB bestimmt wurde. Schließlich wurde 1978 die PTB durch das Zeitgesetz mit der Darstellung und Verbreitung der gesetzlichen Zeit beauftragt.
Für die Chronometerprüfung war in der Nachkriegszeit bis 1970 das Labor Uhrentechnik zuständig, später, von 1971 bis 1985, das Labor für angewandte Zeitmessung. Vorwiegend wurden Stoppuhren geprüft, da diese eichpflichtig waren.
Die Leiter des Labors Uhrentechnik waren in zeitlicher Reihenfolge Erich Rieckmann, Sigmar German und Hermann de Boer. Unter dem heutigen Leiter Joachim Ullrich besteht die PTB aus zehn wissenschaftlich-technischen Abteilungen, die in ca. 77 Fachbereiche bzw. Referate und rund 200 Arbeitsgruppen unterteilt sind.
Die PTB war durch eine Vereinbarung mit dem Landesgewerbeamt Stuttgart für die Erstellung der Richtlinien der Uhrenprüfungen und deren Ergänzung und Einhaltung verantwortlich und damit dem LGA übergeordnet.
Vor allem Stoppuhren wurden von der PTB getestet: Junghans Stoppuhren als 1/10 Sekunden-Variante mit 15 Lagersteinen wurden mit *Officially tested „Meister" stop watch* mit Seriennummer auf der Deckelrückseite versehen. Natürlich wurde auch ein offizielles Zertifikat mitgegeben. Helmut Junghans war Kurator der Physikalisch-Technischen Bundesanstalt.

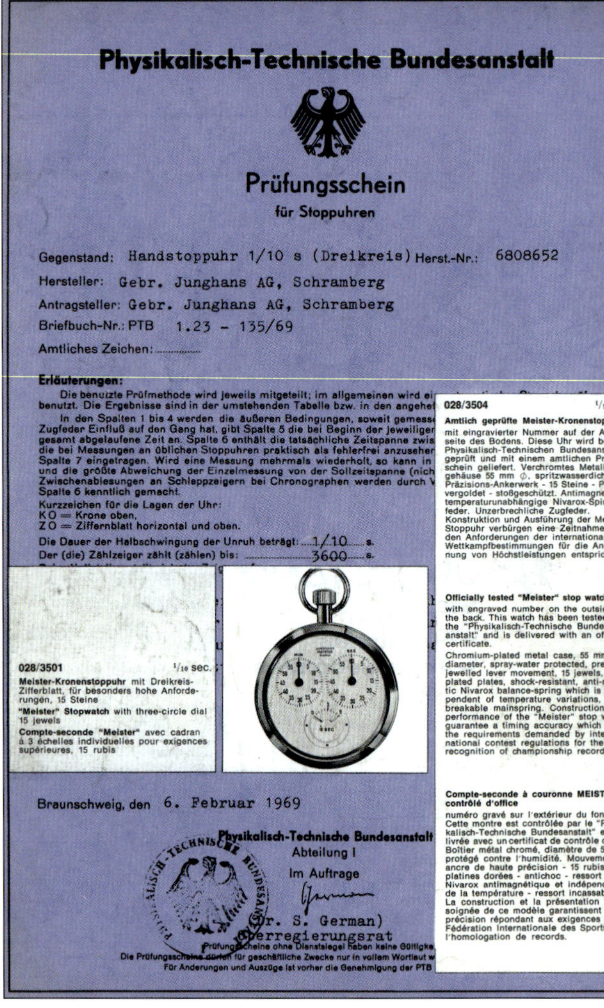

Physikalisch-Technische Bundesanstalt

Prüfungsschein
für Stoppuhren

Gegenstand: Handstoppuhr 1/10 s (Dreikreis) Herst.-Nr.: 6808652
Hersteller: Gebr. Junghans AG, Schramberg
Antragsteller: Gebr. Junghans AG, Schramberg
Briefbuch-Nr.: PTB 1.23 - 135/69
Amtliches Zeichen: ....

Erläuterungen:
Die benutzte Prüfmethode wird jeweils mitgeteilt; im allgemeinen wird ei
benutzt. Die Ergebnisse sind in der umstehenden Tabelle bzw. in den angehe
In den Spalten 1 bis 4 werden die äußeren Bedingungen, soweit gemess
Zugfeder Einfluß auf den Gang hat, gibt Spalte 5 die bei Beginn der jeweiliger
gesamt abgelaufene Zeit an. Spalte 6 enthält die tatsächliche Zeitspanne zwis
die bei Messungen an üblichen Stoppuhren praktisch als fehlerfrei anzuseher
Spalte 7 eingetragen. Wird eine Messung mehrmals wiederholt, so kann in
und die größte Abweichung der Einzelmessung von der Sollzeitspanne (nich
Zwischenablesungen an Schleppzeigern bei Chronographen werden durch V
Spalte 6 kenntlich gemacht.
Kurzzeichen für die Lagen der Uhr:
KO = Krone oben,
ZO = Ziffernblatt horizontal und oben.
Die Dauer der Halbschwingung der Unruh beträgt: 1/10 s.
Der (die) Zählzeiger zählt (zählen) bis: 3600 s.

028/3501 1/10 sec.
Meister-Kronenstoppuhr mit Dreikreis-Zifferblatt, für besonders hohe Anforderungen, 15 Steine
"Meister" Stopwatch with three-circle dial 15 jewels
Compte-seconde "Meister" avec cadran à 3 échelles individuelles pour exigences supérieures, 15 rubis

Braunschweig, den 6. Februar 1969

Physikalisch-Technische Bundesanstalt
Abteilung I
Im Auftrage
(Dr. S. German)
Oberregierungsrat

Prüfungsscheine ohne Dienstsiegel haben keine Gültigke
Die Prüfungsscheine dürfen für geschäftliche Zwecke nur in vollem Wortlaut w
Für Änderungen und Auszüge ist vorher die Genehmigung der PTB

028/3504 1/1
Amtlich geprüfte Meister-Kronenstopp
mit eingravierter Nummer auf der Au
seite des Bodens. Diese Uhr wird be
Physikalisch-Technischen Bundesans
geprüft und mit einem amtlichen Prü
schein geliefert. Verchromtes Metall-
gehäuse 55 mm Ø, spritzwasserdicht
Präzisions-Ankerwerk - 15 Steine - Pl
vergoldet - stoßgeschützt. Antimagnet
temperaturunabhängige Nivarox-Spira
feder. Unzerbrechliche Zugfeder.
Konstruktion und Ausführung der Me
Stoppuhr verbürgen eine Zeitnahme,
den Anforderungen der international
Wettkampfbestimmungen für die Ane
nung von Höchstleistungen entsprich

Officially tested "Meister" stop watch
with engraved number on the outsid
the back. This watch has been tested
the "Physikalisch-Technische Bundes
anstalt" and is delivered with an off
certificate.
Chromium-plated metal case, 55 mm
diameter, spray-water protected, pre
jewelled lever movement, 15 jewels,
plated plates, shock-resistant, anti-m
tic Nivarox balance-spring which is i
pendent of temperature variations,
breakable mainspring. Construction
performance of the "Meister" stop w
guarantee a timing accuracy which f
the requirements demanded by inter
national contest regulations for the
recognition of championship records

Compte-seconde à couronne MEISTE
contrôlé d'office
numéro gravé sur l'extérieur du fond
Cette montre est contrôlée par le "P
kalisch-Technische Bundesanstalt" et
livrée avec un certificat de contrôle o
Boîtier métal chromé, diamètre de 55
protégé contre l'humidité. Mouveme
ancre de haute précision - 15 rubis
platines dorées - antichoc - ressort
Nivarox antimagnétique et indépend
de la température - ressort incassab
La construction et la présentation t
soignée de ce modèle garantissent
précision répondant aux exigences
Fédération Internationale des Sports
l'homologation de records.

Ein Werbeblatt der Firma Junghans mit einem Prüfungsschein für eine Handstoppuhr aus dem Jahr 1969

Dreikreisstoppuhr Junghans 628/01 mit Schwanenhalsfeinregulierung aus dem Jahr 1972

DEUTSCHES AMT FÜR MESS- UND WARENPRÜFUNG (DAMG) | 5.3

Das Deutsche Amt für Mess-und Warenprüfung (DAMG) mit Hauptsitz in Berlin-Köpenick wurde nach der Teilung Deutschlands nach dem Zweiten Weltkrieg 1946 in der sowjetischen Besatzungszone gegründet und bekam in der DDR die Aufgaben der früheren Physikalisch-Technischen Reichsanstalt (PTR) zugeteilt. Anders als bei der späteren PTB unterstanden dem DAMG auch die Eichdirektionen und Eichämter, daher findet sich das Signet des DAMW auf vielen Produkten zwischen 1946 und 1961. Nach 1961 wurde es umbenannt in Deutsches Amt für Meßwesen (DAM) und ab 1964 in Deutsches Amt für Meßwesen und Warenprüfung (DAMW), dann von 1973 bis 1990 Amt für Standardisierung, Meßwesen und Warenprüfung (ASMW).
Als eine der drei Arbeitsgruppen des Prüfamtes für technische Schiffsausrüstung (PTS) wurde 1957 die Stralsunder Chronometerprüfstelle gegründet und unmittelbar dem DAMW untergeordnet. Hier fanden Uhrenprüfungen für die für die Schifffahrt notwendigen Chronometer, also Schiffschronometer und B-Uhren, statt. Beim Neubau wurde eine Uhrenkammer mit doppelten Wänden und einem im Fundament verankerten Uhrenpfeiler verwirklicht. Die nach Norden ausgerichteten Räume hatten eine möglichst geringe Temperaturschwankung und wurden klimatisiert, zusätzlich fanden in eigenen Vitrinen die Prüfungen für 36° C, 20° C und 4° C statt. Die Prüfungen der Marinechronometer fanden über 49 Tage statt.
Die Uhrenprüfungen, in der die meisten Uhren der GUB (Glashütter Uhrenbetriebe) geprüft wurden, fanden in der Zweigniederlassung in Magdeburg (Deutsches Amt für Maß und Gewicht der Deutschen Demokratischen Republik, Bezirkseichamt Magdeburg), statt. Neben den Chronometerkalibern GUB 60.3, der Zwischenreferenz 70.1 und dem 70.3, die eine erweiterte Gangprüfung zunächst im Glashütter Uhrenbetrieb erhielten und dann in Magdeburg zur Chronometerprüfung vorgelegt wurden, erfüllte auch das Chronographenkaliber GUB 64 bestimmte Vorgaben zur Laufleistung und Ganggenauigkeit des DAMG.

5.4 UHRENPRÜFSTELLE DES LANDESGEWERBEAMTS BADEN-WÜRTTEMBERG (LGA)

Das Landesgewerbeamt Baden-Württemberg in Stuttgart war 1920 aus der bereits im Jahr 1848 gegründeten Zentralstelle für Gewerbe und Handel gebildet worden, das ab 1926 dem Wirtschaftsministerium zugeordnet war. Aufgaben waren unter anderem die Aufsicht über das Eichwesen, und es führte damit seine Aufsichtsfunktion auf zwölf staatliche Eichämter sowie 92 weitere staatliche Eichanstalten im Land aus. 1942 wurde bei der Abteilung Eichwesen des Landesgewerbeamts, der sogenannten Eichdirektion, eine Prüfstelle für industrielles Messwesen eingerichtet. Ab 1952 wurde es mit Gründung des Südweststaats als Landesgewerbeamt Baden-Württemberg bezeichnet und diente damit als Behörde auch für den badischen Landesteil.
Beratend zum Aufbau der 1954 ins Leben gerufenen Uhrenprüfstelle war die PTB. 1955 nahm die Uhrenprüfstelle ihre Arbeit in Stuttgart auf. Die Landeshauptstadt wurde sicherlich aus Gründen der Nähe zu den Hauptstandorten der Bundesrepublikanischen Uhrenhersteller gewählt.
Die Prüfungen hatten ursprünglich den Zweck, gleiche Qualitätsstandards zu sichern, wie in der Schweiz und Frankreich, wo bereits geprüft wurde. Die Aufgabe der Uhrenprüfstelle des LGA war also dem Sinne nach als eine Aufgabe der Gewerbeförderung und Wettbewerbsfähigkeit zu sehen. Die Prüfstelle wurde im Gebäude des LGA errichtet und ein großer Teil der Einrichtung wurde extra angefertigt, erprobt und aufeinander abgestimmt. Auch der Ablauf der Prüfung musste in einzelnen Teilen memoriert und dem Bedienungspersonal vermittelt werden. Ende des Jahres 1954 waren die Vorbereitungen abgeschlossen, und am 4. Januar 1955 konnte die Uhrenprüfungsstelle ihre Tätigkeit aufnehmen.

Das LGA arbeitete eng mit der Forschungsgesellschaft für Uhrentechnik und Feinmechanik zusammen, die 1959 auf Drängen des Verbandes der Deutschen Uhrenindustrie und der Deutschen Gesellschaft für Chronometrie (DGC) mit Helmut Junghans als stellvertretendem Vorsitzenden, nach Gründung eines Fachgebiets für Uhrentechnik und Feinmechanik an einer Hochschule, ihre Arbeit in der Breitscheidstraße 2B in Stuttgart im eigens dafür errichteten Gebäude aufnahm. Das Gründungsmitglied der Deutschen Gesellschaft für Chronometrie, Prof. Dr. Wilhelm Keil, war Leiter des Instituts, der sowohl Forschung am Institut für Feingeräte- und Zeitmesstechnik der Forschungsgesellschaft (IFZ) betrieb als auch einen Lehrstuhl an der Universität innehatte und damit für einen optimalen Austausch zwischen Forschung und Lehre sorgte. Aus dem Institut ist die heutige Hahn-Schickard-Gesellschaft hervorgegangen.
Die Anfangsmonate in der Uhrenprüfstelle des Landesgewerbeamtes Stuttgart waren turbulent, die Firmen, die Chronometer einsandten, versuchten wiederholt, Einfluss zu nehmen. Im Dezember des Jahres 1954 schreibt beispielsweise die Firma Junghans an die PTB und an das LGA mit der Bitte, die Prüfgebühr pro Prüfschein bei nicht mehr als 2,- DM zu belassen (Abb. 6). Der Entwurf des Antwortschreibens ist handschriftlich auf dem Brief vermerkt:

Die Prüfgebühr von 3,- DM / Uhr ist ein äußerstes Entgegenkommen. Sie weiter zu senken, ist nicht mehr zu vertreten. Die in umstehendem Schreiben gemachten Angaben bezügl. der Unkosten von DM 1,50 / Uhr können nicht überzeugen, weil die Prüfung dort mit der in der

Entwurf

Vereinbarung

zwischen der Physikalisch - Technischen Bundesanstalt

und

dem Landesgewerbeamt Baden - Württemberg

über die Uhrenprüfstelle beim Landesgewerbeamt in Stuttgart

1. Die Physikalisch-Technische Bundesanstalt berät das Landesgewerbeamt bei der Einrichtung der Uhrenprüfstelle, sie sorgt insbesondere dafür, dass in der Uhrenprüfstelle eine der schweizerischen Uhrenprüfung mindestens gleichwertige Prüfung gesichert ist.

2. Die Physikalisch-Technische Bundesanstalt stellt für die Prüfung von (Gebrauchs)uhren in der Prüfstelle des Landesgewerbeamts Richtlinien auf und überwacht ihre Einhaltung.

3. Prüfscheine und Gangtabellen werden nach anliegenden Mustern ausgestellt.

Den ....

Landesgewerbeamt Baden-Württemberg

Physikalisch-Technische Bundesanstalt

Entwurf einer Vereinbarung der PTB und des LGA Baden-Württemberg über die Uhrenprüfstelle in Stuttgart. Foto: Landesarchiv Baden-Württemberg, Abt. Staatsarchiv Ludwigsburg (5)

Uhrenprüfungsstelle nicht zu vergleichen ist. Junghans übersieht völlig, dass bei uns ein Kontrollsystem in der Auswertung erforderlich ist, das die Prüfung merklich verbessert. Dir. v. Zeppelin wurde von dem Unterfertigten Aufklärung gegeben m. d. B. [mit der Bitte] diese Herrn Arthur Junghans weiter zu geben. L. Dieses und das Schreiben der PTB [Physikalisch-Technische Bundesanstalt] N. 3957/2 vom 10.1.55. Z.d.A. [Zu den Akten]

Die Uhrenfirmen versuchten gleich zu Beginn der Chronometerprüfungen, die Prüfungsstellen zu beeinflussen, letztlich fanden beidseitige Abhängigkeiten statt. Die Prüfungsstelle brauchte Firmen, die Chronometer zur Prüfung einreichten, und die Hersteller mussten die Gebühren niedrig halten.
Auch die Eidgenossen fragten schon kurz nachdem das LGA den Betrieb gestartet hatte, ob eine Prüfung in Stuttgart möglich sei. Die Firma Oris fragte am 25. Februar 1955, wie es sich mit dem Zoll verhalte (Abb. 8). Aufgrund des Schweizer Uhrenstatus von 1934 war Oris ein reiner Hersteller von Uhren mit Stiftankerhemmung; dies dürfte der Grund für die Bedenken des LGA hinsichtlich der Bauart der Uhrwerke sein. Ganz andere Bedenken äußerte die Firma Wehner (Porta) nur drei Wochen später und lehnte eine Prüfung ausländischer Fabrikate ab, da die Schweizer Prüfstellen in La Chaux-de-Fonds, Le Sentier, Biel und Le Locle dies mit deutschen Erzeugnissen ebenso täten.
Bereits im Januar 1956 kam die Prüfstelle in Bedrängnis. Es schien, dass die Uhrenhersteller, allen voran die Firma Junghans, sehr viele Chronometer einreichten und die Prüfstelle der Menge nicht Herr wurde. Entsprechend beschwerte sich Helmut Junghans in einem Schreiben vom 3. Januar 1956 (Abb. 10) beim Präsidenten des LGA, Herrn Seyfritz. Die Firma Junghans gab kurzerhand Chronometer ohne Gangschein oder mit eigenem Zertifikat aus, das entsprechenden Unmut hervorrief – beim Fachhandel, beim Kunden, bei der Konkurrenz und nicht zuletzt bei Junghans selbst. Die Schramberger wünschten einen schnelleren Ausbau der Prüfstelle.
Dies belegt auch ein internes Schreiben des ORBR Buwi von 1957 (Abb. 11). Das Schreiben ist eine Stellungnahme zu dem Prüfungsvermerk des Rechnungshofs, bei dem es um die Einnahmen aus dem Betrieb der Uhrenprüfstelle geht. Wieder findet sich der Hinweis, dass die Prüfstelle in den Jahren 1954 und 1955 nicht genügend Kapazitäten für eine Prüfung aller eingereichten Chronometerprüflinge hatte und Junghans somit *„auch nicht amtlich geprüfte Uhren, mit eigenen Certificaten versehen, als Chronometer in den Handel brachte“* und dies die Konkurrenz, namentlich die Firma Porta (Abb. 7), auf den Plan rief. Außerdem wurde eine für die Uhrenprüfstelle rentablere Prüfgebühr vorgeschlagen.
Die ersten Gangzeugnisse (Abb. 12) aus dem Januar 1956 trugen noch den Titel: „Nach den Richtlinien der Physikalisch-Technischen Bundesanstalt“, ausstellende Behörde war

3957

TELEGRAMME: JUNGHANS SCHRAMBERG · FERNRUF 641-644 · FERNSCHREIBER 076811 · POSTSCHECK: STUTTGART 474 · LANDESZENTRALBANK ROTTWEIL 591/81

Herrn
Oberregierungsrat Dr.E.Rieckmann
Phys.-Techn.Bundesanstalt
B r a u n s c h w e i g
Bundesallee 100

Herrn Baurat B u w i
Landesgewerbeamt
S t u t t g a r t - N
Kienestr. 18

CODES: ABC 5th and 6th EDITION · BENTLEY · CARLOWITZ · LIEBER · RUDOLF MOSSE
ABTLG. 23 vZ/A SCHRAMBERG 13.12.1954
BEI ANTWORT STETS ANGEBEN ALLEMAGNE · GERMANY

BETREFF IHRE ZEICHEN IHRE NACHRICHT VOM

Betr.: Prüfgebühr für Chronometer

Sehr geehrte Herren !

Wie wir hörten, sind zur Zeit noch Erwägungen wegen Festlegung der Höhe der Prüfgebühr im Gange. Es wurde von Seiten der Prüfstelle darauf hingewiesen, dass die zuletzt genannten DM 3.-- relativ knapp bemessen seien.

In diesem Zusammenhang möchten wir Ihnen mitteilen, dass in einer Besprechung in Pforzheim, in der u.a. Herr Söllner, Herr Wehner und unser Herr Arthur Junghans anwesend waren, auch hierüber gesprochen wurde und dass der dringende Wunsch geäussert wurde, die Prüfstelle dahingehend zu beeinflussen, dass der Prüfschein nicht mehr als DM 2.-- kosten soll. Eine höhere Prüfgebühr würde die Uhr unter den heute bestehenden Marktverhältnissen zu stark verteuern.

Wir haben hier einmal festgestellt, was uns eine Prüfung im vorgeschriebenen Rahmen kosten würde und es ergab sich, dass wir selbst einschliesslich unserer Unkosten auf DM 1.5o kommen würden, allerdings ohne eine fotografische Festhaltung des Ergebnisses.

Die Höhe der Prüfgebühr ist zweifellos für die Entwicklung der Chronometerfertigung in Deutschland von besonderer Bedeutung und es wäre sicher sehr zweckmässig, sich hier den Erfordernissen der Marktverhältnisse wenn irgend möglich anzupassen. Vermutlich wird dann die Menge der zu prüfenden Uhren bald dazu führen, dass auch zum Preis von DM 2.-- die Prüfung vom Landesgewerbeamt tatsächlich wirtschaftlich durchgeführt werden kann.

b.w.

Es dürfte in diesem Zusammenhang wohl interessieren, dass nach unserer bisherigen Schätzung eine Prüfung von 5o - 1oo Chronometern pro Tag der heutigen Produktionsmenge der deutschen Industrie entsprechen würde.

Hochachtungsvoll
G E B R Ü D E R J U N G H A N S A.G.

Nr: 3957
den 29.3.55

1. Die Prüfgebühr von 3.- DM/Uhr ist schon ein [illegible] Entgegenkommen. Sie weiter zu senken, ist nicht mehr zu vertreten. Die im nebenstehenden Schreiben genannten Angaben bezügl. der Unkosten von DM 1.50/Uhr [illegible] können nicht überzeugen, weil die Prüfung dort mit der in der Uhrenprüfungsstelle nicht zu vergleichen ist. Junghans übersieht völlig, dass bei uns ein Kontrollsystem in der Auswertung erforderlich ist, das die Prüfung [illegible] wesentlich verteuert.
Frl. v. Zeppelin wurde von dem Unterfertigten [illegible] gegeben m.d.B. diese Herrn Arthur Junghans mitzugeben. s. Kopie und das Schreiben der PTB Nr. 39 vom 10.1.55.

2. z.d.A.

Physikalisch-Technische Bundesanstalt
– Abteilung I –

Physikalisch-Technische Bundesanstalt (20b) Braunschweig Bundesallee 100
Fernsprecher: Braunschweig Sammelnummer 20521 Drahtwort: Reichsphysik Braunschweig Fernschreiber: 025422
Frachtsendungen: Expreßgutsendungen: Watenbüttel bei Braunschweig

Firma
Gebrüder J u n g h a n s AG
Uhrenfabriken
(14b) Schramberg/Württ.
Postschliessfach Nr. 71

Ihre Zeichen	Ihre Nachricht vom	PTB-Zeichen	Tag
23 vZ/A	13.12.54	23166/54 I A/U	10.Januar 1955

Betreff: Prüfungsgebühr für Armbanduhren.

Die zwischen der Bundesanstalt und dem Landesgewerbeamt getroffene Vereinbarung bezieht sich auf die Einrichtung der Uhrenprüfungsstelle und auf Richtlinien zur Durchführung der Prüfung. Wirtschaftliche Fragen, wie die Höhe der Prüfungsgebühren, fallen nicht in den Rahmen dieser Vereinbarung. Daher kann die Bundesanstalt in dieser Hinsicht keinen Einfluss auf das Landesgewerbeamt ausüben.

Obwohl das Prüfungsverfahren schon möglichst wirtschaftlich gestaltet wurde, kann man versuchen, es noch weiter zu rationalisieren, wenn genügend große Stückzahlen von Uhren zur Prüfung eingereicht werden. Die Bundesanstalt wird dann gern bereit sein, das Landesgewerbeamt hierbei zu unterstützen.

Im Auftrage
Rieckmann

(ORR. Dr. E. Rieckmann)

D/An das Landesgewerbeamt
Baden-Württemberg
Stuttgart-N
Kienestr. 18
mit der Bitte um Kenntnisnahme übersandt.

LGA 14. JAN. 1955 3957/2
I.A. Rieckm

Es wird gebeten, bei Schreiben an die Anstalt persönliche Anschriften zu vermeiden; sie verzögern nur die Erledigung.
Konten: Landeszentralbank Braunschweig 29/1513 · Postscheckkonto Hannover 8305

Schreiben der Firma Junghans an die PTB und das LGA aus dem Jahr 1954, Antwortschreiben der PTB aus dem Januar 1955. Foto: Landesarchiv Baden-Württemberg, Abt. Staatsarchiv Ludwigsburg (6)

Siegel an Uhren, die durch das LGA geprüft wurden. Foto: R. B.

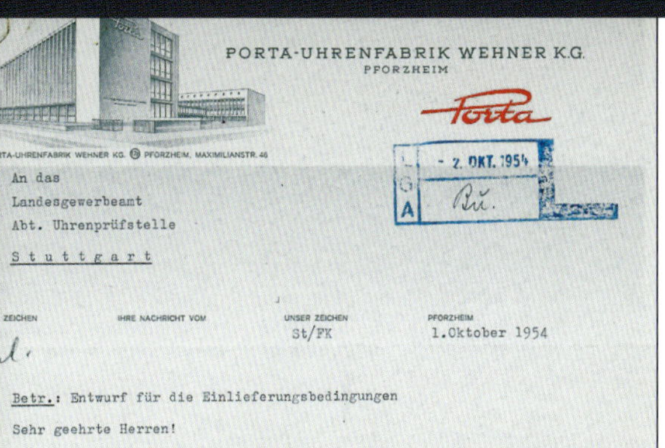

PORTA-UHRENFABRIK WEHNER K.G.
PFORZHEIM

Porta

PORTA-UHRENFABRIK WEHNER KG. PFORZHEIM, MAXIMILIANSTR. 46

LGA - 2. OKT. 1954 Bü.

An das
Landesgewerbeamt
Abt. Uhrenprüfstelle

Stuttgart

IHR ZEICHEN | IHRE NACHRICHT VOM | UNSER ZEICHEN St/FK | PFORZHEIM 1.Oktober 1954

Betr.: Entwurf für die Einlieferungsbedingungen

Sehr geehrte Herren!

Ich danke Ihnen für die Übersendung des Entwurfes, den ich sofort nach Erhalt eingehend durchgearbeitet habe. In einigen Punkten habe ich eine Unklarheit festgestellt und unterbreite Ihnen anbei meine Vorschläge für deren Abänderung bzw. Verbesserung.

1.) In dem Kopf der Prüfungsbedingungen steht: Zwecks Erlangung eines kleinen Prüfscheins.
Jeder Interessent weiss, dass die kleine Prüfung die Gebrauchsuhren-Prüfung ist. An dem Wort "kleiner Prüfschein" werden sich viele stossen. Ausserdem hat die Gesellschaft für Chronometrie sich dahingehend geeinigt, dass das Wort kleine oder grosse Prüfung sowie die Klassen A, B usw. nicht irgendwie bekanntgemacht werden sollen.

Ich würde vorschlagen, anstelle des Wortes "kleiner Prüfschein" die Worte zu setzen "zwecks Erlangung eines Prüfscheins für Gebrauchsuhren."

2.) a) Bei dem Punkt 5 muss die Dezimalstelle der Ablesegenauigkeit in der Technik angegeben werden. Wenn als Prüfgrenze 7 s/d angegeben ist, so ist anzunehmen, dass Sie von voller Sekunde zu voller Sekunde ablesen. Da aber die Prüfergebnisse in 1/10 sec. angegeben werden, muss in der Tabelle der Grenzwerte auch 7.0 s/d angegeben werden.

b) Beim Punkt 5 D muss das Vorzeichen für den Vorgang im Prüfwert vermerkt werden, da ein durchschnittlicher Nachgang für Armbanduhren nicht zulässig ist.
Es muss also heissen: $\pm$ 0.0 bis - 15 s/d

3.) Warum schreiben Sie bei der Wiederaufnahme des Ganges nicht

$$L = G_{15} - \frac{G_1 + G_2}{2}$$

Also die Differenz zwischen dem Mittelwert am Beginn der Prüfung und dem G_{15} nach der Temperatur-Prüfung?

- 2 -

ORIS WATCH CO. S.A. HÖLSTEIN / SUISSE

50 ANS · 50 YEARS · ORIS · 1904-1954

LGA 2 b. FEB. 1955 3955/1a

An das
Landesgewerbeamt
Uhrenprüfstelle
Postfach 831
Stuttgart
(Deutschland)

V/LETTRE DU | N/REF. T/ag | HÖLSTEIN, den 25. Februar 1955

[Se]hr geehrte Herren,

Wir beabsichtigen, Ihnen Armbanduhren zur Prüfung zu [se]nden. Es würde uns nun interessieren zu erfahren, wie es [si]ch mit dem Zoll verhält.

Wir wären Ihnen für Ihre Auskunft hierüber dankbar [un]d begrüssen Sie

mit vorzüglicher Hochachtung
ORIS WATCH Co. S.A.

Anruf am 19.3. bei [illegible]:
Er hält es für sehr gut, wenn Schweizer Firmen zur Prüfung zugelassen würden, weil das Ansehen der Prüfstelle dabei nur gewinnen kann. Zu den von Herrn Stalke vorgebrachten Bedenken glaubt er, dass gewisse Forderungen hinsichtlich der Bauart des Uhrenwerkes gefordert werden müssten. Er verspricht Unterlagen dazu zu liefern.
Bu. 19. 3.

Anfrage der Firma ORIS an das LGA aus dem Februar 1955 zur Prüfung von Uhren. Foto: Landesarchiv Baden-Württemberg, Abt. Staatsarchiv Ludwigsburg (8)

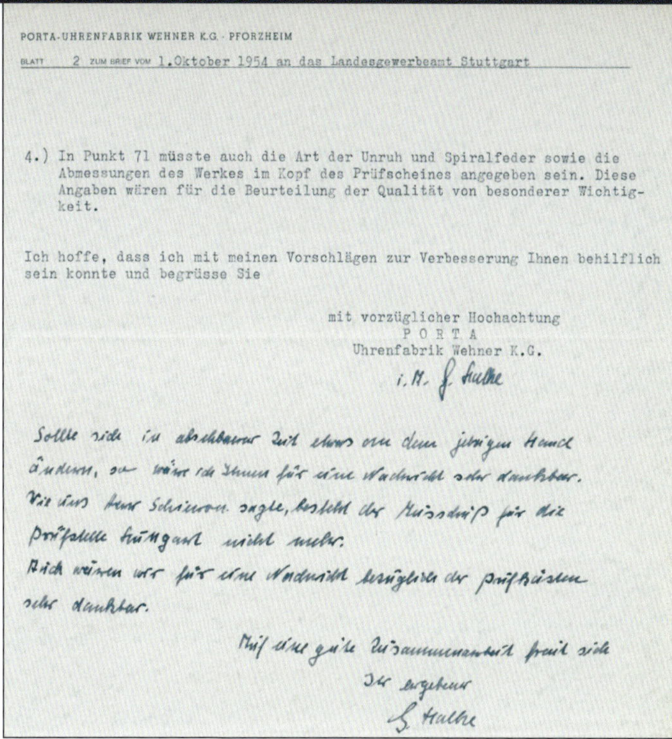

PORTA-UHRENFABRIK WEHNER K.G. · PFORZHEIM

BLATT 2 ZUM BRIEF VOM 1.Oktober 1954 an das Landesgewerbeamt Stuttgart

4.) In Punkt 71 müsste auch die Art der Unruh und Spiralfeder sowie die Abmessungen des Werkes im Kopf des Prüfscheines angegeben sein. Diese Angaben wären für die Beurteilung der Qualität von besonderer Wichtigkeit.

Ich hoffe, dass ich mit meinen Vorschlägen zur Verbesserung Ihnen behilflich sein konnte und begrüsse Sie

mit vorzüglicher Hochachtung
PORTA
Uhrenfabrik Wehner K.G.
i.A. G. Stalke

Sollte sich in absehbarer Zeit etwas an dem jetzigen Stand ändern, so wäre ich Ihnen für eine Nachricht sehr dankbar.
Wie uns Herr [illegible] sagte, besteht der Ausschuß für die Prüfstelle Stuttgart nicht mehr.
Auch wären wir für eine Nachricht bezüglich der Prüfkästen sehr dankbar.

Auf eine gute Zusammenarbeit freut sich
Ihr ergebener
G. Stalke

Die Uhrenfabrik Wehner (Porta) schreibt Wünsche zur Veränderung des Gangzeugnisses im Oktober 1954 an das LGA. Foto: Landesarchiv Baden-Württemberg, Abt. Staatsarchiv Ludwigsburg (7)

Schreiben der Firma Wehner (Porta) aus dem März 1955 an das LGA mit ablehnender Haltung zur Prüfung ausländischer Uhren. Foto: Landesarchiv Baden-Württemberg, Abt. Staatsarchiv Ludwigsburg (9)

PORTA-UHRENFABRIK WEHNER K.G.
PFORZHEIM

Porta

PORTA-UHRENFABRIK WEHNER KG. PFORZHEIM, MAXIMILIANSTR. 46

An das
Landesgewerbeamt von
Baden - Württemberg
z.Hd.v. Herrn Oberbaurat Buwi

Stuttgart-N
Kienestrasse 18

LGA 1 4. MRZ. 1955 3955/3

IHR ZEICHEN | IHRE NACHRICHT VOM | UNSER ZEICHEN St/FK | PFORZHEIM 17.März 1955

Betr.: Prüfung ausländischer Erzeugnisse

Sehr geehrter Herr Buwi!

Durch unseren Herrn Stalke haben wir erfahren, dass ausländische Firmen an Sie mit der Bitte um Prüfung ihrer Erzeugnisse in Ihrem Institut herantreten.

Da das Landesgewerbeamt eine zum Wohle der einheimischen Industrie dienende Institution ist, können wir nicht zustimmen, dass durch Prüfung ausländischer Fabrikate der aufstrebenden einheimischen Industrie in den Rücken gefallen wird.

Da die Schweizer Prüfstellen, die Bureaux Officiels La Chaux-de-Fonds, Le Sentier, Biel und Le Locle, grundsätzlich die Prüfung deutscher Erzeugnisse ablehnen, bitten wir Sie auch im Interesse der gesamten deutschen Uhren-Industrie, der Prüfung ausländischer Fabrikate in Ihrem Institut nicht zuzustimmen.

Hochachtungsvoll
PORTA
Uhrenfabrik Wehner K.G.

Helmut Junghans
Dr.-Ing. E.h.
Vorsitzer des Vorstandes
der Gebrüder Junghans A.G. Uhrenfabriken

Schramberg-Sulgen
Eckenhof 3. Januar 1956
FERNSPR. 331 · POSTFACH 40

L G A – 5. JAN. 1956 3950/6

An das
Landesgewerbeamt Baden-Württemberg
z. H. des Präsidenten, Herrn Dr. Seifriz

Stuttgart - N
Kienestraße 18

Betr.: Uhrenprüfstelle

Sehr geehrter Herr Präsident Seifriz!

Hiermit gestatte ich mir die höfliche Anfrage, bis wann damit gerechnet werden kann, daß die Uhrenprüfstelle dem zur Prüfung erfreulicherweise sehr stark anwachsenden Anfall von Chronometern zeitlich wird gerecht werden können?
Durch den Umstand, daß die Uhrenprüfstelle mit Prüfungen nicht mehr genügend nachkommt, ist z. B. meine Firma gezwungen, einen größeren Teil ihrer Chronometer ohne Gangscheine hinauszugeben, was wiederum beim Fachhandel und Publikum mit Recht auf Unverständnis stösst.

Bei der Gründung der Uhrenprüfstelle habe ich allerdings den Standpunkt vertreten, daß allein meine Firma bei normalem Geschäftsgang mindestens täglich 100 Chronometer zur Prüfung wird einsenden können. Man hat mir damals nicht geglaubt. Wie Sie nun aber sehen, habe ich recht behalten!

Meine Firma und ich wären Ihnen deshalb sehr zu Dank verbunden, wenn der entsprechende Fertig-Ausbau der Uhrenprüfstelle rascher als vielleicht bis jetzt geplant, vor sich gehen könnte.

b. w.

Schreiben der Firma Junghans an den Präsidenten des LGA, Herrn Seyfritz. Foto: Landesarchiv Baden-Württemberg, Abt. Staatsarchiv Ludwigsburg (10)

Schramberg-Sulgen 3. Januar 1956
-2-

Mit dem Dank für die Mühen, die Sie, sehr verehrter Herr Präsident und Ihre sehr verehrten Herren in dieser Angelegenheit bisher hatten, gestatte ich mir die Bitte und den Rat auszusprechen, doch den jetzt entstandenen Eifer der Uhrenfabriken dadurch zu unterstützen, daß die Stuttgarter Uhrenprüfstelle raschmöglich in die Lage versetzt wird, allen Anforderungen auch zeitlich befriedigend nachkommen zu können. Ansonsten ist alles hoch befriedigt.

Mit meinen besten Neujahrswünschen für Sie und Ihre sehr verehrten Herrn begrüße ich Sie

mit vorzüglicher Hochachtung
als Ihr sehr ergebener

H. Junghans

~~3212/8~~ 3950.1/1

Nr. ~~1570 - 55/6~~ Bu/Mö
Den 11. Mai 1957

Techn. Prüfwesen
Ausgef.:
Vergl.:
Abges.:

An das
Landesgewerbeamt Baden-Württemberg

im Hause

Auf den Erlaß vom 30. April 1957

Betreff: Stellungnahme zu dem Prüfungsvermerk des Rechnungshofs Ziff 3 - Einnahmen aus dem Betrieb der Uhrenprüfungsstelle

Anlagen: 4 - um Rückgabe der Anlagen mit / wird gebeten

Die Uhrenprüfungsstelle wurde anfangs absichtlich sowohl in der Einrichtung als auch in der personellen Besetzung in bescheidenen Grenzen aufgezogen, um zunächst Erfahrungen in der Prüfung und der Inanspruchnahme zu gewinnen. Letztere ging in den Jahren 1954 und 1955 über die Kapazität der Prüfstelle hinaus, weshalb die Firma Junghans auch nicht amtlich geprüfte Uhren, mit eigenen Certificaten versehen, als Chronometer in den Handel brachte. Dies führte zu Reibereien mit der Firma Porta, was den Ausschuß für die Uhrenprüfungsstelle anläßlich der Tagung der Deutschen Gesellschaft für Chronometrie im Mai 1955 in Baden-Baden veranlaßte, der Uhrenprüfungsstelle eine Erweiterung ihrer Kapazität nahezulegen.

Anfragen bei den damaligen Herstellern Junghans und Porta haben für die Anlieferung 2000 und 1000 Uhren, also insgesamt 3000 je Monat, ergeben. Auf dieser Frequenz wurden die Plansätze für das Rechnungsjahr 1956 aufgebaut.

Da die von den Uhrenherstellern hinsichtlich der Zahl der anzuliefernden Uhre[n] nicht eingehalten wurden - die Anlieferung war durch das Aufgeben der Chronometerfertigung bei der Firma Porta sogar rückläufig geworden, - wurden die für 1956 bewilligten Mittel nur zur Beschaffung des unbedingt Erforderlichen verwendet. Hierzu ist auch das Lochkartenverfahren zu rechnen.

Um zu klären, welche Aussichten für die Inanspruchnahme der Prüfstelle bestehen, wurden die für die Herstellung von Chronometern in Frage kommenden Firmen im April und im Mai 1956 aufgesucht. Das Ergebnis ist aus anliegender /3 zu ersehen. Weiter hat ORuBR Buwi auf der Jahresversammlung 1956 der Deutschen Gesellschaft für Chronometrie auf die geringe Inanspruchnahme der Prüfstelle hingewiesen. Hierzu ist auch eine Besprechung mit den Herstellern von Chronometern am 20.7.1956 zu erwähnen /2d, 2c. Vorgang siehe Bund 3951.6 Allg.

./.

Internes Schreiben des LGA aus dem Jahr 1957. Foto: Landesarchiv Baden-Württemberg, Abt. Staatsarchiv Ludwigsburg (11) (Abb. oben u. rechts)

\- 2 -

Auf Grund der Angaben der Firmen konnte im weiteren Ablauf des Haushaltjahres 1956 eine Steigerung der Anzahl der Prüfungen, insbesondere von Junghans-Uhren, erwartet werden. Abgesehen von einer sehr stürmischen Anlieferung in den Wochen vor Weihnachten, hat die Firma Junghans nur sehr mäßig angeliefert. Dagegen ist beachtenswert, daß in diesem Zeitraum zwei weitere Firmen, und zwar Laco in Pforzheim und Bidlingmaier in Schwäb. Gmünd, mit der Anlieferung von Chronometern, allerdings noch in bescheidenem Rahmen, begonnen haben. Ferner wurden ab und zu noch Chronometer in geringen Stückzahlen von den Firmen Erich Lacher und Lange (Glashütte), beide in Pforzheim, angeliefert.

Seit 1. Mai 1957 sind vorgelegt worden:

von Junghans	2000 Uhren
von Laco	109 Uhren
von Bidlingmaier	75 Uhren

Obwohl dieser Bestand an Anträgen über die derzeitige Leistungsmöglichkeit in personeller Hinsicht hinausgeht und Herr v. Zeppelin kürzlich in der Prüfstelle künftig die Anlieferung von 500 Uhren je Woche angezeigt hat, erscheint es auf Grund der bisherigen Erfahrungen noch nicht für angebracht, daraus schon jetzt Folgerungen und Maßnahmen herzuleiten. Dies wird erst dann vertretbar sein, wenn eine ausreichende Gewähr besteht, daß die verstärkte Anlieferung von Dauer sein wird, selbst wenn vorerst die Uhren sich in der Prüfstelle ansammeln sollten.

Wie aus Vorstehendem zu entnehmen ist, ist der Einnahmeausfall darauf zurückzuführen, daß die Inanspruchnahme der Prüfstelle bisher hinter den berechtigten Erwartungen zurückblieb.

In diesem Zusammenhang wird auf die Diskrepanz zwischen der Prüfgebühr und dem tatsächlichen Aufwand für die Prüfung hingewiesen. Ursprünglich wurde der Rentabilitätsberechnung eine Prüfgebühr von 5 DM zugrundegelegt. Dieser Gebührenhöhe hatten die Uhrenhersteller zunächst zugestimmt, später haben letztere bei dem damaligen Präsidenten des LGAs, Prof. Dr. Hotz, ein Heruntersetzen der Prüfgebühr auf 3 DM erreicht. Bei dieser niedrigen Prüfgebühr war der Ausgleich zwischen Ausgaben und Einnahmen nur von einem entsprechend höheren Prüfungsanfall zu erwarten. Durch das Einführen des Lochkartenrechnens, was aus mancherlei Gründen erforderlich wurde, ist die Diskrepanz zwischen Einnahmen und Ausgaben noch größer geworden. Zur Zeit erwächst für jede geprüfte Uhr ein Aufwand von etwa 1,50 DM allein an Sachmitteln und für das Lohnrechnen. Mit dem dem Amt noch verbleibenden Rest von 1,50 DM ist es unmöglich, die Rentabilität der Prüfstelle sicher zu

./.

\- 3 -

stellen, selbst nicht bei voller Auslastung mit 3000 Uhren je Monat. Eine Erhöhung der Prüfgebühr wird sich daher nicht vermeiden lassen und es dürfte sich empfehlen, die Erhöhung schon möglichst bald vorzunehmen.

Vorgeschlagen wird eine Erhöhung um 1.- DM je Uhr, so daß die Gruppengebühr auf 100.- DM und die Gebühr für die Einzelprüfung auf 6.- DM je Uhr zu stehen kämen (s. Ziff 8 der Bedingungen für die amtliche Prüfung von Armbanduhren ....). Es empfiehlt sich gegebenenfalls, die Gebührenerhöhung zuerst mündlich dem Ausschuß für die Uhrenprüfungsstelle und danach allgemein bekanntzugeben. Der Ausschuß könnte anläßlich der nächsten Tagung der Deutschen Gesellschaft für Chronometrie im Juni ds.Jahres unterrichtet werden.

Es wird gebeten, den Vorschlägen zur Gebührenerhöhung und zu deren Bekanntgabe an den Ausschuß zuzustimmen.

Bu

Nr. 3212/8

Den 13. Mai 1957

Schreiben g.d.A.

I. A. Bu

gelesen: Bu 16.5.

Duplikat 3151.3/1

Buwi 3

Gangzeugnis

Bulletin de marche selon le règlement de la · NACH DEN RICHTLINIEN DER · **Watch rate certificate** according to the rules of

Physikalisch-Technischen Bundesanstalt

FÜR ARMBANDUHREN DER KLASSE »MIT GUTEN GANGLEISTUNGEN«

pour montres bracelet de la classe »avec bonne précision« · For wristlet-watches »with good performance«

Gangzeugnis · Bulletin de marche · Watch Rate Certificate

No. 2961

Gegenstand: / Objet: / Article: Junghans Chronometer

Hersteller: / Fabricant: / Manufacturer: Uhrenfabriken Gebr.Junghans AG., Schramberg

Antragsteller: / Déposant: / Applicant: Junghans

Gehäuse-Nr.: / Boîte No.: / Case No.: 28906

Werk-Nr. nach Angabe des Antragstellers: / No. du mouvement indiqué par le déposant: / No. of movement indicated by the applicant: 47084

Prüfungsbuch-Nr.: / No.: / Reference: 46

Tag Jour Day	Lage Position Position			Temperatur Température Temperature	Gang Marche Rate	Gangschwankung Variation Variation of rate	
1	6 oben	6 en haut	6 up	20 °C	g_1 − 3,0 s/d		
2	6 oben	6 en haut	6 up	20 °C	g_2 − 6,0 s/d	$\left\lvert\frac{g_2-g_1}{1\,d}\right\rvert$	3,0 s/d²
3	3 oben	3 en haut	3 up	20 °C	g_3 + 4,5 s/d		
4	3 oben	3 en haut	3 up	20 °C	g_4 + 2,5 s/d	$\left\lvert\frac{g_4-g_3}{1\,d}\right\rvert$	2,0 s/d²
5	9 oben	9 en haut	9 up	20 °C	g_5 −16,0 s/d		
6	9 oben	9 en haut	9 up	20 °C	g_6 −15,0 s/d	$\left\lvert\frac{g_6-g_5}{1\,d}\right\rvert$	1,0 s/d²
7	Zifferblatt unten	Cadran en bas	Dial down	20 °C	g_7 −11,0 s/d		
8	Zifferblatt unten	Cadran en bas	Dial down	20 °C	g_8 −12,0 s/d	$\left\lvert\frac{g_8-g_7}{1\,d}\right\rvert$	1,0 s/d²
9	Zifferblatt oben	Cadran en haut	Dial up	20 °C	g_9 −12,5 s/d		
10	Zifferblatt oben	Cadran en haut	Dial up	20 °C	g_{10} −14,0 s/d	$\left\lvert\frac{g_{10}-g_9}{1\,d}\right\rvert$	1,5 s/d²
11	Zifferblatt oben	Cadran en haut	Dial up	5 °C	g_{11} −15,0 s/d		
12	Zifferblatt oben	Cadran en haut	Dial up	20 °C	g_{12} −14,5 s/d	−	+
13	Zifferblatt oben	Cadran en haut	Dial up	35 °C	g_{13} +18,0 s/d	Vorgehen	Nachgehen
14	6 oben	6 en haut	6 up	20 °C	g_{14} − 8,5 s/d	Avance	Retard
15	6 oben	6 en haut	6 up	20 °C	g_{15} − 6,0 s/d	Gaining	Losing

Ende der Prüfung · Fin de l'épreuve · End of test: 25.10.1955

Einzelergebnisse der Prüfung · Résultats particuliers de l'épreuve · Detailed results of test

Erklärungen sowie Toleranzen umseitig · Les explications et les tolerances veuillez trouver au verso · Explanations and tolerances on the reverse side.

A 1,7 s/d² D − 8,2 s/d J + 1,10 s/d °C

B 3,0 s/d² E 12,7 s/d L − 1,5 s/d

Stuttgart, den 27.Januar 1956 **Landesgewerbeamt Baden-Württemberg**

UHRENPRÜFUNGSSTELLE

Ein Gangzeugnis aus dem Jahr 1955 für einen Junghans J82 Chronometer – nach den Richtlinien der PTB, ausgestellt von der Uhrenprüfstelle des Landesgewerbeamts Baden-Württemberg. Foto: Landesarchiv Baden-Württemberg, Abt. Staatsarchiv Ludwigsburg (12)

ERKLÄRUNGEN SOWIE TOLERANZEN DER ERGEBNISSE:

Zwecks Erlangung eines Gangzeugnisses für Armbanduhren der Klasse »mit guten Gangleistungen« müssen alle Einzelergebnisse bei der Prüfung die nachstehend angegebenen Toleranzen einhalten:

Einzelergebnisse:

A Durchschnittliche Gangschwankung in fünf Lagen bei 20 °C vor der Temperaturprüfung	7,0 s/d²
B Größte Gangschwankung in einer der fünf Lagen bei 20 °C vor der Temperaturprüfung	12,0 s/d²
D Durchschnittlicher Gang in den fünf Lagen bei 20 °C vor der Temperaturprüfung	0,0 s/d bis 15,0 s/d
E Größter Unterschied zwischen dem durchschnittlichen Gang D und einem Gang in einer der fünf Lagen bei 20 °C vor der Temperaturprüfung	26,0 s/d
J Pauschale Gangänderung je Grad Celsius zwischen 5 °C und 35 °C in der Lage »Zifferblatt oben«	± 1,40 s/d °C
L Wiederaufnahme des Ganges in der Lage »6 nach oben« nach der Temperaturprüfung	± 14,0 s/d

Maßgeblich ist der deutsche Text. Gangzeugnisse ohne Dienstsiegel haben keine Gültigkeit. Die Gangzeugnisse dürfen für geschäftliche Zwecke nur in vollem Wortlaut und ohne Zusätze weiterverbreitet werden · Le texte allemand constitue la version originale et authentique. Les bulletins de marche ne sont valides qu'avec sceau. Les bulletins de marche ne peuvent être répandus par buts commerciaux qu'en plein texte et sans aucun supplément · The German text is the original and authentic version. Watch rate certificates without official seal are not valid. For commercial purposes a watch rate certificate may only be circulated in its complete wording and without additions.

Uhr am 24.1.56 von Herrn von Zeppelin zur Erprobung und Überwachung an Oberbaurat Buwi übergeben. [signature]

r. 3952/12 Di/Mö
en 12. März 1959

Techn. Prüfwesen
Ausgef.:
Vergl.:
Abges.: 12.3.59

18
m./17

. Schreiben an den
Bundesminister für Verteidigung
Abteilung Güteprüfung
Stuttgart W
Rotebühlstraße 40

Auf die tel. Anfrage von Herrn Wagner

Betreff: Prüfungsbedingungen für Stoppuhren und Armbanduhren

Anlagen: 2

In der Anlage werden Ihnen die erbetenen Prüfungsunterlagen für die Prüfung von Stoppuhren und Armband-Chronometern übersandt. Schiffschronometer und Beobachtungsuhren (sogenannte B-Uhren) werden zur Zeit nur vom Deutschen Hydrographischen Institut Hamburg nach den von diesem Institut aufgestellten Richtlinien geprüft. Die Anschrift lautet: Deutsches Hydrographisches Institut, Hamburg, Bernhard-Nocht-Straße 78.

. Zu den Akten.

Di 11.3.

1.P.Bn

Schreiben an den Bundesminister für Verteidigung aus dem Jahr 1959. Foto: Landesarchiv Baden-Württemberg, Abt. Staatsarchiv Ludwigsburg (13)

Bundesamt
für
Wehrtechnik und Beschaffung
FG IV 6 - Az.: 90-66-45
Bei Antworten bitte dieses Geschäftszeichen angeben

54 Koblenz, den 11. November 1965
Am Rhein 2-6
Telegrammanschrift: „bwb kblz"
Fernschreiber: 0862 661
Telefon: Koblenz 2611
Nebenanschluß: 3029

An die
Technische Hochschule Stuttgart
Uhrenprüfungsstelle
7 Stuttgart

Betr.: Fliegerarmbanduhr
hier: Zuverlässigkeitsprüfung

Sehr geehrte Herren!

Um Vergleichsmöglichkeiten über die Ganggenauigkeit und Zuverlässigkeit von Fliegerarmbanduhren zu haben, ist vorgesehen 5 Stück Fliegeruhren einer Schockprüfung und Beschleunigungsprüfung bis ca. 7 g zu unterziehen. Sollten die Möglichkeiten einer solchen Prüfung bei Ihnen gegeben sein, bitte ich um Mitteilung an mein Referat FG IV 6.

Hochachtungsvoll
Im Auftrag

(Dr. Berwanger)

Anfrage zur Zuverlässigkeitsprüfung von Fliegeruhren vom Bundesamt für Wehrtechnik und Beschaffung aus dem Jahr 1965. Foto: Landesarchiv Baden-Württemberg, Abt. Staatsarchiv Ludwigsburg (14)

aber bereits das Landesgewerbeamt Stuttgart. Auch die Bundeswehr wollte verschiedenste Uhren testen lassen (Abb. 13). Aus dem Antwortschreiben vom 12. März 1959 an die Abteilung für Güteprüfung des Bundesamts für Verteidigung geht hervor, dass neben den Prüfungsbedingungen für Stopp- und Armbandchronometer auch nach der Prüfung für B-Uhren und Schiffschronometern gefragt wurde. Das LGA verwies an das DHI. Zeitlich kommt nur ein Armbandchronometer für eine solche Überprüfung in Frage – der Junghans Chronometer M82 mit dem Kaliber Junghans J82, den die Schramberger im Jahr 1959 als „besonders geeignet als Dienstuhr" bewarben. Auch an die Uhrenprüfungsstelle der Technischen Hochschule Stuttgart wurden 1965 Anfragen vom Bundesamt für Wehrtechnik und Beschaffung (Abb. 14) gestellt, hier zur „Zuverlässigkeitsprüfung" von fünf Fliegerarmbanduhren, und obwohl das Schreiben an die Technische Hochschule Stuttgart adressiert war, fand es dennoch seinen Weg in das Archiv der Uhrenprüfstelle des LGA. Die Uhren sollten einer Schock- und Beschleunigungsprüfung bis ca. 7*g*-Kräften unterzogen werden. Ob hier schon der 1967 eingeführte Chronograph Heuer Leonidas 1550SG mit dem Valjoux 230 (ab 1968 auch als Sternzeituhr) oder der ab ca. 1957 genutzte Fliegerchronograph Junghans J88 bzw. Junghans 688.70 mit der Referenznummer 088/0111 zur Prüfung der Zuverlässigkeit gemeint war, erschließt sich aus dem Schreiben nicht. Die Uhren waren dem fliegenden Personal der TSK (Teilstreitkräfte) Heer, Luftwaffe und Marine, sowie den Fernspähtruppen des Heeres und dem Schiffsführungspersonal auf U-Booten vorbehalten. Die Tengler Bund, die Tutima Bund als auch die Orfina und Arctos Bund dürften durch den späteren Nutzungs– und Herstellungszeitraum wegfallen.

Armband-CHRONOMETER

17 Steine, stoß- und wassergeschützt, mit besonders sorgfältig ausgeführtem Ankerwerk J 82/3, 28 mm (12‴), Mittelsekunde (DBP. und Auslandspatente). Sekundengenau einstellbar (DBGM.)

Jeder Armband-Chronometer ist amtlich geprüft und wird mit einem Chronometer-Zertifikat geliefert

Every Wristlet Chronometer is officially tested and is supplied with a Chronometer certificate

Chaque Chronomètre bracelet est contrôlé d'office et livré avec certificat de Chronomètre

Wristlet Chronometer

17 jewels, shock- and waterproof, with particularly carefully finished lever movement J 82/3, 28 mm (12‴), centre seconds. Setting true to the seconds

Chronomètre bracelet

17 rubis, antichoc et étanche à l'eau, avec mouvement à ancre bien soigné J 82/3, 28 mm (12‴), trotteuse centrale. Précision de marche à la seconde

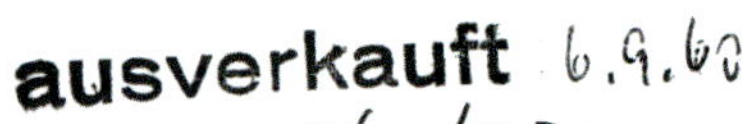

82/0652 76.-/125.- **35 mm ⌀**

Poliertes Schwarzblatt mit Radiumziffern und -zeigern, flaches Metallgehäuse verchromt mit Edelstahlboden. Boden und Krone mit hochwertiger Spezialdichtung, armiertes Spezialglas, *besonders geeignet als Dienstuhr*

Polished black metal dial with luminous figures and hands, flat chromium plated metal case with stainless steel back. Back, crown and glass with highgrade special tightning

Cadran noir poli avec chiffres et aiguilles lumineux, boîtier métal chromé plat avec fond acier inoxydable. Fond et couronne à étanchéité supérieure, verre spécial armé

Junghans Chronometer M82, Referenznummer 82/0652, Kaliber Junghans 682.73 – besonders geeignet als Dienstuhr

Junghans J88 Bund, Typ 088/0111

Datenblatt Junghans J88 Bund

Kaliber	**Junghans J88; Junghans 688.70 BUND Typ 111**
Durchmesser (Linien)	14'''
Beschaffungszeit Bundeswehr	1959–1965 (Typ 111)
Hemmungsgruppe	Schraubenunruh; Breguet-Spirale
Feinregulierung	einfacher Rückerzeiger
Stoßsicherung	Junghans II
Stückzahl	wenige Tausend
Steine	19
Halbschwingungen (A/h)	18.000
Besonderheiten	Schaltrad-Chronograph, Anzeige von Stunde, Minute, Chronozentrumszeiger für 60 sec. Zählung, Totalisator bei 9 für kleine Sekunde, Totalisator bei 3 für 30 min. Zählung

Heuer 3H Tritium Chronograph Referenz 1550SG mit Valjoux 230 Flyback

Datenblatt Leonidas Heuer Bund

Kaliber	**Heuer 3H Tritium**
Referenz 1550SG mit Valjoux 230	
Durchmesser (Linien)	13'''
Beschaffungszeit Bundeswehr	1967–1980 (Referenz 1550SG)
Hemmungsgruppe	Beryllium-Bronze Schraubenunruh; Schaltrad; Breguet-Spirale
Feinregulierung	einfacher Rückerzeiger
Stoßsicherung	Incabloc
Stückzahl	wenige Tausend
Steine	17
Halbschwingungen (A/h)	18.000
Besonderheiten	Chronograph, Flyback, Anzeige von Stunde, Minute, Chronozentrumszeiger für 60 sec. Zählung, Totalisator bei 9 für kleine Sekunde, Totalisator bei 3 für 30 min. Zählung

5.5 | DIE SORGEN DER ENDKUNDEN ...

Ähnlich wie heute war auch damals den Nutzern eines mechanischen Chronometers nicht unbedingt bewusst, dass dieser auch eine gewisse Ungenauigkeit haben durfte, und so wurde dieses bei der Uhrenprüfstelle moniert, wie ein Schreiben aus dem Jahr 1962 belegt, in dem sich der Besitzer eines Junghans Chronometers über eine Gangungenauigkeit von 7–9 Sekunden pro Tag beschwerte.
Eine handschriftliche Notiz auf dem eingegangenen Brief lässt die Antwort der Uhrenprüfstelle schon erahnen: *Das ist die Praxis!*
Das Antwortschreiben mit dem zum Chronometer gehörenden Gangzeugnis folgte mit einer Erklärung der Möglichkeiten für eine Änderung des Gangverhaltens der Uhr, zum Beispiel durch Temperaturschwankungen oder Lageveränderungen.

Primato

Die Uhrenprüfstelle in Stuttgart führte auch Einzelprüfungen von Uhren, die nicht von Uhrenherstellern selbst eingereicht wurden, durch. Die Essener Steinkohle AG reichte im April 1963 eine Uhr der Marke Primato, Hersteller Ewald Fleck & Co. KG Pforzheim, zur Prüfung ein und bekam ein Gangzeugnis ausgestellt.

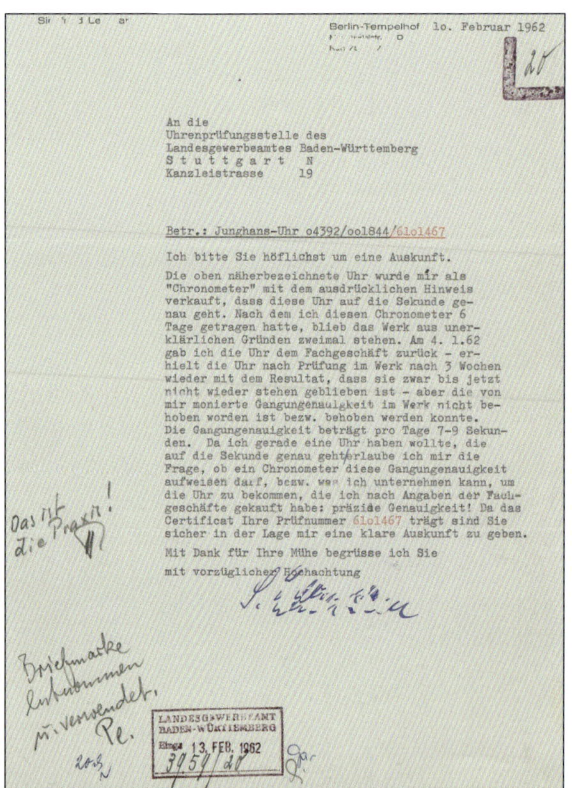

Berlin-Tempelhof 1o. Februar 1962

An die
Uhrenprüfungsstelle des
Landesgewerbeamtes Baden-Württemberg
S t u t t g a r t N
Kanzleistrasse 19

Betr.: Junghans-Uhr o4392/oo1844/61o1467

Ich bitte Sie höflichst um eine Auskunft.

Die oben näherbezeichnete Uhr wurde mir als "Chronometer" mit dem ausdrücklichen Hinweis verkauft, dass diese Uhr auf die Sekunde genau geht. Nach dem ich diesen Chronometer 6 Tage getragen hatte, blieb das Werk aus unerklärlichen Gründen zweimal stehen. Am 4. 1.62 gab ich die Uhr dem Fachgeschäft zurück - erhielt die Uhr nach Prüfung im Werk nach 3 Wochen wieder mit dem Resultat, dass sie zwar bis jetzt nicht wieder stehen geblieben ist - aber die von mir monierte Gangungenauigkeit im Werk nicht behoben worden ist bezw. behoben werden konnte. Die Gangungenauigkeit beträgt pro Tage 7-9 Sekunden. Da ich gerade eine Uhr haben wollte, die auf die Sekunde genau geht/erlaube ich mir die Frage, ob ein Chronometer diese Gangungenauigkeit aufweisen darf, bezw. was ich unternehmen kann, um die Uhr zu bekommen, die ich nach Angaben der Fachgeschäfte gekauft habe: präzise Genauigkeit! Da das Certificat Ihre Prüfnummer 61o1467 trägt sind Sie sicher in der Lage mir eine klare Auskunft zu geben.

Mit Dank für Ihre Mühe begrüsse ich Sie

mit vorzüglicher Hochachtung

Das ist die Praxis!

Briefmarke entnommen u. verwendet. Pe.

LANDESGEWERBEAMT BADEN-WÜRTTEMBERG
Eingang 13. FEB. 1962
3959/20

Korrespondenz zwischen einem unzufriedenen Chronometer Besitzer und dem LGA Stuttgart aus dem Jahr 1962. Foto: Landesarchiv Baden-Württemberg, Abt. Staatsarchiv Ludwigsburg (15)

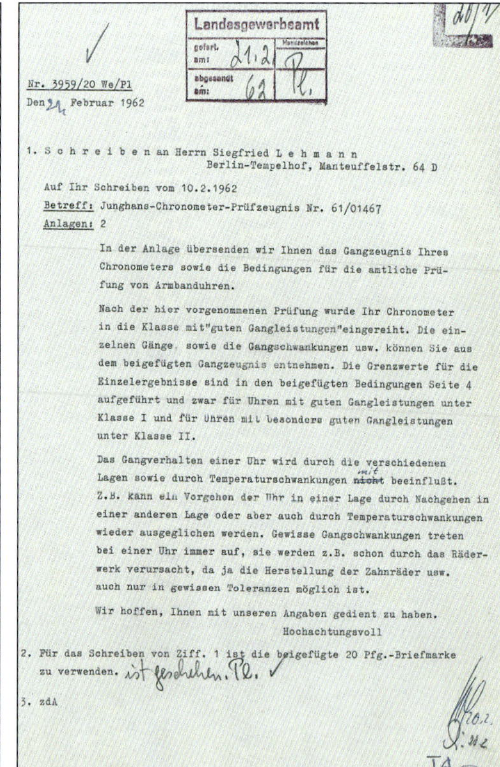

Landesgewerbeamt
gefert. am: 21.2. Pe.
abgesandt am: 62 Pl.

Nr. 3959/20 We/Pl
Den 21. Februar 1962

1. S c h r e i b e n an Herrn Siegfried L e h m a n n
Berlin-Tempelhof, Manteuffelstr. 64 D

Auf Ihr Schreiben vom 10.2.1962
Betreff: Junghans-Chronometer-Prüfzeugnis Nr. 61/01467
Anlagen: 2

In der Anlage übersenden wir Ihnen das Gangzeugnis Ihres Chronometers sowie die Bedingungen für die amtliche Prüfung von Armbanduhren.

Nach der hier vorgenommenen Prüfung wurde Ihr Chronometer in die Klasse mit"guten Gangleistungen"eingereiht. Die einzelnen Gänge sowie die Gangschwankungen usw. können Sie aus dem beigefügten Gangzeugnis entnehmen. Die Grenzwerte für die Einzelergebnisse sind in den beigefügten Bedingungen Seite 4 aufgeführt und zwar für Uhren mit guten Gangleistungen unter Klasse I und für Uhren mit besonders guten Gangleistungen unter Klasse II.

Das Gangverhalten einer Uhr wird durch die verschiedenen Lagen sowie durch Temperaturschwankungen ~~nicht~~ mit beeinflußt. Z.B. kann ein Vorgehen der Uhr in einer Lage durch Nachgehen in einer anderen Lage oder aber auch durch Temperaturschwankungen wieder ausgeglichen werden. Gewisse Gangschwankungen treten bei einer Uhr immer auf, sie werden z.B. schon durch das Räderwerk verursacht, da ja die Herstellung der Zahnräder usw. auch nur in gewissen Toleranzen möglich ist.

Wir hoffen, Ihnen mit unseren Angaben gedient zu haben.

Hochachtungsvoll

2. Für das Schreiben von Ziff. 1 ist die beigefügte 20 Pfg.-Briefmarke zu verwenden. ist geschehen. Pe.

3. zdA

Die Antwort der Uhrenprüfstelle des LGA. Foto: Landesarchiv Baden-Württemberg, Abt. Staatsarchiv Ludwigsburg (15)

Gangzeugnis

Bulletin de marche selon le règlement de la · NACH DEN RICHTLINIEN DER · **Watch rate certificate** according to the rules of

Physikalisch-Technischen Bundesanstalt

FÜR ARMBANDUHREN ~~DER KLASSE »MIT GUTEN GANGLEISTUNGEN«~~

pour montres bracelet ~~de la classe »avec bonne précision«~~ · For wristlet-watches ~~»with good performance«~~

Gangzeugnis · Bulletin de marche · Watch Rate Certificate

No. —

Gegenstand: / Objet: / Article: Herrenarmbanduhr

Hersteller: / Fabricant: / Manufacturer: Primato

Antragsteller: / Déposant: / Applicant: Essener - Steinkohlen Bergwerke AG

Gehäuse-Nr.: / Boîte No.: / Case No.: —

Werk-Nr. nach Angabe des Antragstellers: / No. du mouvement indiqué par le déposant: / No. of movement indicated by the applicant: —

Prüfungsbuch-Nr.: / No.: / Reference: 502

Tag Jour Day	Lage Position Position			Temperatur Température Temperature	Gang Marche Rate	Gangschwankung Variation Variation of rate
1	6 oben	6 en haut	6 up	20° C	g_1 +32,2 s/d	
2	6 oben	6 en haut	6 up	20° C	g_2 +33,0 s/d	$\left\|\frac{g_2-g_1}{1d}\right\|$ +0,8 s/d²
3	3 oben	3 en haut	3 up	20° C	g_3 +37,0 s/d	
4	3 oben	3 en haut	3 up	20° C	g_4 +32,4 s/d	$\left\|\frac{g_4-g_3}{1d}\right\|$ -4,6 s/d²
5	9 oben	9 en haut	9 up	20° C	g_5 +41,8 s/d	
6	9 oben	9 en haut	9 up	20° C	g_6 +40,7 s/d	$\left\|\frac{g_6-g_5}{1d}\right\|$ -1,1 s/d²
7	Zifferblatt unten	Cadran en bas	Dial down	20° C	g_7 +54,8 s/d	
8	Zifferblatt unten	Cadran en bas	Dial down	20° C	g_8 +52,6 s/d	$\left\|\frac{g_8-g_7}{1d}\right\|$ -2,2 s/d²
9	Zifferblatt oben	Cadran en haut	Dial up	20° C	g_9 +42,7 s/d	
10	Zifferblatt oben	Cadran en haut	Dial up	20° C	g_{10} +41,6 s/d	$\left\|\frac{g_{10}-g_9}{1d}\right\|$ -1,1 s/d²
11	Zifferblatt oben	Cadran en haut	Dial up	4° C	g_{11} +17,3 s/d	
12	Zifferblatt oben	Cadran en haut	Dial up	20° C	g_{12} +45,2 s/d	+ Vorgehen / Avance / Gaining
13	Zifferblatt oben	Cadran en haut	Dial up	36° C	g_{13} +22,2 s/d	− Nachgehen / Retard / Losing
14	6 oben	6 en haut	6 up	20° C	g_{14} +20,8 s/d	
15	6 oben	6 en haut	6 up	20° C	g_{15} +22,3 s/d	

Ende der Prüfung · Fin de l'épreuve · End of test: 2. Mai 1963

Einzelergebnisse der Prüfung · Résultats particuliers de l'épreuve · Detailed results of test

Erklärungen sowie Toleranzen umseitig · Les explications et les tolérances veuillez trouver au verso · Explanations and tolerances on the reverse side.

A 2.0 s/d² · D +40.8 s/d · J +0.15 s/d°C

B 4.6 s/d² · E 14.0 s/d · L -10.3 s/d

M 3.1 s/d² · N 11.8 s/d²

Stuttgart, den 6.5.1963

Landesgewerbeamt Baden-Württemberg
UHRENPRÜFUNGSSTELLE

---

(9)3

Nr. 3953/9 We/Pl.
Den 8. Mai 1963

Landesgewerbeamt · gefert. am: 10.5. · abgesandt am: 63 · Handzeichen: Pl.

512

1. Schreiben

An die

Essener Steinkohlen Bergwerke AG.

43 Essen
Rüttenscheider Str. 1

8.5.1963

KV Ef Ro/Th. 19.3.63 · 3953/9 We/Pl.

Prüfung einer Armbanduhr

Anlagen: 2
1 Armbanduhr

Sehr geehrte Herren!

In der Anlage senden wir Ihnen die mit Schreiben vom 12.3.1963 übersandte Herren-Armbanduhr zurück. Die Gangprüfung wurde nach denen Ihnen am 14.3.1963 übersandten Richtlinien durchgeführt. Die Prüfungsergebnisse sind in dem beigelegten Gangzeugnis enthalten. Die geprüfte Uhr kann nicht in die Klasse der Chronometer mit guten Gangleistungen aufgenommen werden, da der Wert D (durchschnittlicher Gang in den 5 Lagen bei 20°C vor der Temperaturprüfung) die Mindestanforderung überschritten hat.

Die Uhrenprüfungsstelle führt seit kurzem Fertigungskontrollen an Armbanduhren durch. Diese Kontrollen erstrecken sich ebenfalls auf eine Gangprüfung in 4 verschiedenen Lagen und in 2 verschiedenen Temperaturbereichen. Die Prüfung wird folgendermaßen durchgeführt:

1.) Gangprüfung nach einer Laufzeit von 24 Stunden in den Lagen Zifferblatt oben, Krone links, Krone unten und Krone oben, jeweils bei 20° ± 1°C.

- 2 -

Gangzeugnis aus dem Jahr 1963 für eine Herrenarmbanduhr von Primato. Foto: Landesarchiv Baden-Württemberg, Abt. Staatsarchiv Ludwigsburg (16)

So oder so ähnlich könnte die eingereichte Uhr ausgesehen haben: Hier eine Verleihungsuhr, Primato Super mit PUW 360 aus dem Jahr 1964.

Datenblatt Primato Super

Kaliber	**PUW 360**
Chronometerprüfstelle	
Durchmesser (Linien)	11 ½ '''
Produktionszeit	~ 1965
Hemmungsgruppe	Nickel Ringunruh Nivarox Spirale
Feinregulierung	
Stoßsicherung	Kif-Ultraflex
Stückzahl	unbekannt
Steine	21
Halbschwingungen (A/h)	18.000
Besonderheiten	

Einreichung zur Prüfung von Meisterschülern

Schuluhren von Meisterschülern konnten sowohl am LGA als auch am DHI in Hamburg zur Prüfung eingereicht werden.
1957 erreichte die Uhrenprüfstelle in Stuttgart eine Anfrage des Landesinnungsverbandes für das Uhrmacherhandwerk Baden-Württemberg zur Chronometerprüfung von 17 Uhren. Unklar ist zunächst, ob es sich um Armband- oder Taschenuhren handelte. Im ersten Fall sagte das LGA eine kostenlose Prüfung zu. Auf dem handschriftlichen Antwortschreiben ist einer Notiz zu entnehmen, dass letztlich 15 Uhren eingereicht wurden, von denen vier mit „beson-

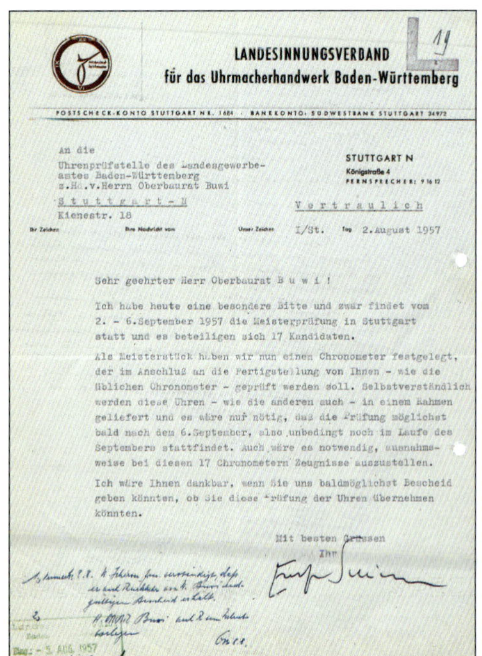

LANDESINNUNGSVERBAND
für das Uhrmacherhandwerk Baden-Württemberg

POSTSCHECK-KONTO STUTTGART NR. 1684 · BANKKONTO: SÜDWESTBANK STUTTGART 34972

An die
Uhrenprüfstelle des Landesgewerbe-
amtes Baden-Württemberg
z.Hd.v.Herrn Oberbaurat Buwi
Stuttgart-N
Kienestr. 18

STUTTGART N
Königstraße 4
FERNSPRECHER: 91612

Vertraulich

Ihr Zeichen · Ihre Nachricht vom · Unser Zeichen I/St. · Tag 2.August 1957

Sehr geehrter Herr Oberbaurat B u w i !

Ich habe heute eine besondere Bitte und zwar findet vom 2. - 6.September 1957 die Meisterprüfung in Stuttgart statt und es beteiligen sich 17 Kandidaten.

Als Meisterstück haben wir nun einen Chronometer festgelegt, der im Anschluß an die Fertigstellung von Ihnen - wie die üblichen Chronometer - geprüft werden soll. Selbstverständlich werden diese Uhren - wie die anderen auch - in einem Rahmen geliefert und es wäre nur nötig, daß die Prüfung möglichst bald nach dem 6.September, also unbedingt noch im Laufe des Septembers stattfindet. Auch wäre es notwendig, ausnahmsweise bei diesen 17 Chronometern Zeugnisse auszustellen.

Ich wäre Ihnen dankbar, wenn Sie uns baldmöglichst Bescheid geben könnten, ob Sie diese Prüfung der Uhren übernehmen könnten.

Mit besten Grüssen
Ihr

Eing.: - 5. AUG. 1957
3958/15

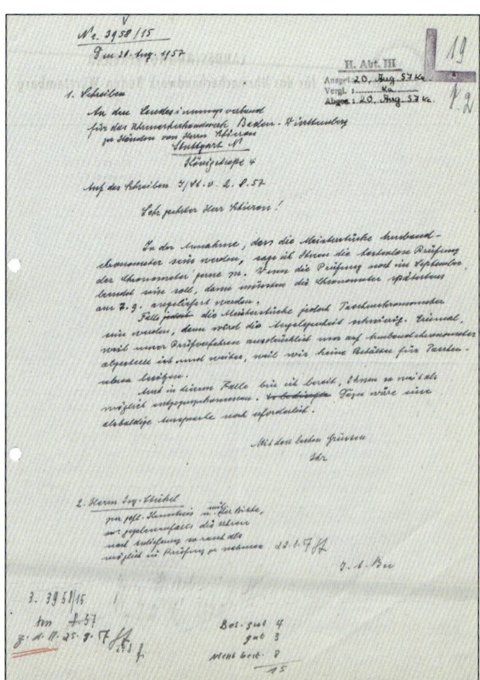

Nr. 3958/15

II. Abt. III
Angef.: 20. Aug. 57 Ka
Vergl.: Ka
Abges.: 20. Aug. 57 Ka

1. Schreiben

Stuttgart N
Königstraße 4

Auf das Schreiben I/St. v. 2. 8. 57

In der Annahme, dass die Meisterstücke Armbandchronometer sein werden, sage ich Ihnen die kostenlose Prüfung der Chronometer gerne zu. Wenn die Prüfung noch im September beendet sein soll, dann müssten die Chronometer spätestens am 7.9. angeliefert werden.

Schreiben des Landesinnungsverbands an das LGA mit Antwortschreiben mit Anfrage zur Chronometerprüfung. Foto: Landesarchiv Baden-Württemberg, Abt. Staatsarchiv Ludwigsburg (17)

ders gut“ und drei mit „gut“ bestanden haben. Acht Uhren fielen durch die Chronometerprüfung. Traditionell arbeiten auch heute noch die Landesgewerbeämter mit den entsprechenden Handwerks-Schulen und Prüfanstalten zusammen, vornehmlich im Baubereich.

Kosten für Chronometerprüfungen

Die Kosten der Prüfung für die Hersteller entwickelten sich im Laufe der Jahre naturgemäß nach oben, 1957 waren nur 3,- DM/Uhr zu entrichten, im Jahr 1968 stieg die Gebühr auf 4,50 DM/Uhr, im Jahr 1970 bereits auf 7,50 DM (bei Sammelprüfung von mindestens 24 Uhren auf 5,00 DM). Im Jahr 1975, in dem nur geringe Stückzahlen geprüft wurden, belief sich die Gebühr auf stolze 20,00 DM plus 2,50 DM für das Zertifikat.
Die Uhrenprüfstelle in Stuttgart war teilweise in der damaligen Kanzleistraße 19 untergebracht (heute Willi-Bleicher-Straße), in dem auch das LGA-Zentrum Form, 1969 in Design Center Stuttgart umbenannt, ansässig war. Inzwischen befindet sich dort das im Jahr 1985 komplett sanierte Gebäude, das Haus der Wirtschaft des Landes Baden-Württemberg, mit verschiedenen Dienstleistungsstellen für die Wirtschaft und den Handel.

	E. Uhrenprüfstelle		
11	**Prüfung von Armband- und Taschenuhren**		
11.1	Armbanduhren mit folgenden Abmessungen der Werke: a) Ohne Zusatzeinrichtungen: Durchmesser bis zu 30 mm Höhe bis zu 8,5 mm b) Mit Zusatzeinrichtungen: Durchmesser bis zu 36 mm Höhe bis zu 10 mm		
11.11	Bei Einlieferung von Einzelstücken einschließlich Ausstellung eines Zeugnisses	je geprüfter Uhr	7,50
11.12	Bei Einlieferung von mehr als 24 Uhren einschließlich Ausstellung eines Sammelzeugnisses	je geprüfter Uhr	5,—
11.2	Nicht unter Nr. 11.1 fallende Armbanduhren sowie Taschenuhren (einschließlich Zusatzeinrichtungen)		
11.21	Bei Einlieferung von Einzelstücken einschließlich Ausstellung eines Zeugnisses	je geprüfter Uhr	11,50
11.22	Bei Einlieferung von mehr als 15 Uhren einschließlich Ausstellung eines Sammelzeugnisses	je geprüfter Uhr	8,—
11.3	Nachträgliche Ausstellung eines Einzelzeugnisses		2,50
12	**Laufende Überprüfung der Fertigung (Stichprobenkontrolle)**		
12.1	Uhren und Uhrwerke mit Palettenankerhemmung		
12.11	Bei der erleichterten Prüfung	je gefertigter Uhr	0,01
12.12	Bei der normalen Prüfung	je gefertigter Uhr	0,02
12.13	Bei der verschärften Prüfung	je gefertigter Uhr	0,04
12.2	Uhren und Uhrwerke mit Stiftanker- und Roskopfhemmung		
12.21	Bei der erleichterten Prüfung	je gefertigter Uhr	0,005
12.22	Bei der normalen Prüfung	je gefertigter Uhr	0,01
12.23	Bei der verschärften Prüfung	je gefertigter Uhr	0,02
13	**Elektrische Zeituhrwerke**		
13.1	Uhren und Uhrwerke mit 6 V und 12 V Nennspannung	je geprüfter Uhr	5,—

Ausschnitt aus dem Gesetzesblatt für Baden-Württemberg E 3235 A aus dem Jahr 1970

DIE PRÜFUNG | 6

Im Jahr 1955 wurden die Bedingungen, die bereits 1949 festgelegt wurden, für die amtliche Prüfung von Armbanduhren in der Uhrenprüfstelle des Landesgewerbeamts Baden-Württemberg auf sechs Seiten erfasst und den Herstellern zur Verfügung gestellt.
Die Uhren mussten bestimmte Voraussetzungen erfüllen: Der Hersteller musste an sichtbarer Stelle aufgebracht sein, die Werknummer musste auf dem Werk und (möglichst) auch auf dem Gehäuse deutlich lesbar eingraviert sein. Eine Gehäusenummer konnte außerdem angebracht werden, was bedeutet, dass die Werknummer und die Gehäusenummer bei der gleichen Uhr unterschiedlich sein konnten. Bei den Armbanduhren wurde und wird in Deutschland jedoch im Gegensatz zur Schweiz (mit Ausnahme der METAS-Zertifizierung), stets die ganze Uhr, also mit montierten Zeigern, Zifferblatt und Gehäuse, und nicht nur das Werk geprüft.

Uhren, die diese Vorgaben nicht erfüllten, bekamen keinen individuellen Gangschein. Für die Minutenablesung war eine vollständige, von Minute zu Minute geteilte Skala notwendig, für die Sekundenablesung musste eine von Sekunde zu Sekunde geteilte Skala vorhanden sein. Bei Uhren mit Zentralsekunde konnten die beiden Skalen zusammenfallen.
Der Sekundenzeiger musste mindestens mit seiner Spitze die Sekundenskala überstreichen, was bei Nichteinhaltung auch angemahnt wurde (Abb. 20): Jeder Uhr, die die Grenzwerte einhielt, wurde ein Gangzeugnis ausgestellt, das außer den täglichen Gängen und Gangschwankungen auch die errechneten Einzelergebnisse beinhaltete. Das Zeugnis enthielt außerdem eine Prüfungsnummer, den Tag der Beendigung der Prüfung, die Uhrnummern und Angaben über Hersteller und Einlieferer.
Die Anzahl der eingelieferten Uhren uferte derart schnell in kaum zu bewältigende Höhen aus, dass Einzelprüfungen, wie am DHI mittels Ausstoppens der Beobachtungsepoche sonst üblich, nicht mehr zu erfüllen waren. Die PTB entwickelte ein neues Verfahren, bei dem jeweils Uhrengruppen, die in einem flachen Behälter untergebracht waren, zur Beobachtungsepoche mit der Vergleichsuhr (in der Regel Junghans ATO) fotografiert wurden, und zwar unter einem Lichtblitz, der durch die Vergleichsuhr ausgelöst wurde. Dadurch wurde ein Negativ erstellt, von dem die Zeigerstellung abgelesen werden konnte. Die Uhrenprüfstelle des LGA in Stuttgart übernahm diese Durchführung.
Als Referenzuhren und so genannte Zeitnormale wurden drei Junghans ATO Uhren verwendet, deren Gänge über einen Zeitschreiber mit dem AFM-Zeitzeichen (ein Funkzeichen der Deutschen Post aus Königs Wusterhausen auf der Wellenlänge 5700 m) verglichen wurden. Die Auswertung eines so beschriebenen Papierstreifens konnte auf 1/100 Sekunde genau erfolgen, der Vergleich mit den zu prüfenden Uhren lag bei 1/10 Sekunde.
Die Menge der Prüflinge warf auch die Frage auf, wie die Uhren zweckmäßig aufgezogen werden konnten. Von Hand war ein Aufzug nicht mehr möglich. Die 25 Uhren umfassenden Behälter durften aufgrund der dann geänderten Temperatur- und Lagebedingungen maximal drei Minuten dem Klimaraum entnommen werden und wurden auf kippbaren Schienen maschinell aufgezogen.

Prüfungsschema

Die Prüfung erfolgt in fünf Lagen bei drei verschiedenen Temperaturen. Den Verlauf der Prüfung zeigt nachstehende Zusammenstellung:

1. Tag	6 oben*)	20° C
2. Tag	6 oben	20° C
3. Tag	3 oben	20° C
4. Tag	3 oben	20° C
5. Tag	9 oben	20° C
6. Tag	9 oben	20° C
7. Tag	Zifferblatt unten	20° C
8. Tag	Zifferblatt unten	20° C
9. Tag	Zifferblatt oben	20° C
10. Tag	Zifferblatt oben	20° C
11. Tag	Zifferblatt oben	5° C
12. Tag	Zifferblatt oben	20° C
13. Tag	Zifferblatt oben	35° C
14. Tag	6 oben	20° C
15. Tag	6 oben	20° C

*) Gemeint ist die Ziffer 6 des Zifferblattes.

Grenzwerte für die Einzelergebnisse

Zwecks Ausstellung eines Gangzeugnisses müssen die Uhren nachstehende Prüfungsgrenzen einhalten:
— bedeutet Vorgang der Uhr,
+ bedeutet Nachgang der Uhr.
Die angegebenen Toleranzen sind Sekunden, in der jeweils erforderlichen Weise bezogen auf Tage und Grad Celsius.

		I	II
A	Durchschnittliche Gangschwankung in den fünf Lagen bei 20° C vor der Temperaturprüfung	7,0	4,0
B	Größte Gangschwankung in einer der fünf Lagen bei 20° C vor der Temperaturprüfung	12,0	8,0
D	Durchschnittlicher Gang in den fünf Lagen bei 20° C vor der Temperaturprüfung	0,0 bis —15,0	0,0 bis —15,0
E	Größter Unterschied zwischen dem durchschnittlichen Gang D und einem Gang in einer der fünf Lagen bei 20° C vor der Temperaturprüfung	26,0	16,0
J	Pauschale Gangänderung je Grad Celsius zwischen 5° C und 35° C in der Lage „Zifferblatt oben"	±1,40	±0,80
L	Wiederaufnahme des Ganges in der Lage „6 oben" nach der Temperaturprüfung	±14,0	±8,0

Berechnung der Einzelergebnisse

Es bedeutet
g_1 den 1. Gang (Stand bei der zweiten Beobachtung minus Stand bei der 24 Stunden früher liegenden ersten Beobachtung),
g_2 den 2. Gang (Stand bei der dritten Beobachtung minus Stand bei der 24 Stunden früher liegenden zweiten Beobachtung),
usw.
v_1 die erste Gangschwankung = Absolutbetrag $g_2 - g_1$ der 1. Gangdifferenz $(g_2 - g_1)$
v_3 die dritte Gangschwankung = Absolutbetrag $g_4 - g_3$ der 3. Gangdifferenz $(g_4 - g_3)$
usw.

$$A = \frac{v_1 + v_3 + v_5 + v_7 + v_9}{5}$$

B = größter absoluter Zahlenwert von v_1, v_3, v_5, v_7, v_9

$$D = \frac{g_1 + g_2 + g_3 + g_4 \text{ usw. bis } g_{10}}{10}$$

E = größter Wert von $D - g_1$ $D - g_2$ $D - g_3$ usw. bis $D - g_{10}$

$$J = \frac{g_{13} - g_{11}}{30}$$

$$L = g_{15} - \frac{g_1 - g_2}{2}$$

Ausschnitt aus dem Prüfungsschema des LGA Stuttgart von 1955. Foto: Landesarchiv Baden-Württemberg, Abt. Staatsarchiv Ludwigsburg (18)

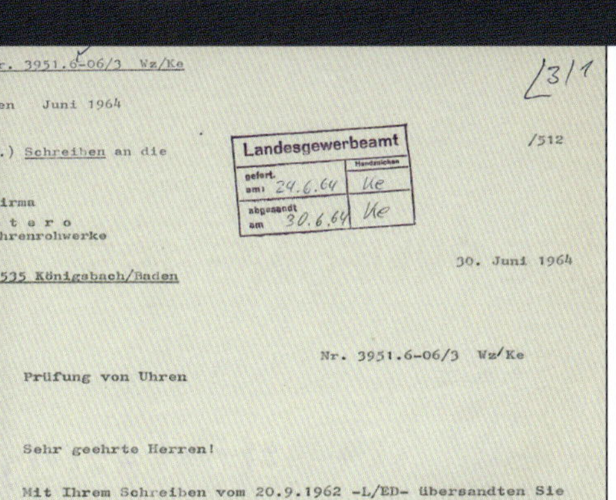

r. 3951.6-06/3 Wz/Ke

en Juni 1964

.) Schreiben an die

Firma
Otero
Uhrenrohwerke

7535 Königsbach/Baden

Landesgewerbeamt
gefert. am: 24.6.64 Ke
abgesandt am 30.6.64 Ke

30. Juni 1964

Nr. 3951.6-06/3 Wz/Ke

Prüfung von Uhren

Sehr geehrte Herren!

Mit Ihrem Schreiben vom 20.9.1962 -L/ED- übersandten Sie uns 10 Herrenarmbanduhren EPPO-Automat, Werkkaliber 772, zur Durchführung der Chronometer-Prüfung. Die Bedingungen zur amtlichen Prüfung von Armbanduhren in der Uhrenprüfstelle des Landesgewerbeamts sind Ihnen bekannt. Nach Ziffer 112 der Bedingungen muß jede Uhr mit einer Werksnummer versehen sein. In Ihrem Lieferschein vom 29.9.1962 geben Sie für alle 10 eingelieferten Uhren dieselben Werks- und Gehäusenummern an.

Wie wir Ihnen in unserem Schreiben vom 13.11.1962 mitgeteilt haben, sind die Uhren mit einer fortlaufenden Werks- und Gehäusenummer zu versehen. Bei der Ausstellung eines Einzelgangzeugnisses wird diese Nummer mit aufgeführt, da sie ja die betreffende Uhr genau kennzeichnet. Bei der Ausstellung eines Gangzeugnisses mit der Werksnummer 772 und der Gehäusenummer 77224 könnte das Gangzeugnis für alle 10 Uhren je nach Wahl verwendet werden. Dem Wunsch auf Ausstellung eines Einzelgangzeugnisses kann somit nicht entsprochen werden.

\- 2 -

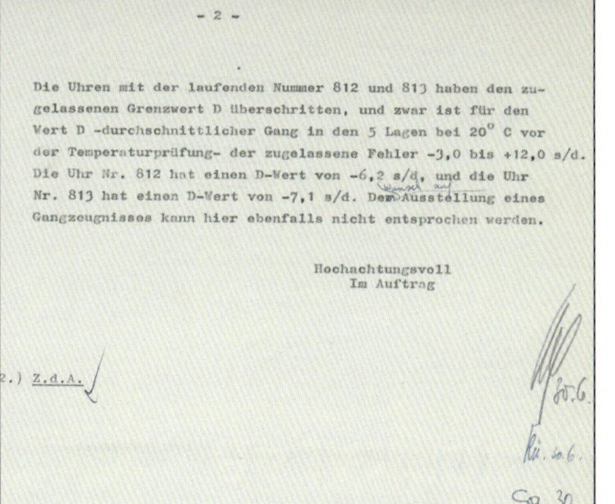

\- 2 -

Die Uhren mit der laufenden Nummer 812 und 813 haben den zugelassenen Grenzwert D überschritten, und zwar ist für den Wert D -durchschnittlicher Gang in den 5 Lagen bei 20° C vor der Temperaturprüfung- der zugelassene Fehler -3,0 bis +12,0 s/d. Die Uhr Nr. 812 hat einen D-Wert von -6,2 s/d, und die Uhr Nr. 813 hat einen D-Wert von -7,1 s/d. Dem Wunsch auf Ausstellung eines Gangzeugnisses kann hier ebenfalls nicht entsprochen werden.

Hochachtungsvoll
Im Auftrag

2.) Z.d.A.

Schreiben des LGA an den Uhrenhersteller Otero vom 30.06.1964 mit dem Hinweis, dass ein Einzelgangzeugnis nicht erteilt werden kann, da eine fortlaufende Werks- und Gehäusenummer fehlt. Foto: Landesarchiv Baden-Württemberg, Abt. Staatsarchiv Ludwigsburg (19)

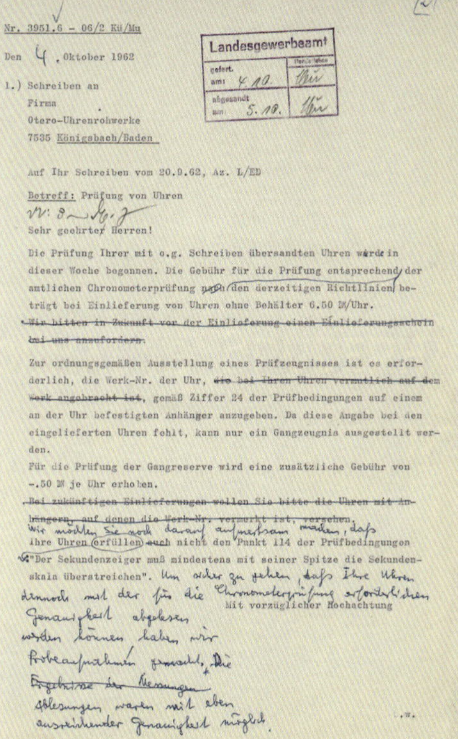

Nr. 3951.6 - 06/2 Kü/Mu

Den 4. Oktober 1962

Landesgewerbeamt
gefert. am: 4.10.
abgesandt am: 5.10.

1.) Schreiben an
Firma
Otero-Uhrenrohwerke
7535 Königsbach/Baden

Auf Ihr Schreiben vom 20.9.62, Az. L/ED

Betreff: Prüfung von Uhren

Sehr geehrte Herren!

Die Prüfung Ihrer mit o.g. Schreiben übersandten Uhren wurde in dieser Woche begonnen. Die Gebühr für die Prüfung entsprechend der amtlichen Chronometerprüfung nach den derzeitigen Richtlinien beträgt bei Einlieferung von Uhren ohne Behälter 6.50 DM/Uhr.
~~Wir bitten in Zukunft vor der Einlieferung einen Einlieferungsschein bei uns anzufordern.~~

Zur ordnungsgemäßen Ausstellung eines Prüfzeugnisses ist es erforderlich, die Werk-Nr. der Uhr, ~~die bei Ihren Uhren vermutlich auf dem Werk angebracht ist~~, gemäß Ziffer 24 der Prüfbedingungen auf einem an der Uhr befestigten Anhänger anzugeben. Da diese Angabe bei den eingelieferten Uhren fehlt, kann nur ein Gangzeugnis ausgestellt werden.
Für die Prüfung der Gangreserve wird eine zusätzliche Gebühr von -.50 DM je Uhr erhoben.
~~Bei zukünftigen Einlieferungen wollen Sie bitte die Uhren mit Anhängern, auf denen die Werk-Nr. vermerkt ist, versehen.~~
Wir möchten Sie noch darauf aufmerksam machen, daß Ihre Uhren erfüllen ~~auch~~ nicht den Punkt 114 der Prüfbedingungen "Der Sekundenzeiger muß mindestens mit seiner Spitze die Sekundenskala überstreichen". Um sicher zu gehen, daß Ihre Uhren dennoch mit der für die Chronometerprüfung erforderlichen Genauigkeit abgelesen werden können haben wir Probeaufnahmen gemacht. Die ~~Ergebnisse der Messungen~~ Ablesungen waren mit eben ausreichender Genauigkeit möglich.

Mit vorzüglicher Hochachtung

Entwurf eines Schreibens des LGA an die Firma Otero, in der handschriftlich erwähnt wurde, dass die Ablesung der Probeaufnahmen des Sekundenzeigers „mit eben ausreichender Genauigkeit möglich“ war. Foto: Landesarchiv Baden-Württemberg, Abt. Staatsarchiv Ludwigsburg (20)

Foto einer Uhrengruppe. Die Referenzuhr unten links zeigt die Referenzzeit, das Foto wurde bei Erreichen des Sekundenzeigers bei 0,00 sec. gemacht. Foto: Landesarchiv Baden-Württemberg, Abt. Staatsarchiv Ludwigsburg (21)

Junghans ATO Referenzuhren in der Uhrenprüfstelle des LGA in Stuttgart. Foto: Landesarchiv Baden-Württemberg, Abt. Staatsarchiv Ludwigsburg (21)

6.1 | BEDINGUNGEN FÜR DIE AMTLICHE PRÜFUNG 1955

Die Prüfungsdauer

Die Prüfung wurde im Normalfall an sechzehn aufeinanderfolgenden Kalendertagen durchgeführt und begann frühestens zwei Tage nach der Einlieferung.
Die Mindestfrist von zwei Tagen konnte nur eingehalten werden, wenn ganze Uhrengruppen (Behälter zu je fünfundzwanzig Uhren) eingeliefert wurden; andernfalls behielt sich die Uhrenprüfstelle vor, nicht vollständige Gruppen so lange zurückzulegen, bis diese durch anderweitige Einlieferungen zu ganzen Gruppen ergänzt werden konnten. Eine Gewähr für das Einhalten eines bestimmten Termins wurde nicht übernommen.

Prüfungsschema

Die Prüfung erfolgte in fünf Lagen bei drei verschiedenen Temperaturen. Den Verlauf der Prüfung zeigt nebenstehende Zusammenstellung:

1.	Tag	6 oben	20 °C
2.	Tag	6 oben	20 °C
3.	Tag	3 oben	20 °C
4.	Tag	3 oben	20 °C
5.	Tag	9 oben	20 °C
6.	Tag	9 oben	20 °C
7.	Tag	Zifferblatt unten	20 °C
8.	Tag	Zifferblatt unten	20 °C
9.	Tag	Zifferblatt oben	20 °C
10.	Tag	Zifferblatt oben	20 °C
11.	Tag	Zifferblatt oben	5 °C
12.	Tag	Zifferblatt oben	20 °C
13.	Tag	Zifferblatt oben	35 °C
14.	Tag	6 oben	20 °C
15.	Tag	6 oben	20 °C

Grenzwerte für die Einzelergebnisse:
Zwecks Ausstellung eines Gangzeugnisses mussten die Uhren nachstehende Prüfungsgrenzen einhalten:
– bedeutet Vorgang der Uhr,
+ bedeutet Nachgang der Uhr.

Die angegebenen Toleranzen sind Sekunden, in der jeweils erforderlichen Weise bezogen auf Tage und Grad Celsius.

		I	**II**
A	Durchschnittliche Gangschwankung in den fünf Lagen bei 20 °C vor der Temperaturprüfung	7,0	4,0
B	Größte Gangschwankung in einer der fünf Lagen bei 20 °C vor der Temperaturprüfung	12,0	8,0
D	Durchschnittlicher Gang in den fünf Lagen bei 20 °C vor der Temperaturprüfung	0,0 bis – 15,0	0,0 bis – 15,0
E	Größter Unterschied zwischen dem durchschnittlichen Gang D und einem Gang in einer der fünf Lagen bei 20 °C vor der Temperaturprüfung	26,0	16,0
J	Pauschale Gangänderung je Grad Celsius zwischen 5 °C und 35 °C in der Lage „Zifferblatt oben“	± 1,40	± 0,80
L	Wiederaufnahme des Ganges in der Lage „6 oben“ nach der Temperaturprüfung	± 14,0	± 8,0

Nach der Prüfung wurden die Einzelergebnisse mit verschiedenen Formeln berechnet. Danach erst konnte ein Gangzeugnis oder eine Gangtabelle erstellt werden.

Gangzeugnisse und Gangtabellen

Für jede Uhr, welche die angegebenen Grenzwerte einhielt, wurde ein Gangzeugnis ausgestellt, das außer den täglichen Gängen und Gangschwankungen auch die errechneten Einzelergebnisse enthielt. Das Gangzeugnis enthielt außerdem eine Prüfungsnummer, den Tag der Beendigung der Prüfung, die Uhrnummer und Angaben über Hersteller und Einlieferer.
Bei Einhaltung aller Toleranzen II wurde ein Gangzeugnis erteilt, dass die gezeigten Gangleistungen zur Klasse „mit besonders guten Gangleistungen" gehörten. Bei Einhaltung der Toleranzen I wurde ein Zeugnis zur Klasse „mit guten Gangleistungen" erstellt. Uhren, deren Leistungen nicht den Toleranzen der Klasse I entsprachen, wurden keine Gangzeugnisse, sondern nur Gangtabellen ausgestellt. Diese Tabellen zeigten eine Aufstellung über die Einzelergebnisse der Prüfung.
Auf besonderen Antrag konnte auch ein Zeugnis in Sonderausführung gegen besondere Berechnung ausgefertigt werden.
Für Uhren, deren Leistungen eine der Toleranzen der Klasse I nicht einhielten, wurden keine Gangzeugnisse, sondern nur Gangtabellen ausgestellt. Die Gangtabellen enthielten eine Aufstellung über die Einzelergebnisse der Prüfung.
Zum 01.06.1957 wurden die Prüfgrenzen für Armbandchronometer geändert und den Schweizer Prüfstellen angeglichen, im gleichen Jahr wurde die Gebühr pro Uhr pro Prüfung von 3,- DM auf 4,- DM erhöht.
Da sich die Ganggenauigkeit der Chronometer stetig verbesserte, wurden die Grenzen international 1961 nochmalig nachjustiert (das sogenannte Schweizer Réglement), und die deutschen Chronometerhersteller zogen im Jahr 1966 nach Abfrage des LGA bei den Firmen nach. Anschließend wurde überlegt, die Formulierung des Zertifikates zu überarbeiten.

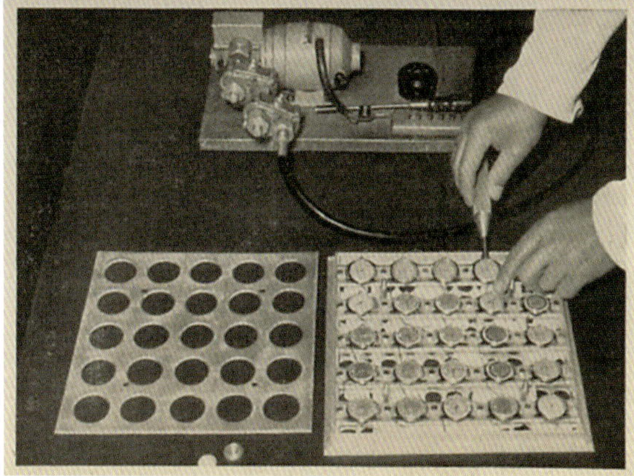

Maschineller Aufzug der Prüflinge. Foto: Landesarchiv Baden-Württemberg, Abt. Staatsarchiv Ludwigsburg (21)

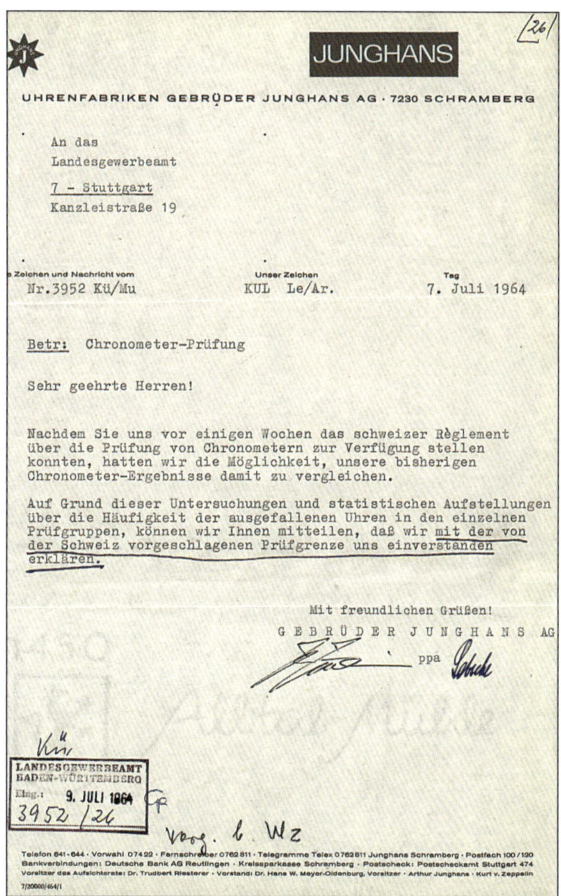

26

JUNGHANS

UHRENFABRIKEN GEBRÜDER JUNGHANS AG · 7230 SCHRAMBERG

An das
Landesgewerbeamt
7 - Stuttgart
Kanzleistraße 19

Zeichen und Nachricht vom	Unser Zeichen	Tag
Nr.3952 Kü/Mu	KUL Le/Ar.	7. Juli 1964

Betr: Chronometer-Prüfung

Sehr geehrte Herren!

Nachdem Sie uns vor einigen Wochen das schweizer Règlement über die Prüfung von Chronometern zur Verfügung stellen konnten, hatten wir die Möglichkeit, unsere bisherigen Chronometer-Ergebnisse damit zu vergleichen.

Auf Grund dieser Untersuchungen und statistischen Aufstellungen über die Häufigkeit der ausgefallenen Uhren in den einzelnen Prüfgruppen, können wir Ihnen mitteilen, daß wir mit der von der Schweiz vorgeschlagenen Prüfgrenze uns einverstanden erklären.

Mit freundlichen Grüßen!
GEBRÜDER JUNGHANS AG
ppa

Kü
LANDESGEWERBEAMT BADEN-WÜRTTEMBERG
Eing.: 9. JULI 1964
3952 /26
vorg. b. Wz

Telefon 641-644 · Vorwahl 07422 · Fernschreiber 0762811 · Telegramme Telex 0762811 Junghans Schramberg · Postfach 100/120
Bankverbindungen: Deutsche Bank AG Reutlingen · Kreissparkasse Schramberg · Postscheck: Postscheckamt Stuttgart 474
Vorsitzer des Aufsichtsrats: Dr. Trudbert Riesterer · Vorstand: Dr. Hans W. Meyer-Oldenburg, Vorsitzer · Arthur Junghans · Kurt v. Zeppelin
7/20000/464/1

Die Firmen erklären sich mit den neuen Prüfgrenzen einverstanden, auch in einem weiteren Schreiben von 1967 wird dies ersichtlich, siehe Abb. 4. Foto: Landesarchiv Baden-Württemberg, Abt. Staatsarchiv Ludwigsburg (22)

Chronometer Grenzwerte für Armbanduhrenwerke der Größe B (20,1 mm bis 30 mm Durchmesser) der Schweizer Prüfbüros (Bureaux officiels de contrôle de la marche des montres).

In Deutschland wurden die Werte weitestgehend übernommen.

Die Lagenprüfung erstreckte sich über 15 Tage:

Periode	Tage	Position	Temperatur
1	2	vertikal normal (9 re.)	20°
2	2	vertikal, 9 unten	20°
3	2	vertikal, 9 oben	20°
4	2	horizontal, Zifferblatt unten	20°
5	2	horizontal, Zifferblatt oben	20°
6	1	horizontal, Zifferblatt oben	4°
7	1	horizontal, Zifferblatt oben	20°
8	1	horizontal, Zifferblatt oben	36°
9	2	vertikal normal (9 re.)	20°

Art des Fehlers	Grenzwert in sec mit und ohne Auszeichnung im Zeitraum 1947–1955		Grenzwert in sec mit und ohne Auszeichnung im Zeitraum 1955–1961		Grenzwert in sec mit u ohne Auszeichnung i Zeitraum 1961–197	
mittlerer täglicher Gang in den fünf Lagen	0/+15	0/+15	-3/+1	-3/+12	-1/+10	-3/+12
mittlere tägliche Gangabweichung in den fünf Lagen	4	7	4	6	2,2	3,2
größte Gangabweichung	8	12	7	10	6	9
Differenz der mittleren Gänge zwischen horizontal (Zo) und vertikal (9 re.)	---		---		±8	±12
größte Differenz zwischen dem mittleren täglichen Gang und einem der Gänge in den fünf Lagen	±16	±26	±16	±22	±12	±18
primärer Kompensationsfehler pro ° C	±0,8	±1,4	±0,7	±1,0	±0,6	±1,0
Wiederaufnahme des Ganges	±8	±14	±7	±10	±5	±9

DEUTSCHER NORMENAUSSCHUSS | 6.2

Für die Bestimmung der Begriffe rund um die Zeitmessung waren der „Fachnormenausschuß Feinmechanik und Optik“ und der „Fachnormenausschuß Uhren“ zuständig. Dieser klärte und definierte grundsätzlich Begriffe wie Wasserdichtheit (Messung von Gasdichtheit), Wasserdicht (Hochvakuumdicht, Ultravakuumdicht), Stoßsicherheit, Antimagnetismus oder Blindsteine.

Die Liste der Geladenen von 1966 liest sich wie das *who is who* der deutschen Chronometrie:
Dr. Aßmus, Schramberg
Dr. Enslin, Hamburg
Dr. Gary, Stuttgart
Dipl. Ing. Gaster, Berlin
Prof. Dr. Glaser, Stuttgart
Dr. German, Braunschweig
Dr. Haag, Schwenningen
Doz. Mühe, Furtwangen
OBR Dr. Rieckmann, Braunschweig
Prof. Dr. Schweizer, Berlin
Dir. Storz, Schwenningen

Heute liegt für mechanische Chronometer eine internationale Norm vor, die ISO 3159.

DK ... DEUTSCHE NORMEN Entwurf Juni 1965

Uhren

Zeitmeßtechnische Benennungen

Die nachstehenden Benennungen wurden weitgehend der Terminologie der Uhrentechnik entnommen. Die Definitionen erfolgten in Anlehnung an DIN 1319, Grundbegriffe der Meßtechnik

1. Uhren

1.1. Uhren sind Meßgeräte der Zeit.

1.2. Uhren geben Zeitpunkte (τ) (in der Astronomie als Epoche bezeichnet) an und/oder messen Zeitinervalle (t).

2. Stand einer Uhr

2.1. Der Stand (t_S) oder der Fehler der Anzeige einer Uhr ist das Zeitinervall gleich der Differenz vom Meßwert (τ_u) der Istanzeige der Uhr in einem beliebigen Zeitpunkt minus dem Meßwert (τ) ihrer Sollanzeige in dem gleichen Zeitpunkt,

$$t_S = \tau_u - \tau$$

Die Einheit des Standes einer Uhr ist die Sekunde.

2.2. Der Stand einer Uhr ist positiv, wenn der Meßwert der Istanzeige der Uhr größer ist als der Meßwert ihrer Sollanzeige ($\tau_u > \tau$).

2.3. Der Stand einer Uhr ist negativ, wenn der Meßwert der Istanzeige der Uhr kleiner ist als der Meßwert ihrer Sollanzeige ($\tau_u < \tau$).

3. Gänge einer Uhr

3.1. Der Gang (G) einer Uhr ist gleich dem Quotienten, der aus der Differenz vom Stand (t_{S2}) der Uhr im Zeitpunkt (τ_2) der Beendigung der Messung minus dem Stand (t_{S1}) der Uhr im Zeitpunkt (τ_1) des Beginns der Messung dividiert durch das Meßzeitintervall ($\tau_2 - \tau_1$) gebildet wird,

$$G = \frac{t_{S2} - t_{S1}}{\tau_2 - \tau_1}$$

Einheiten des Ganges einer Uhr sind die Sekunde/Sekunde (s/s) und, nach Multiplikation mit dem Zahlenwert 86 400, die Sekunde/Tag (s/d).

1 s/s = 86 400 s/d
1 s/d ≈ 0,00001158 s/s

Ausschnitt aus dem Entwurf des Normenausschusses zur zeitmesstechnischen Benennung aus dem Jahr 1965. Foto: Landesarchiv Baden-Württemberg, Abt. Staatsarchiv Ludwigsburg (23)

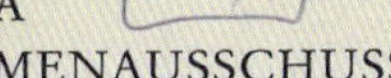

DNA
DEUTSCHER NORMENAUSSCHUSS
MITGLIED DER INTERNATIONAL ORGANIZATION FOR STANDARDIZATION (ISO)

FACHNORMENAUSSCHUSS UHREN

An die
Herren Mitarbeiter
des AA "Begriffsbestimmungen"
(lt. Verteiler)

Pforzheim, 23. Februar 1966
Poststraße 1, Tel.: 13 75
Ki/Re-315/05

Einladung

Sehr geehrte Herren!

Wiederholt wurde der FNA Uhren aufgefordert, in einem Normblatt die wichtigsten zeitmeßtechnischen Begriffe zusammenzufassen und im einzelnen zu definieren.

Die Geschäftsstelle hat darauf hin mit einigen Mitarbeitern Kontakt aufgenommen und um Vorschläge gebeten. Nachdem die beigefügte Beratungsunterlage von Herrn Dr. German vorliegt, erlauben wir uns, einen relativ kleinen Kreis von Herren im Einvernehmen mit dem Vorsitzenden des FNA Uhren, Herrn Dr. Rieckmann, zu einer ersten Besprechung einzuladen. Diese Besprechung wird am

Dienstag, 22. März 1966 in Freudenstadt/Schwarzwald
Hotel Waldeck

stattfinden.

Beginn der Sitzung 9.30 Uhr.

Für die Tagesordnung ist die Beratung des beiliegenden Entwurfs vom Juni 1965 vorgesehen. Die Mitarbeiter werden gebeten, ihn vor der Besprechung im einzelnen zu überprüfen und eventuelle Änderungswünsche möglichst schon schriftlich zu formulieren.

Wir weisen darauf hin, daß diese Besprechung im Anschluß an eine Sitzung des Beirats des FNA Uhren stattfindet, da verschiedene Herren, die dem Arbeitskreis angehören, am Vortage schon in Freudenstadt anwesend sein werden.

Wir rechnen mit Ihrer Teilnahme und bitten Sie, uns auf beiliegender Karte Ihre Antwort mitzuteilen.

Sollten Sie noch die Hinzuziehung anderer Herren für zweckmäßig halten, so bitten wir um Nachricht.

Mit freundlichen Grüßen
Fachnormenausschuß Uhren
Kittel

1 Anlage

Einladung des Fachnormenausschusses Uhren an die Herren Mitarbeiter des AA „Begriffsbestimmungen“ aus dem Jahr 1966. Foto: Landesarchiv Baden-Württemberg, Abt. Staatsarchiv Ludwigsburg (24)

ES GIBT KEINE UNRUH, DIE WIR NICHT HERSTELLEN KÖNNTEN

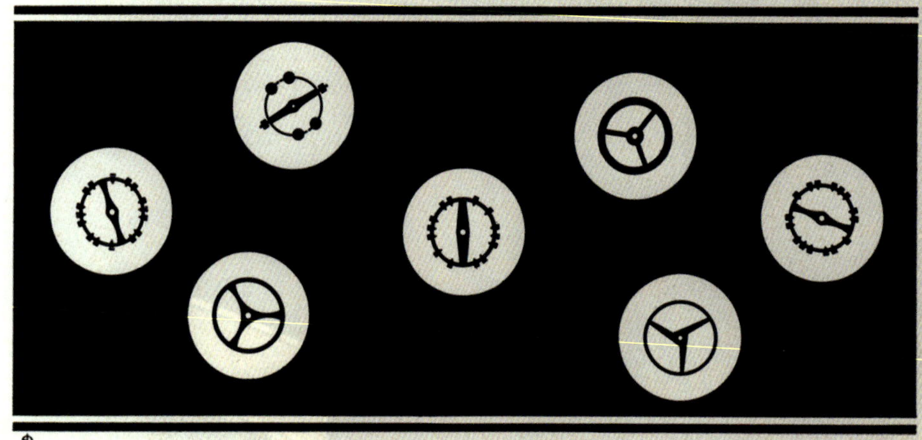

Chronometer von höchster Vollendung, gewöhnliche Uhrwerke, Roskopf-Uhren, superflache Uhren, kleinste Uhren der Welt, Sportchronographen, Ankerhemmungen? Keine Bedenken! In jedem Fall liefern wir die entsprechende Unruh.

LES FABRIQUES DE BALANCIERS RÉUNIES S.A. CH 2501 Biel Schweiz

Im Uhrenjournal Heft 7/1967, Seite 234 bis 238, erschien eine Abhandlung von Herrn Professor Dr. G. Glaser, Stuttgart, über Präzisionsgebrauchsuhren. Darin ist auf Tabelle I verwiesen, worin die Prüfbedingungen für amtliche Chronometer enthalten sind. Durch ein Versehen ist diese Tabelle dort nicht erschienen. Dies holen wir hiermit nach.

Prüfbedingungen für die amtliche Chronometerprüfung

Tabelle I Amtliche Chronometer-Prüfungen Minimale Gang-Bedingungen	Klasse S = Sonder	Lage ZO = Zifferblatt oben BO = Bügel oben	Täglicher Gang in s/d bei 20° C M = Maximal D = Durchschnittl. Gang in den Lagen	Tägliche Gang-änderungen s/d² M = Maximalwert D = Durchschnittswert	Lagefehler in s/d L m = Max. Unterschied zu mittl. Gang L max = Max. Lagen-unterschied	Aufzugsfehler Md = Max. Gangunter-schied in 24 Stunden	Temperaturfehler = Gangunterschied in s/d °C a zw. 35° C und 20° C b zw. 5° C und 20° C c zw. 5° C und 35° C
Schiffs-Chronometer		ZO	(M 2,0)	M 2,0 D 0,3	L max 10,0	Md 0,5	a, c 0,13 b 0,07
Präzisions-	S. Kl.	BO	M 3,0	M 4,0 D 0,6	L max 6,0	Md 1,0	a, c 0,27 b 0,13
Taschen-	I. Kl.	BO	M 5,0	M 6,0 D 1,0	L max 10,0	Md 1,5	a, c 0,47 b 0,5
Chronometer	II. Kl.	BO	M 10,0	M 10,0 D 2,0	L max 20,0	Md 3,0	a, c 1,0 b 0,5
Armband-	I. Kl.	5 Lagen ZO, ZU KL, KU, KO	D— 3,0 bis + 12,0	M 7,0 D 4,0	L m 16,0		c 0,7
Chronometer	II. Kl.		D— 3,0 bis + 12,0	M 10,0 D 6,0	L m 22,0		c 1,0

uhrenjournal • Heft 10 - 1967 • 359

Prüfbedingungen für die unterschiedlichen Arten von Uhren für die amtliche Chronometerprüfung 1967

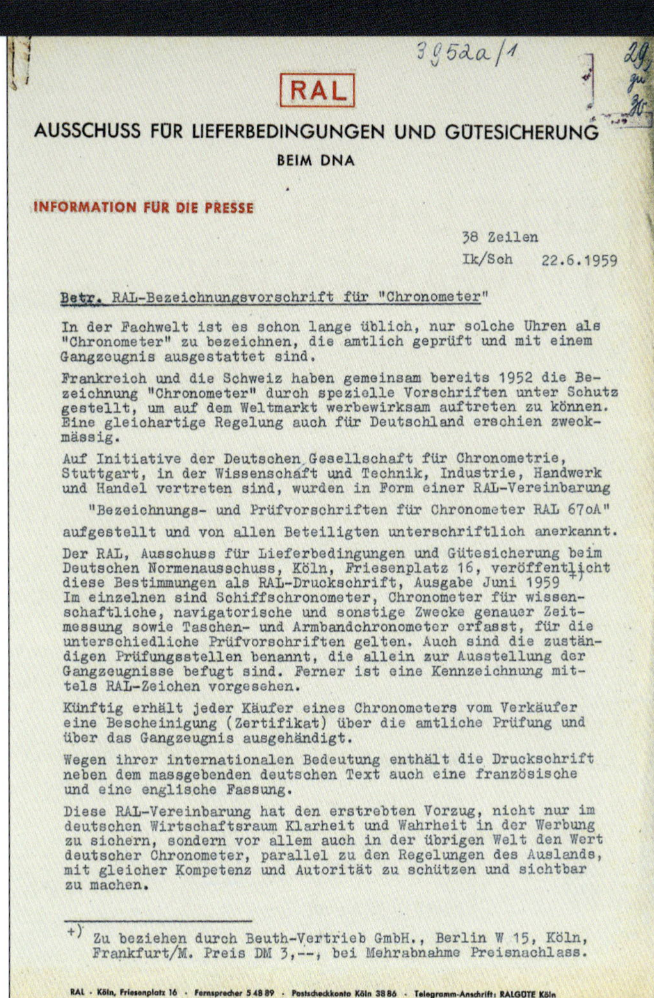

3952a/1

RAL

AUSSCHUSS FÜR LIEFERBEDINGUNGEN UND GÜTESICHERUNG
BEIM DNA

INFORMATION FÜR DIE PRESSE

38 Zeilen
Ik/Sch 22.6.1959

Betr. RAL-Bezeichnungsvorschrift für "Chronometer"

In der Fachwelt ist es schon lange üblich, nur solche Uhren als "Chronometer" zu bezeichnen, die amtlich geprüft und mit einem Gangzeugnis ausgestattet sind.

Frankreich und die Schweiz haben gemeinsam bereits 1952 die Bezeichnung "Chronometer" durch spezielle Vorschriften unter Schutz gestellt, um auf dem Weltmarkt werbewirksam auftreten zu können. Eine gleichartige Regelung auch für Deutschland erschien zweckmässig.

Auf Initiative der Deutschen Gesellschaft für Chronometrie, Stuttgart, in der Wissenschaft und Technik, Industrie, Handwerk und Handel vertreten sind, wurden in Form einer RAL-Vereinbarung

"Bezeichnungs- und Prüfvorschriften für Chronometer RAL 67oA"

aufgestellt und von allen Beteiligten unterschriftlich anerkannt.

Der RAL, Ausschuss für Lieferbedingungen und Gütesicherung beim Deutschen Normenausschuss, Köln, Friesenplatz 16, veröffentlicht diese Bestimmungen als RAL-Druckschrift, Ausgabe Juni 1959 +)
Im einzelnen sind Schiffschronometer, Chronometer für wissenschaftliche, navigatorische und sonstige Zwecke genauer Zeitmessung sowie Taschen- und Armbandchronometer erfasst, für die unterschiedliche Prüfvorschriften gelten. Auch sind die zuständigen Prüfungsstellen benannt, die allein zur Ausstellung der Gangzeugnisse befugt sind. Ferner ist eine Kennzeichnung mittels RAL-Zeichen vorgesehen.

Künftig erhält jeder Käufer eines Chronometers vom Verkäufer eine Bescheinigung (Zertifikat) über die amtliche Prüfung und über das Gangzeugnis ausgehändigt.

Wegen ihrer internationalen Bedeutung enthält die Druckschrift neben dem massgebenden deutschen Text auch eine französische und eine englische Fassung.

Diese RAL-Vereinbarung hat den erstrebten Vorzug, nicht nur im deutschen Wirtschaftsraum Klarheit und Wahrheit in der Werbung zu sichern, sondern vor allem auch in der übrigen Welt den Wert deutscher Chronometer, parallel zu den Regelungen des Auslands, mit gleicher Kompetenz und Autorität zu schützen und sichtbar zu machen.

+) Zu beziehen durch Beuth-Vertrieb GmbH., Berlin W 15, Köln, Frankfurt/M. Preis DM 3,--, bei Mehrabnahme Preisnachlass.

RAL · Köln, Friesenplatz 16 · Fernsprecher 5 48 89 · Postscheckkonto Köln 38 86 · Telegramm-Anschrift: RALGÜTE Köln

Information für die Presse von 1959 über die RAL-Bezeichnungsvorschrift „Chronometer“. Foto: Landesarchiv Baden-Württemberg, Abt. Staatsarchiv Ludwigsburg (25)

ENTSTEHUNG DER RAL-NORM | 6.3

DIN 8319 1b 1980

Diese ist mit dem im Oktober 1980 ausgegebenen nationalen Normensystem DIN 8319-1 fast deckungsgleich. Die Vorgaben regeln Armbandchronometer mit einer Frequenz des Schwingsystems ≤ 1000 Hz, den Begriff, die Anforderungen und die Prüfung. International und damit auch in der Schweiz werden nur Uhrwerke geprüft (mit Ausnahme der METAS-Zertifizierung). Soll aber die DIN 8319-1 erfüllt werden, muss die Uhr in ihrem Gehäuse verbaut sein und über eine stoppbare Sekunde verfügen. Quarzuhren werden in der im Dezember 1978 ausgegebenen DIN 8319-2 geregelt (Regelung von Armbandchronometer mit piezoelektrischem Schwingsystem, Begriffe, Anforderungen, Prüfung). Zusätzlich existierte ab 1976 die NIHS 95-11, die 1997 durch die ISO 3159 ersetzt wurde. Diese Norm legt die Definition des Begriffes Chronometer fest und beschreibt die Kategorien, das Prüfprogramm und die annehmbaren Mindestforderungen für Armbandchronometer.

6.4 ALLGEMEINE STAATLICHE UHRENPRÜFUNGEN IN DEN PRÜFANSTALTEN

Ganggeprüft heißt nicht chronometergeprüft!

Die Chronometerprüfung darf nicht mit einer allgemeinen amtlichen Prüfung von Uhren verwechselt werden. Bei dieser allgemeinen amtlichen Prüfung wurde beispielsweise auf Wasserdichtigkeit, Antimagnetismus oder auch bestimmte Gangleistungen, die nicht unterschritten werden sollten, geprüft.
Ihre Einführung in Deutschland fand im März 1963 statt, wieder einige Jahre nach den Schweizern, die solche allgemeinen Qualitätsprüfungen für ihre Produkte im Jahr 1961 einführten, sicherlich auch, um bestimmte minderwertige Produkte vom Markt nehmen zu können und damit das „Swiss Made" zu stützen. Das Prädikat Swiss Made konnte entzogen werden, wenn die Qualität nicht passte oder nicht genug Wertschöpfung in der Schweiz stattgefunden hat. Eine Maßnahme, die in Deutschland rechtlich nicht möglich war.
Auf Seiten des LGA dürfte das Implementieren dieser in Deutschland freiwilligen Prüfung durchaus auf Wohlwollen gestoßen sein, da mit Ausgang des Jahres 1959 die Einlieferungsstückzahlen der deutschen Chronometerhersteller bereits deutlich rückläufig waren oder mindestens stagnierten und das LGA mit seinen mittlerweile ausgebauten Prüfkapazitäten unterfordert war.

Mit Schreiben vom 20.4.1960 erfolgte eine Anfrage des LGA an alle bisherigen Einlieferer zur Chronometerprüfung als auch an führende deutsche Uhrenhersteller, ob und in welcher Höhe man in Zukunft eine eventuelle Produktion von Chronometern plane.
Die Antworten der Hersteller blieben nicht aus:

- **22.4.1960** STOWA tut kund, (endgültig) keine Chronometer herstellen zu wollen.
- **27.4.1960** Bernhard Förster FB gibt bekannt, auch zukünftig keine Chronometer herstellen zu wollen.
- **29.4.1960** Schreiben von Bidlingmaier / Bifora, die eine ungewisse Entwicklung prognostizierten.
- **10.5.1960** Absage von Arctos: Auch zukünftig werden keine Chronometer hergestellt. Mit dem lapidaren Zusatz: „Der Markt will das nicht!"
- **24.5.1960** In diesem Schreiben vermeldete Junghans das Einreichen von 2.000 Chronometern bis zum 21.7.1960 und weitere 2.000 bis Ende September.
- Ab **1960** flachte die Prüfung von Chronometern quantitativ deutlich ab und die Uhrenprüfstelle des LGA konnte die allgemeinen Uhrenprüfungen als weiteres Standbein durchaus brauchen.

Hat die statistische Qualitätsprüfung bei Armbanduhren einen Sinn?

von Professor Dr. G. GLASER, Stuttgart

Eine statistische Qualitätsprüfung bei Armbanduhren wurde schon vor vielen Jahren in Frankreich beim dortigen CETEHOR (Centre Technique de l'Industrie Horlogère) eingeführt. Zweck dieser Prüfung war, die Qualität der in Frankreich fabrizierten und vor allem exportierten Kleinuhren zu heben. Diese Bemühungen hatten einen durchschlagenden Erfolg, vor allem wurde dabei das allgemeine Qualitätsniveau der in Frankreich gefertigten Kleinuhren gehoben.

Vor einigen Jahren folgte die Schweiz diesem Beispiel durch die Einführung des Uhrenstatus, um die Ausführung minderwertiger Qualität zu verhindern und den guten Ruf der Schweizer Armbanduhren zu sichern. Hierbei wird durch eine nach den Regeln der Statistik aufgestellte amtliche Stichproben-Entnahme aus der laufenden Fertigung die Qualität der Fertigung einer Uhrenfabrik geprüft und zwar von allen Uhrenkategorien (Palettenankeruhren, elektrische Uhren, Roskopfuhren, je unter 50 mm Durchmesser und unter 12 mm Dicke), getrennt nach Uhren verschiedener Größe (Tabelle B).

Bei einer Funktionsprüfung werden solche Uhren als fehlerhaft ausgeschieden, die offensichtliche Funktionsfehler, wie Stehenbleiben, Aufzugsfehler, Zeigerstellfehler, haben oder deren Zeitwaagenbild auf offensichtliche grobe Fehler, wie Prellen, zu große Abfallfehler, starke Gangschwankungen, hinweist. Die Beurteilung der Qualität erfolgt durch kurzzeitige, mindestens 2 Minuten dauernde Gangmessungen mit der Zeitwaage in den Lagen HH (Zifferblatt oben), VG (Krone links, VB (Krone unten), VH (Krone oben), 24 Stunden, bzw. 15 Minuten nach Vollaufzug, sowie bei 36° C in Lage HH. Für den Gang M in Lage nach HH bei Vollaufzug, den maximalen Isochronismusfehler J_{max} zwischen Vollaufzug und 24 Stunden Ablauf, den maximalen Lagenfehler P_{max} und den Temperaturfehler C (charakteristisch für die Spiralfeder) zwischen 36° C und 20° C werden Minimalanforderungen nach Tabelle B gestellt, ebenso für den Qualitätsindex $N = 0{,}15 \cdot J_{max} + 0{,}1 \cdot P_{max} + C$.

Verworfen werden diejenigen Lose, deren Prüfuhren nicht zu einem bestimmten Prozentsatz die Prüfbedingungen erfüllen. Falls die Prüfbedingungen von einem Uhrenhersteller nicht erfüllt werden, so kann in der Schweiz ein Verbot zum Uhrenexport verhängt werden.

Nach einem Bericht von R. Payot, dem Direktor der Schweizer Uhrenprüfstelle, wurden dort im Jahre 1963 von 8 Millionen Uhren 350 000 Stück geprüft. Dabei wurde schon während eines Jahres eine Verbesserung der Qualität festgestellt, sodaß der Prozentsatz der zurückgewiesenen Uhren von ca. 5% sich um 1,3% verringerte. Man erwägt daher dort eine Verschärfung der Prüfbedingungen. Außerdem können die Hersteller durch den Qualitätsindex ihren Fertigungsstand laufend kontrollieren.

Wesentlich ist, daß in der Schweiz sämtliche exportierten Uhren diesen Minimalanforderungen genügen müssen. Sie brauchen also gar nicht besonders gekennzeichnet werden, da alle Uhrensorten im statistischen Mittel die gesetzlichen Prüfbedingungen erfüllt haben müssen.

In Deutschland besteht seit 1955 beim Landesgewerbeamt Stuttgart eine Prüfstelle zur Prüfung von Chronometern gemäß den internationalen Bedingungen nach Tabelle A, wobei jede einzelne Uhr geprüft wird. Eine statistische Qualitätsprüfung von anderen Armbanduhren in Anlehnung an die Schweizer technischen Prüfbedingungen läuft seit März 1963 ebendort. Jedoch besteht der grundsätzliche Unterschied gegenüber der Schweiz, daß in Deutschland nicht die Fabrikation einer Uhrenfirma als solche geprüft und u. U. ein Export untersagt werden kann, was wohl bei unserem heutigen Wirtschaftssystem gesetzlich kaum festgelegt werden könnte, sondern daß einzelne Uhrentypen auf freiwilliger Basis geprüft werden und diese dann irgendwie als „bestanden" gekennzeichnet werden müssen.

	A) Chronometerprüfung in 5 Lagen Angaben in Sekunden, bezogen jeweils auf 1 Tag.	Kl. II	Kl. I
A.	Durchschnittl. Gangschwankg. in 5 Lagen bei 20° C	4	6
B.	Größte Gangschwankg. in einer der 5 Lagen bei 20° C	7	10
D.	Durchschnittl. Gang in 5 Lagen bei 20° C	+3 ÷ −12	+3 ÷ −12
E.	Größt. Unterschied zw. dem durchschnittl. Gang und einem Gang in den 5 Lagen bei 20° C	16	22
J.	Pauschale Gangänd. pro °C zw. 4° C u. 36° C (Lage: Zo)	± 0,7	± 1,0
L.	Wiederaufn. des Ganges nach Temp. Prüfg. (Lage: 6 o)	± 7	± 10
M.	Untersch. des Ganges zw. Temp. Pr. u. vor Temp. Pr. (Zo)	± 18	± 18
N.	Wiederaufnahme des Ganges (Lage: 6 o)	± 18	± 18

B) Statistische Qualitätsprüfung von Gebrauchsuhren.
Palettenankeruhren in Lage HH, VG, VB, VH.
Stiftankeruhren nur in Lage VB, um 30° gegen Lotrechte geneigt

	Uhrenart		Palettenank.-U				Stiftanker-Uhren a: 0 ÷ 6 St.; b: > 6 St.					
	Kategorie		1+2	3	4		1 a	1 b	2 a	2 b	3 a	3 b
	Durchmesser in mm von		>20	< 20	< 16		> 27		< 27		< 20	
	Durchmesser in mm bis			> 16	> 7				> 20			
1	Täglicher Gang [s/d] M innerhalb min	Lage Zo	−15	−20	−20	Lage VB	−60	−60	−60	−60	−60	−60
	max		+105	+130	+160		+210	+180	+210	+180	+240	+210
	Schwankungsbereich		120	150	180		270	240	270	240	300	270
2	Isochronismus-Fehler Imax $(g_{24} - g_0)$ [s/d]		110	130	150							
3	Max. Lagenfehler Pmax [s/d]		110	130	150							
4	Wärmefehler zw. 36° C u. 20° C C [s/d °C]		7	8	8							
5	Nmin = 0,15 Imax + 0,1 Pmax + C		25	32	35							

Auch in Deutschland hat man sich viele Gedanken über die Art der Kurzprüfung gemacht. Hierüber werden wir demnächst eine größere Abhandlung vorlegen. Eine solche Kurzprüfung ist nur bei einer statistischen Prüfung sinnvoll mit einer festgelegten Mindestzahl von Uhren, im Gegensatz zum völlig unzureichenden Warentest, bei dem nur eine einzige Uhr geprüft und davon eine Folgerung, ja sogar eine Empfehlung für eine ganze Uhrensorte abgeleitet wird. Die statistische Uhrenprüfung kann und will nach außen nur Aussagen über eine Minimalanforderung an diese Uhren machen. Diese Minimalanforderung gemäß den Schweizer Prüfbedingungen ist bei den Palettenankeruhren zweifellos nicht hoch, sie liegt meines Erachtens an der Grenze dessen, was man für eine Qualitätsuhr verlangen sollte. Dies erkennt man beim Vergleich mit der Chronometerprüfung (Tabelle A), bei der die Anforderungen wesentlich höher sind. Bei den Stiftankeruhren sind die Prüfanforderungen m. E. entschieden zu niedrig, so daß diese auch von billigsten Stiftankeruhren erfüllt werden können.

Für die Qualitätshöhe der Palettenankeruhren gibt zwar die Qualitätskennziffer gewisse Anhaltspunkte. Eine genauere Beurteilung der Qualität erfordert jedoch wesentlich eingehendere Prüfungen, wie sie in unserem Forschungsinstitut für Uhren- und Feingeräte-Technik durchgeführt werden können (vergl. G. Glaser, „Aktuelle Probleme der Qualitätsprüfung" in „Die Uhr", Nr. 4, 5 und 6/1964 und „Zur Qualitätsprüfung von Armbanduhren durch Gangbestimmung" in „Neue Uhrmacher-zeitung", Nr. 16/1964).

Hierbei kann und soll auch der Uhrmacher den Kunden beraten. Er wird keineswegs durch die statistische Qualitätsprüfung ausgeschaltet, die ja nur ein Mindestniveau vorschreibt und schlechte Uhren ausschließt. Schließlich steht doch die Qualität, wie sich objektiv nachweisen läßt, in einem gewissen Zusammenhang mit dem Preis.

Wie aber soll eine Uhrensorte, die die Qualitätsprüfungen erfüllt hat, gekennzeichnet werden? Bei den Armbanduhren der Schweiz und Frankreichs ist dies einfach, weil alle exportierten Uhrensorten die gesetzlich vorgeschriebenen Prüfbedingungen erfüllen müssen. Solange dies in Deutschland nicht der Fall ist, sollte auch von Seiten des Uhrenfachmannes das Verständnis für eine Kennzeichnung bestehen. Zwar werden in den Uhrenfachzeitschriften die bestandenen Uhrensorten mitgeteilt. Welcher Uhrenverkäufer schaut dort aber schon nach? Das auf Vorschlag der Uhrenindustrie eingeführte Etikett wurde vom Uhrenfachhandel sehr skeptisch aufgenommen, weil nicht jede einzelne Uhr geprüft ist — dies wäre zeitlich und preislich gar nicht möglich und außerdem bei der statistischen Prüfung einer ganzen Serie auch gar nicht nötig — und weil eine solche Uhr nun auch von fachfremden Stellen als Qualitätsuhr verkauft werden könnte.

Wenn man die richtige Bedeutung dieser Qualitätsprüfung — mit den Worten des leider kürzlich verstorbenen Dr. Helmut Junghans — als „Kletterstange" für die Uhrenindustrie auffaßt und die Grenzen ihrer Aussage beachtet, dann sollte der Uhrenfachhandel dankbar für eine solche Prüfung sein, deren Etikett ja nur das „Bestanden" ausdrücken will. Daß es bei den bestandenen Uhrensortimenten noch ganz große Unterschiede hinsichtlich Preis und Qualität gibt, dies den Kunden zu erklären, ist eine dem Uhrenfachmann zukommende Aufgabe. Ich meine, daß der Laie dadurch sogar eher zum Kauf einer besseren Uhr veranlaßt wird, die zum mindesten die Prüfbedingungen erfüllt hat.

Die Qualitätsprüfung ist daher nicht nur sinnvoll, sondern notwendig zur Erhaltung der Konkurrenzfähigkeit unserer deutschen Uhrenindustrie und zur Steigerung der Qualität ihrer Produkte. Auch dem Fachhandel nützt dies beim Einkauf der Uhren. Beim Verkauf muß der Uhrenfachmann dem Kunden die notwendige Aufklärung geben.

Konsequenzen aus dem Verkaufsjahr 1964

von HERBERT THAMM

Während die letzten Geschenkeinkäufe getätigt werden und die Dezember-Umsatzkurve zufriedenstellend verläuft, ist jeder vorwärtsstrebende Uhrenfachmann bereits mit den Gedanken bei 1965. Wie sind die Aussichten? Das stets gut informierte Deutsche Institut für Wirtschaftsförderung gibt eine optimistische Prognose. Danach wird das Sozialprodukt um ca. 8 bis 10 Prozent steigen. Die Lohn- und Gehaltsentwicklung wird sich beschleunigen, und die ab Januar in Kraft tretende Steuerermäßigung wird vielen Arbeitern und Angestellten zugute kommen. Die frei verfügbaren Einkommen der privaten Haushalte werden um rund 10 Prozent steigen. Die Gesamtnachfrage ist also gesichert. Besonders den verbrauchsnahen Industrien stellt man eine günstige Prognose. Erneut zunehmen wird auch die Spartätigkeit. Jedenfalls sind alle wirtschaftlichen Voraussetzungen positiv.

Wie ist nun die Situation in unserer Branche? Die Folgerungen aus dem abgelaufenen Jahr ergeben Anhaltspunkte zur Frage: Was wird in den kommenden 12 Monaten? Der Wohlstandsbürger ist noch anspruchsvoller geworden. Der Trend zur Qualität hält an. Hierzu sagte kürzlich ein erfolgreicher Kollege: „Die bessere Armbanduhr, der Brillantring, Goldschmuck und Juwelen sind heute oft ein Wohlstandssymbol für neue Käuferkreise, die früher nur billige Objekte wählten. Allerdings muß man die Werbung geschickt darauf einstellen." — Diese Beobachtung aus der Praxis gibt bereits einen bemerkenswerten Hinweis. Jedenfalls sind die Verkaufsmethoden genauso dynamisch wie die sich ständig wandelnden Modelle in unserer Uhren- und Schmuckbranche.

Überdurchschnittliche Fachleistungen und Anstrengungen, gepaart mit neuen Ideen, sind 1965 für das Fachgeschäft notwendig. Arbeitseifer allein macht es nicht. Planmäßiges Überlegen und eine aktuelle Anpassung gehören dazu.

Wie war die Umsatzentwicklung 1964?

Besser müßte es heißen: Wie war der Reingewinn? Diese Zahl interessiert am meisten und spiegelt die Ergebnisse der Geschäftsführung am deutlichsten wider. In

Uhrenjournal 1964 Heft 12

LANDESGEWERBEAMT BADEN-WÜRTTEMBERG
Uhrenprüfungsstelle Stuttgart *)

Richtlinien für die Qualitätskontrolle
bei Armbanduhren mit Paletten-Ankerhemmung

1 Geltungsbereich
Dieser Kontrolle können nur in Deutschland remontierte Werke und Uhren nachstehend "Uhren" genannt unterzogen werden.

2 Anwendungsgrundsätze
2.1 Für die Qualitätskontrolle werden Partien zugrundegelegt.
2.2 Eine Firma kann verlangen, daß ihre Erzeugnisse nach einer strengeren als der vorgeschriebenen Prüfungsart geprüft werden; sie kann jedoch deswegen nicht die Bezeichnung ihrer Erzeugnisse ändern.

3. Definition einer Partie
Eine Partie ist eine Gruppe von Uhren oder gangfertigen Werken, die hinsichtlich Kaliber (Fabrikat und Nummer), Steinezahl und der Qualität der hauptsächlichsten Bestandteile gleichartig und deren Werk funktionsfähig ist.

4. Stichprobenentnahme
In einem unregelmäßigen Abstand, mindestens 4 mal in einer Kontrollperiode sind Stichproben gemäß Tabelle 1 zu entnehmen. Im ganzen sind mindestens 100 Uhren aus mindestens 10 Partien zu entnehmen.

5 Prüfung
5.1 Durchführung
a) Die Uhren werden zunächst voll aufgezogen.
b) Anschließend läßt man die Uhren 24 Stunden in horizontaler Lage und mit Zifferblatt oben bei 20° C laufen.
c) Die Zahl der zum Stillstand gekommenen Uhren wird ermittelt.
d) Bei den noch laufenden Uhren wird die Messung des augenblicklichen Ganges während einer Zeit von wenigstens 60 s zwischen der 24. und 25. Stunde ihres Ganges bei der Temperatur 20 ± 1° C vorgenommen in den Lagen
waagerecht, Zifferblatt oben. Der ermittelte Gang ist $g_1^{(24)}$.
Senkrecht, 6 oben. Der ermittelte Gang ist $g_2^{(24)}$.
Senkrecht, Krone unten. Der ermittelte Gang ist $g_3^{(24)}$.
Senkrecht, Krone oben. Der ermittelte Gang ist $g_4^{(24)}$.

*) vorgesehen: Uhrenprüfstelle

-2

Auszug der Richtlinien für die Qualitätskontrolle bei Armbanduhren mit Paletten-Ankerhemmung des LGA Baden Württemberg – Archiv DGC

Die deutsche Armbanduhr

Staatliche Qualitätsprüfung

Im II. Quartal 1972 haben die nachfolgenden Firmen mit den angegebenen Kalibern die staatliche Qualitätsprüfung für Armbanduhren beim Landesgewerbeamt Stuttgart bestanden:

Marke ARCTOS
Firma Philipp Weber KG
Kaliber $7^3/_4$": ETA 2512, 2540, 2541;
$11^1/_2$": AS 1759, 1873, ETA 2783.

Marke BERGANA
Firma Wilhelm Beutter
Kaliber $5^1/_2$": PUW 1075;
$11^1/_2$": PUW 560, ETA 2750, 2784.

Marke BIFORA
Firma J. Bidlingmaier GmbH
Kaliber $5^1/_2$": 52;
$6^3/_4$": 691;
$11^1/_2$": 115,116;
$12^1/_2$": 120;
13": 130.

Marke EPPO
Firma EPPO-Uhrenfabrik
Epple & Co.
Kaliber $6^3/_4$": OTERO 64, 237;
$11^1/_2$": OTERO 790, 844.

Marke EXITA
Firma Carl Rivoir
Kaliber $5^1/_2$": AS 1977;
$8^3/_4$": AS 1780.

Marke EXQUISIT
Firma Hugo Weinmann
Kaliber $5^1/_2$": AS 1977;
$10^1/_2$": AS 1758;
$11^1/_2$": DUR 7420, 7525, 7526.

Marke FELSUS
Firma Felss & Co.
Kaliber $10^1/_2$": DUR 7410;
$11^1/_2$": PUW 560, 1561.

Marke FORESTA
Firma Bernhard Förster
Kaliber $7^3/_4$": BF 420;
$11^1/_2$": BF 222, 226.

Marke HABMANN
Firma Karl Habmann
Kaliber $6^3/_4$": ETA 2412;
$7^3/_4$": ETA 2512;
$10^1/_2$": AS 1758.

Marke HELMA
Firma HELMA-Uhrenfabrik
Burkhardt & Cie.
Kaliber $5^1/_2$": AS 1977;
$10^1/_2$": DUR 7410;
$11^1/_2$": PUW 561, ETA 2750.

Marke JUNGHANS
Firma Gebr. Junghans GmbH
Kaliber $6^1/_2$–8": 674/68;
$6^3/_4$": 672/72;
$11^1/_2$": 620/56/64;
$11^1/_2$": 620/50/61;
$11^1/_2$": 620/00/63;
$11^1/_2$": 653/01/53.

Marke KASPER
Firma Kasper & Co.
Kaliber $5^1/_2$": 1110;
$10^1/_2$": 1400.

Marke KIENZLE
Firma Kienzle GmbH
Kaliber $11^1/_2$": 060/22.

Marke LUTZ
Firma Daniel Lutz
Kaliber $5^1/_2$": FEMCA 68.

Marke MONTRIAL
Firma Montrial-Uhrenfabrik
Kurt Stahl
Kaliber $5^1/_2$": AS 1977;
$11^1/_2$": PUW 561.

Marke PARA
Firma Paul Raff
Kaliber $7^3/_4$": ETA 2540;
$11^1/_2$": PUW 560, 1561, ETA 2782, AS 1916.

Marke PORTA
Firma PORTA-Uhrenfabrik
Wehner KG
Kaliber $5^1/_2$": PUW 1075;
$11^1/_2$": PUW 560, 561, 1561;
$12^3/_4$": PUW 1564.

Marke PROVITA
Firma PROVITA-Uhrenfabrik
Franz Schnurr oHG
Kaliber $6^3/_4$–8": FHF 69;
$7^3/_4$": ETA 2650;
$11^1/_2$": DUR 7525.

Marke ROBERTA
Firma ROBERTA-Uhrenfabrik
Robert Kauderer
Kaliber $5^1/_2$": AS 1977;
$6^3/_4$–8": FHF JNT;
$11^1/_2$": PUW 560, 561, 1561, 1563.

Marke SEPO
Firma Mathias Seitz
Kaliber $6^3/_4$": OTERO 64;
$6^3/_4$–8": OTERO 237;
$11^1/_2$": OTERO 840, 844, 794, 790,
DUR 7426, 7524, 471–4, 7528, HP Z 170,
Z 171.

Marke STOWA
Firma Walter Storz
Kaliber $5^1/_2$": AS 1977;
$6^3/_4$": ETA 2412;
$11^1/_2$": ETA 2472.

Marke STOWA
Firma Uhrenfabrik STOWA
GmbH
Kaliber $5^1/_2$": PUW 1075, AS 1977,
DUR 75;
$6^3/_4$–8": DUR 69/21;
$11^1/_2$": PUW 561, 1561, DUR 7425, 7420,
7525, 7422.

Marke UHRES
Firma Uhrig & Reister
Kaliber $5^1/_2$": DUR 75;
$11^1/_2$": FE 140.

Nach der erleichterten Prüfung für Stiftankeruhren haben die nachstehenden Firmen mit den angegebenen Kalibern die Prüfung im II. Qartal 1972 bestanden:

Marke EMES
Firma Müller-Schlenker
Kaliber $6^3/_4$–8": 5.

Marke KIENZLE
Firma Kienzle GmbH
Kaliber 12": 051/53.

Marke RE-WATCH
Firma E. Eichmüller
Kaliber 12": 8801/17.

Uhrenjournal 1972

Staatliche Qualitätsprüfung für die deutsche Armbanduhr

Im IV. Quartal 1970 haben die folgenden Firmen mit den angegebenen Kalibern die staatliche Qualitätsprüfung für Armbanduhren beim Landesgewerbeamt Stuttgart bestanden:

Marke	Firma	Kaliber
ARCTOS	Philipp Weber KG	11½": AS 1526, ETA 2750, 2782; 13": AS 1130.
ARISTO	ARISTO-Uhren Julius Epple	5½": AS 1677, 1075; 6¾": FHF 69/21; 7¾": ETA 2540, 2541, 2551; 11½": PUW 461; 12¾": PUW 1464.
BERGANA	Wilhelm Beutter	5½": PUW 1075, AS 1977; 11½": ETA 2750, 2632.
BIFORA	J. Bidlingmaier GmbH	5½": 52; 6¾–8": 69; 11½": 115; 12½": 120; 13": 130.
ERMI	Ernst Mitschele KG	5½": AS 1977, 1677; 11½": PARRENIN 60a.
EXITA	Carl Rivoir KG	5½": AS 1677; 7¾": ETA 2540, 2551; 11½": AS 1880, 1881.
EXQUISIT	Hugo Weinmann	5½": AS 1075, 1977; 7¾": ETA 2540; 10½": AS 1525; 11½": DUROWE 471/4, PUW 460, 461, 1461, ETA 2522.
FELSUS	Felss & Co	5½": AS 1677; 6¾–8": 69/21; 11½": PUW 460, 1461, DUROWE 471.
FORESTA	Bernhard Förster	6¾": BF 300; 11½": BF 222.
HABMANN	Karl Habmann GmbH	5½": AS 1677, 1977; 7¾": ETA 2512; 10½": AS 1758; 11½": FHF 72.
HELMA	HELMA-Uhrenfabrik Burkhardt & Cie	11½": PUW 460, 461, 1461, ETA 2408, 2472; 12¾": PUW 1464.
JUNGHANS	Gebr. Junghans AG	5½": 670/6/75; 6½–8": 674/68; 11½": 620/00/63; 620/10/62, 651/51.
KASPER	Kasper & Co	5½": 1100; 10½": 1400.
LUTZ	Daniel Lutz	5½": FEMGA 68.
MONTRIAL	MONTRIAL-Uhrenfabrik Kurt Stahl	5½": AS 1977.
PARA	Paul Raff	5½": OTERO 262, PUW 1075; 7¾": ETA 2540; 10½": DUROWE 451; 11½" PUW 460, AS 1916.
PORTA	PORTA-Uhrenfabrik Wehner KG	5½": PUW 1075; 11½": PUW 460, 461, 1460, 1461; 12¾": PUW 1464.
PROVITA	PROVITA-Uhrenfabrik Franz Schnurr OHG	6¾": ETA 2412; 11½": PUW 1460, 1461, ETA 2750.
ROBERTA	ROBERTA-Uhrenfabrik Robert Kauderer	11½": PUW 1460, 1461; 12¾": PUW 1464.
ROXY	Emil Werner	5½": PUW 1075; 10½": DUROWE 451; 11½": PUW 1460, 1461.
SEPO	Mathias Seitz	6¾": OTERO 64; 11½": OTERO 74, 742, DUROWE 7521, 471, ETA 2500, FHF 725.
STOWA	Walter Storz	7¾": ETA 2365, 2551; 11½": ETA 2451, 2622.
STOWA	Uhrenfabrik STOWA GmbH	5½": PUW 1075, DUROWE 75; 6¾–8": DUROWE 69/21, OTERO 37; 10½": DUROWE 7410; 11½": DUROWE 471/2, PUW 460, 461, 1460, 1461; 12¾": PUW 1464.
UHRES	Uhrig & Reister	11½": PARRENIN 60a, 171 HPX.

Nach der erleichterten Prüfung für Stiftankeruhren haben die nachstehenden Firmen mit den angegebenen Kalibern die Prüfung im vierten Quartal 1970 bestanden:

Marke	Firma	Kaliber
ANCRE GOUPILLES	W. Eppler	10½": 16.
EMES	Müller-Schlenker	6¾–8½": 5.
KIENZLE	Kienzle AG	12": 051/53; 051/52.
RE-Watch	R. Eichmüller	12": 8801/17.

Tiefseerekord an Korsikas Küsten

Unternehmen Janus, das vor kurzem im Golf von Ajaccio stattfand, verlief nach Aussagen des Programmleiters Dr. Xavier Fructus plangemäß. Die französische Gesellschaft für Tiefseeforschung Comex ist gerade dabei, einen Unterwasserweltrekord aufzustellen, indem sie ein Team von drei Tauchern während acht Tagen auf dem Meeresboden in 253 m Tiefe arbeiten läßt. Es ist jedoch nicht einziges Ziel dieses Unternehmens, die Ausdauer der drei Männer auf die Probe zu stellen. Der Obrigkeit des „Centre National pour l'Exploitation des Océans" geht es hauptsächlich darum, des Menschen Möglichkeiten in großen Tiefen zu erforschen. Das interessiert auch die Erdölkonzerne. Elf/Erap beteiligt sich wegen geplanter Tiefseebohrungen.

Omega Seamaster 600, die bei der Durchführung des Projekts Janus getragene Taucheruhr. Getestet durch den Helium-Undichtheitdetektor und bis auf 600 m Tiefe garantiert wasserdicht, begleitet sie die Taucher in Korsika, die durch ihre achttägige Arbeit in einer Tiefe von 253 m einen Weltrekord aufstellten. Superwasserdicht, ist ihr ungewöhnliches Gehäuse nicht aus Stahl, sondern aus dem widerstandsfähigeren Titan hergestellt. Die Krone ist durch ein doppeltes Verschlußsystem geschützt. Durch den Drücker läßt sich der Drehmeßring verriegeln. Das automatische Uhrwerk ist Omegas neues Hochfrequenzkaliber mit 28 800 Halbschwingungen pro Stunde.

NUZ Neue Uhrmacher Zeitung 2/1971

7 ZEIT HEUTE

Obwohl es über 200 Jahre das Monopol der Menschen mit mechanischen Chronometern und Beobachtungsuhren war, die Zeit des Ausgangsortes und der Greenwich-Zeit mit sich zu führen und somit eine Bestimmung der geographischen Position zu ermöglichen, wurde mit Erschaffung der funktelegraphischen Übermittlung von Zeitsignalen, die international ab 1913 über das Bureau Intérnational in Paris über den Eiffelturm gesendet wurden, eine neues Kapitel des auf eine hundertstel Sekunde genauen Zeitabgleichs aufgeschlagen. Mit der Erfindung der Atomuhr im Jahr 1949 wurde ein neues Zeitalter der Genauigkeit eingeleitet, was auch zu internationalen Standards führte, denn im Jahr 1958 einigte man sich auf die Einführung der Internationalen Atomzeit (TAI), die ab den sechziger Jahren, mit Erfindung der Funkuhr durch Wolfgang Hilberg (Telefunken-Patent), auch bald breitflächig zur Verfügung stand – alle in Mitteleuropa erreichbaren Funkuhren können seitdem durch Zeitdienste synchronisiert werden. 1966 nahm der erste Zeitzeichensender HBG seinen Dienst auf, der mit den Atomuhren des Bundesamtes für Metrologie und seit 1967 durch den Zeitzeichensender DCF77 mit einer Atomuhr der Physikalisch-Technischen Bundesanstalt abgeglichen wird. Später wurde über das Bureau International des Poids et Mesures in Paris die Internationale Atomzeit (TAI) als Referenzzeit festgelegt.
Inzwischen wird das Zeitsignal durch verschiedenste Endgeräte empfangen: UKW-Radios via RDS-Service, Fernsehen via EPG (Electronic Program Guide), das NTP-Protokoll des Internets für das Smartphone oder den Rechner oder eine Synchronisation der Atomzeit per GPS.

8 AUF DEM WEG ZUM CHRONOMETER – QUALITÄTSUHREN BIS 1952

Auf dem Weg zu den chronometergeprüften Uhren der Nachkriegszeit gab es in Deutschland einige bemerkenswerte Uhrenhersteller, die bis 1952 Qualitätszeitmesser auf den Markt brachten. Eine einheitliche Definition des Begriffes Chronometer existierte noch nicht. Die Nutzung des Begriffes und damit auch das Aufbringen auf dem Zifferblatt war unscharf und wurde nicht selten bereits angewandt, wenn eine Uhr alleine die theoretische Möglichkeit besaß, Chronometerwerte zu erreichen. So mancher Hersteller orientierte sich an diesem Begriff und schuf eigene aussagekräftige Wortschöpfungen, die ähnliche Qualität suggerieren sollten, wie Präzisa oder Precisa, Precision, Extra Precision, Elite, Extra, Unima oder auch Exakta.

JUNGHANS CHRONOMÈTRE UND MEISTER | 8.1

Junghans Chronomètre

Junghans Taschenuhren mit dem Begriff Chronometre stammen aus italienischer Provenienz und wurden auf der Insel Giudecca in Venedig gefertigt. Zwar sind es Qualitätstaschenuhren, eine Chronometerprüfung fand aber sicher nicht statt. In den deutschen Katalogen wurden die Uhren zunächst als Präzisionstaschenuhren angeboten und ab 1920 wurde die Meister Serie, die stets die höchste Qualitätsstufe anzeigte, ins Leben gerufen. Auch den besten Junghans Armbanduhren wurde dieser Titel zuteil, bis sie von den Junghans Chronometern im Jahr 1952 abgelöst wurden.

Junghans Meister vor 1952

Der Traditionsuhrenhersteller Junghans schuf mit seiner Meister Serie eine Uhrenlinie, die bis heute Maßstäbe setzt. Die erste Erwähnung von Taschenuhren mit den Kalibern Junghans J13 und J15 findet sich im Katalog aus dem Jahr 1920 und es scheint, dass Junghans mit dem Begriff „Meister Werk“ ein Gegengewicht zu den Uhren aus Glashütte und der Schweiz liefern wollte, immer jedoch mit dem Hintergedanken, dass diese Zeitmesser erschwinglich bleiben mussten.
Die Uhren wurden in den vorherigen Katalogen noch als „Präzisionstaschenuhren“, aber ohne „Meister“ angeboten.
Und diese Taschenuhren beeindruckten mit einer hochwertigen Ausstattung: *Deutsche Präzisions-Taschenuhr; 19''' Werk, 15 Steine, Taschenuhr, aufgeschnittene Kompensations-Unruh, gehärtete Breguet-Stahlspirale, Stahlankerrad, doppelte Sicherheitsrolle, Platinen vergoldet.*
Den Start der Meister Serie vollzog Junghans mit Taschenuhren, und ab 1920 gab es keinen Katalog mehr ohne entsprechende Meister Uhren.
Auch im Katalog von 1925 geht die Vermarktung der besten Junghansuhren mit dem Begriff Meister weiter, diesmal mit einem Junghans J15 und im Taschenuhren-Katalog von 1930 das Kaliber J33c mit 19 ½ Linien: *Junghans „Meisteruhr“ (offen): Brückenwerk, 15 Steine, Kompensationsunruhe, gehärtete Breguet-Stahlspirale, Stahlanker mit sichtbaren Steinen, Stahlankerrad, doppelte Sicherheitsrolle, Platinen vergoldet.* Die Uhren waren bereits in verschiedenen Temperaturen, hängend und liegend, auf einige Sekunden genau reguliert.
Es folgten viele verschiedene Taschenuhrwerke im gleichen Jahr – die Kaliber J15 und J17 mit je 19 Linien, das J41 mit 18 ½ Linien und mit Sekundenstopp und das 19-linige J42. In den Jahren 1927 und 1930 wurden die Taschenuhr-

Junghans J16 Lepine Taschenuhr aus dem Jahr 1915 mit Aufdruck „Chronometre Junghans“ und Fachinformation. Fotos: Dirk Fassbender

kaliber J15, J17, J33c, J41 und J42 angeboten, 1934 das J41 und das J42.
Den Frontdeckel des Katalogs von 1938–1939 beispielsweise ziert in goldenen Lettern der Schriftzug Meister, und er ist mit verschiedenen Meister Uhrentypen gefüllt: Ein Taschenwecker mit dem Kaliber J36, Tischuhren mit dem J75 1 Tage Weckerwerk, das J76, ein Qualitätsweckerwerk mit 10 Steinen, und das „sehr gut regulierte 8 Tage Ankerwerk J44" mit 7 oder 14 Steinen.
Die erste Erwähnung einer Meister Armbanduhr findet sich im Katalog aus dem Jahr 1935, allerdings wird nur im Text darauf hingewiesen, auf dem Zifferblatt findet zunächst kein entsprechender Aufdruck statt. Dieser erfolgte erst ein Jahr später. Den Start machte 1936 das damals bereits auf dem Markt etablierte Kaliber Junghans J80 und die kleinere Schwester J81. Grundsätzlich waren die Meisteruhren technisch hochwertiger ausgestattet. Die Uhren mit dem Kaliber J80 und J81 zeigen im Vergleich zu den Standardmodellen eine Nivarox Spirale, Stahlanker und Stahlankerrad.
Im Jahr 1936 wird das ab jetzt obligatorische Prädikat „Meister" stolz auf dem Zifferblatt der bestausgestatteten Armbanduhren eingeführt. Obwohl die bis dahin hochwertigste Linie, die Meisterlinie, durch die chronometergeprüften Zeitmesser abgelöst wurde, behält Junghans die Meisterlinie bis heute.

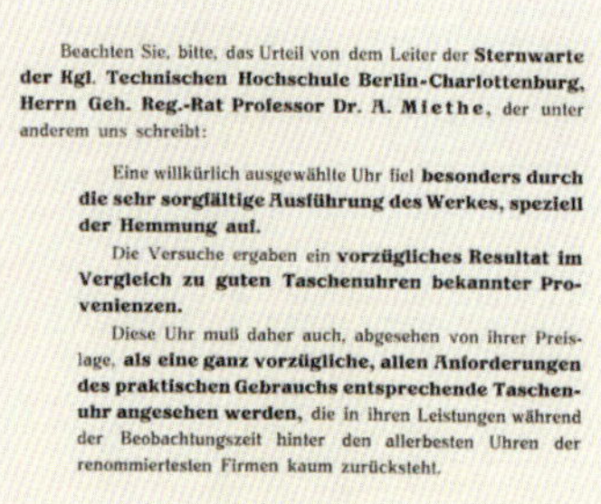
Beachten Sie, bitte, das Urteil von dem Leiter der **Sternwarte der Kgl. Technischen Hochschule Berlin-Charlottenburg, Herrn Geh. Reg.-Rat Professor Dr. A. Miethe**, der unter anderem uns schreibt:

Eine willkürlich ausgewählte Uhr fiel **besonders durch die sehr sorgfältige Ausführung des Werkes, speziell der Hemmung auf.**

Die Versuche ergaben ein **vorzügliches Resultat im Vergleich zu guten Taschenuhren bekannter Provenienzen.**

Diese Uhr muß daher auch, abgesehen von ihrer Preislage, **als eine ganz vorzügliche, allen Anforderungen des praktischen Gebrauchs entsprechende Taschenuhr angesehen werden**, die in ihren Leistungen während der Beobachtungszeit hinter den allerbesten Uhren der renommiertesten Firmen kaum zurücksteht.

Junghans Katalog 1915

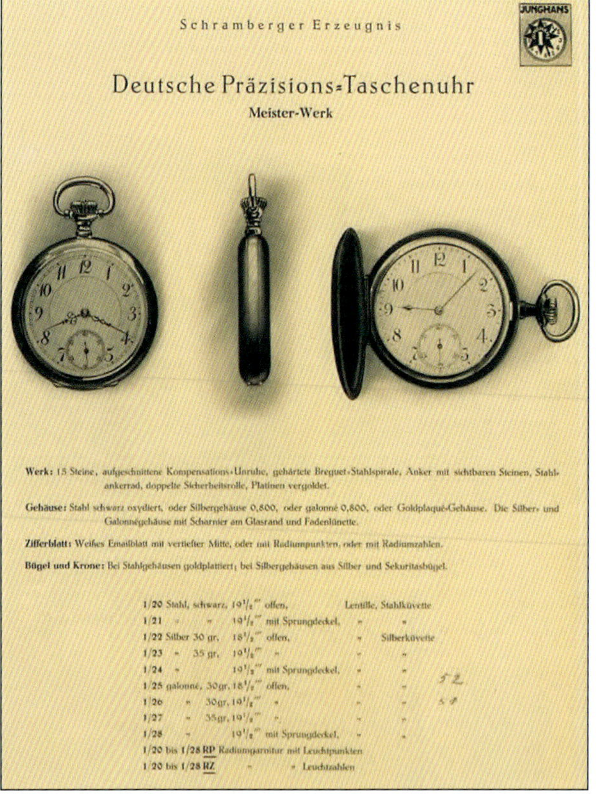
Schramberger Erzeugnis

Deutsche Präzisions-Taschenuhr

Meister-Werk

Werk: 15 Steine, aufgeschnittene Kompensations-Unruhe, gehärtete Breguet-Stahlspirale, Anker mit sichtbaren Steinen, Stahlankerrad, doppelte Sicherheitsrolle, Platinen vergoldet.

Gehäuse: Stahl schwarz oxydiert, oder Silbergehäuse 0,800, oder galonné 0,800, oder Goldplaqué-Gehäuse. Die Silber- und Galonnégehäuse mit Scharnier am Glasrand und Fadenlünette.

Zifferblatt: Weißes Emailblatt mit vertiefter Mitte, oder mit Radiumpunkten, oder mit Radiumzahlen.

Bügel und Krone: Bei Stahlgehäusen goldplattiert; bei Silbergehäusen aus Silber und Sekuritasbügel.

1/20	Stahl, schwarz,	19 1/2'''	offen,	Lentille,	Stahlküvette
1/21	" "	19 1/2'''	mit Sprungdeckel,	"	"
1/22	Silber 30 gr,	18 1/2'''	offen,	"	Silberküvette
1/23	" 35 gr,	19 1/2'''	"	"	"
1/24	"	19 1/2'''	mit Sprungdeckel,	"	"
1/25	galonné, 30gr,	18 1/2'''	offen,	"	"
1/26	" 30gr,	19 1/2'''	"	"	"
1/27	" 35gr,	19 1/2'''	"	"	"
1/28	"	19 1/2'''	mit Sprungdeckel,	"	"

1/20 bis 1/28 RP Radiumgarnitur mit Leuchtpunkten
1/20 bis 1/28 RZ " " Leuchtzahlen

Im Junghans Katalog von 1920 findet schließlich der Begriff „Meister" Einzug. Kaliber Junghans J13

eschmackliche und qualitative Veredlung!" Forderungen, die aus einer neuen geistigen Haltung heraus von maßgebender Seite mit bewußt hartnäckiger Eindringlichkeit an die Erzeugung von Möbeln und sonstigem Hausrat gestellt werden, mußten auch zu einer Reform in der Gestaltung und in der Konstruktion unserer Uhren führen.
Wir sind dieser Entwicklung freudig gefolgt. Ein Stab von Technikern, Künstlern und geschulten Arbeitskräften arbeitet ständig an der Verbesserung der Junghans-Uhren.
Um nun auch für anspruchsvolle Uhrenkäufer etwas Außergewöhnliches zu bieten und um gleichzeitig unsere hohe Leistungsfähigkeit zu beweisen, haben wir neben unserer normalen Junghans-Kollektion eine Meisterserie ausgearbeitet, welche den höchsten Anforderungen in künstlerischer und qualitativer Hinsicht entspricht.
Von Meisterhand entworfen, von Meistern der Uhrmacherkunst und des Gehäusebaues mit besonderer Sorgfalt gearbeitet, geben wir diesen Stücken die Bezeichnung:

JUNGHANS
Meister

Möge der vorliegende Katalog, auch eine Meisterarbeit der Buchdruckerei, unseren Fachfreunden eine wertvolle Hilfe im Verkauf der schönen Stücke sein. Wir überreichen das Heft mit der Bitte, unsere Bestrebungen, das Ansehen unseres Faches durch beste Wertarbeit zu heben, durch eine wohlwollende Aufnahme der Junghans-Meisterklasse zu unterstützen.

Junghans

UHRENFABRIKEN GEBRÜDER JUNGHANS A.-G.
SCHRAMBERG (WÜRTTEMBERG)

Die Junghans-eigene Definition des Begriffes „Meister" im Junghans Katalog von 1938

Der Schriftzug „Meister" ist hier im Schrifttypus „Fraktur" geschrieben, die ihren Ursprung in der Gotik und als solche im Schrifttypus „Textura" hat, die im Mittelalter für besonders kunstvoll geschriebene Codices reserviert war. Junghans wandte typografisch richtig das lange S an, für heutige Lesegewohnheiten mag dies ungewohnt erscheinen. Die beiden horizontalen Begleitstriche sind eine Zutat, um vielleicht eine Art „Logo" zu kreieren. Junghans Katalog 1938

Junghans J80/4; Junghans 680.72 Meister

Datenblatt Junghans J80 Meister

Kaliber	**Junghans J80/4 Meister** **Junghans 680.72**
Durchmesser (Linien)	10 ½ '''
Produktionszeit Werk	1935–1949
Hemmungsgruppe	Schraubenunruh
Feinregulierung	einfacher Rückerzeiger
Stoßsicherung	ohne
Stückzahl	unbekannt
Steine	15
Halbschwingungen (A/h)	18.000
Besonderheiten	polierter Stahlanker und Stahlankerrad

PAGE, ANCRE, UND EHR CHRONOMETRE UND EINE PROVITA EXTRA PRECISION | 8.2

In der Vorkriegszeit beschäftigten sich neben den großen Branchenführern auch mehrere kleinere deutsche Hersteller mit dem Thema Präzisionsarmbanduhr.
Es finden sich aus dieser Zeit diverse Uhren mit dem Aufdruck „Chronometre", mal mit französischem Accent Grave auf dem ersten è geschrieben, mal ohne.
Keine dieser Uhren dürfte an einem Observatorium oder einer offiziellen Prüfanstalt geprüft worden sein. Es reichte, wenn die damalige Vorgabe erfüllt wurde, dass „eine Uhr ein Gangzeugnis erhalten könnte", aber nicht zwingend musste.
Die meisten dieser Uhren sind mit einer kleinen Sekunde ausgestattet und sind technisch zwar mit Qualitätsankerwerken versehen, sonst sind jedoch keine weiteren Merkmale für Präzisionsuhren zu finden.

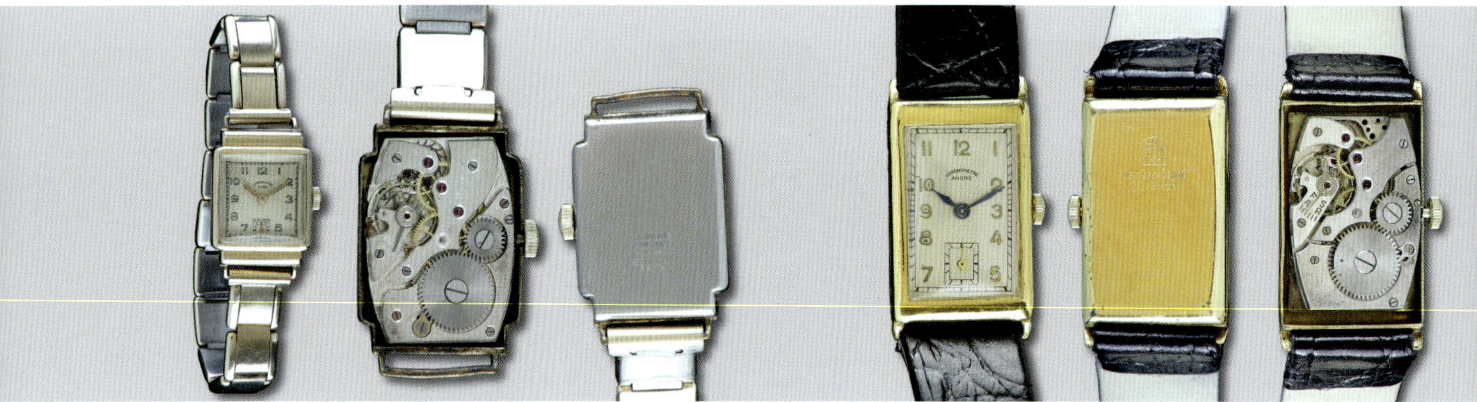

Page Chronometre mit Kaliber PUW 500; um 1940

Ancre Chronometre, vermutlich von der Firma Wagner in Pforzheim mit Kaliber ETA 717

Datenblatt Page Chronometre

Kaliber	**PUW 500**
Durchmesser (Linien)	8 ¾ x 12'''
Produktionszeit Werk	1933–1958
Hemmungsgruppe	Schraubenunruh
Feinregulierung	einfacher Rückerzeiger
Stoßsicherung	ohne
Stückzahl	wenige Hundert
Steine	15
Halbschwingungen (A/h)	18.000
Besonderheiten	

Datenblatt Ancre Chronometre

Kaliber	**ETA 717**
Durchmesser (Linien)	8 ¾ x 12'''
Produktionszeit	~ 1940
Hemmungsgruppe	Schraubenunruh
Feinregulierung	einfacher Rückerzeiger
Stoßsicherung	ohne
Stückzahl	wenige Hundert
Steine	16
Halbschwingungen (A/h)	18.000
Besonderheiten	

Ehr Chronometre

Auch dieser Ehr Chronometre, von Karl Ehrmann aus Pforzheim mit AS 1147, stellt eine Besonderheit dar. Das Werk ist die Zentralsekundenversion des AS 1130 und stellt seine Zentralsekunde durch das sehr speziell gestaltete Zifferblatt heraus, das eine gestalterische Anlehnung an die B-Uhren des Baumusters A vermuten lässt.

Ehr Chronometre mit AS 1147

Datenblatt Ehr Chronometre

Kaliber	**AS 1147**
Durchmesser (Linien)	13'''
Produktionszeit	~ 1940
Hemmungsgruppe	Schraubenunruh
Feinregulierung	einfacher Rückerzeiger
Stoßsicherung	ohne
Stückzahl	wenige Hundert
Steine	15
Halbschwingungen (A/h)	18.000
Besonderheiten	aufgedruckte Skala auf Platine zifferblattseitig

Provita Extra Precision mit Phenix 110

Datenblatt Provita

Kaliber Provita extra Precision	**Phenix 110**
Durchmesser (Linien)	10 ½'''
Produktionszeit	~ 1935
Hemmungsgruppe	Glucydur Unruh
Feinregulierung	einfacher Rückerzeiger
Stoßsicherung	ohne
Stückzahl	wenige Hundert
Steine	15
Halbschwingungen (A/h)	18.000
Besonderheiten	spezielle „Olifix" Ölhalterungen; gepresste Chatons; Zierschliffe

Die Provita Extra Precision mit dem Kaliber Phenix 110 ziert sich zwar mit keinem Chronometre, verfügt jedoch bereits über eine Beryllium-Bronze/Glucydur Unruh, außerdem über eine spezielle „Olifix" Ölhalterung, gepresste Chatons und Zierschliffe.

8.3 | DR. KURTZ

Die Uhren des Dr. jur. Kurtz, des ehemaligen Geschäftsführers der UROFA AG, nehmen in der Produktion der deutschen Qualitätsuhren eine Sonderstellung ein und verdienen daher eine besondere Erwähnung, auch wenn keine offizielle Chronometerprüfung stattfand. Als erster deutscher Uhrenproduzent nutzte Kurtz nach dem Krieg eine Breguet-Spirale in einer Drei-Zeigeruhr und die Uhren wurden in sechs Lagen justiert, können sich also mit Fug und Recht schon fast in die Riege der Chronometer einreihen. Die erste Produktionsstätte firmierte noch im unterfränkischen Memmelsdorf, einem Ortsteil von Untermerzbach in der Nähe von Coburg, und 1949 zog es Ernst Kurtz in die Nähe eines Ballungszentrums der Uhrenindustrie nach Baden-Württemberg, genauer gesagt nach Schwäbisch Gmünd, um 1951 einen endgültigen Firmenstandort in der Nähe von Ganderkesee in Niedersachsen zu finden.
Aufgrund der hohen Qualität der Werke scheute sich Kurtz nicht, die Uhren zu prüfen, und unterzog diese einer eigenen Prüfung über mehrere Tage und einer Regulierung in sechs Lagen. Damit gehörten die Uhren zur absoluten Spitzenklasse der ganggenauesten Uhren der frühen Nachkriegszeit.

Aus der Neuen Uhrmacher Zeitung 1951/6:
… Da das Kaliber K 25 speziell als Präzisionsuhr gedacht ist, wird eine Breguetspirale verwendet. Es handelt sich um eine 87er Kurve. Durch die relativ große Bauhöhe ist genügend Platz für eine solche Spirale vorhanden. Dies im Gegensatz zu anderen Kalibern, die nicht zuletzt deshalb auf die Kurvenspirale verzichten müssen, was zu der allerdings nicht ganz berechtigten Annahme führte, die Breguetspirale sei überholt. Es stimmt schon, die Gangergebnisse, die man heute mit flachen Spiralen erzielt, sind beachtlich; aber nur die Breguetspirale gewährt das Maß an Isochronismus, das bei den sehr verschiedenen Schwingungsbögen einer Armbanduhrunruh auch auf längere Zeit, also bei Verschmutzung und dgl., die ursprüngliche Genauigkeit aufrechterhält. Die Spirale selbst ist eine Nivarox 1 mit einem Temperaturkoeffizienten von 0 bis zu einer Sekunde. …
Zur Reglage: … *Anschließend wird das Werk auf dem Vibrografen in sechs Lagen geprüft. Gröbere Schwerpunktfehler werden beseitigt. Als wichtigster Teil der Reglage schließt sich hieran die 24-Stunden-Beobachtung in jeder der sechs Lagen, in welchen das Werk geprüft wird. Alle Ergebnisse werden notiert. Erst aus dem so gewonnenen Gesamtbild zieht der Regleur auf Grund seiner langjährigen Erfahrung die erforderlichen Schlüsse. Feinste Schwerpunkte werden beseitigt und dadurch Lagendifferenzen auf ein geringes Maß herabgedrückt. Die so regulierten Werke werden im Gehäuse erneut einer mehrtägigen Prüfung in den Lagen unterzogen und sind dann soweit, daß sie ihren Weg zum Uhrmacher antreten können. …*

Das Kaliber 25 wurde zwischen 1948 und 1953 gebaut. Die Uhren mit einem Werkdurchmesser von 11 Linien besitzen eine Schraubenunruh mit Gewichtsschrauben und haben 16 Funktionssteine. Erste Versionen waren noch ohne Stoßsicherung ausgestattet. Zunächst hatte Kurtz Bedenken, eine Stoßsicherung könnte sich negativ auf die Präzision auswirken, doch schon bald wurde eine Super-Shock-Resist-Monobloc Stoßsicherung eingebaut und die Lagersteine des Räderwerks erhielten zusätzlich ein Chatonlager. Auch die Form der Brücken änderte sich. Kurtz pflegte Geschäftsbeziehungen zu verschiedenen anderen Uhrenherstellern, unter anderem zu Arctos aus Pforzheim, die

Kurtz Glashütter Tradition, Kaliber 25 mit Breguet-Spirale

eine Beteiligung von 20 % an der UROFA hielten. Das dürfte der Grund gewesen sein, weshalb in manchen Arctos Elite Uhren ähnlich regulierte Werke aus Kurtzscher Produktion verbaut sind. Auch bei der Kooperation zwischen Kurtz und Adolf Rapp, der seine Uhren später ADORA nannte, dürfte die räumliche Nähe ausschlaggebend gewesen sein: In der Schwäbisch Gmünder Zeit nutzte Rapp die Werke von Kurtz in seinen „Rapp“ Uhren.
Bedingt durch den hohen Verkaufspreis von ca. 100,- DM waren die Verkaufszahlen entsprechend gering und die Produktion lief nur bis 1953.
Das Werk wurde in zwei Varianten gefertigt, mit kleiner Sekunde, als Kaliber 25.1, und mit zentraler Sekunde als Kaliber 25.

Kurtz Glashütter Tradition, Kaliber 25.1

Kurtz Glashütter Tradition, Kaliber 25 (erste Version)

Kurtz Glashütter Tradition, Kaliber 25 (zweite Version)

Datenblatt Kurtz

Kaliber	**K 25 (Zentralsekunde)**
Durchmesser (Linien)	11'''
Produktionszeit	1948–1953
Hemmungsgruppe	Schraubenunruh; Breguet-Spirale
Feinregulierung	einfacher Rückerzeiger
Stoßsicherung	ohne, später Super-Shock-Resist-Monobloc
Stückzahl	einige Tausend
Steine	16
Halbschwingungen (A/h)	18.000
Besonderheiten	späte Modelle mit Chatons

Kaliber	**K 25.1 (kleine Sekunde)**
Durchmesser (Linien)	11'''
Produktionszeit	1948–1953
Hemmungsgruppe	Schraubenunruh; Breguet-Spirale
Feinregulierung	einfacher Rückerzeiger
Stoßsicherung	ohne, später Super-Shock-Resist-Monobloc
Stückzahl	wenige Tausend
Steine	16
Halbschwingungen (A/h)	18.000
Besonderheiten	späte Modelle mit Chatons

GLASHÜTTER UHRENBETRIEBE GUB 28 UND 28.1 | 8.4

Die Kaliber GUB 28 (kleine Sekunde) und GUB 28.1 (Zentralsekunde), die eine maßstäbliche Verkleinerung des Kalibers 48.1 aus den B-Flieger- und Deckuhren sind, wurden in den Jahren zwischen 1948 bis 1957 hergestellt. In dieser Zeit entstanden ca. 22.000 Stück.

Ab 1948 wurden diese Uhren von VEB Mechanik Lange & Söhne gefertigt, übergangsweise mit GUB auf dem Zifferblatt und VEB Lange Werkspunze, schlussendlich ab 1951 waren sie nur noch mit GUB und ebenfalls mit dem damals höchsten Gütesiegel Q der DDR ge-

Lange VEB Glashütte, Kaliber GUB 28.1, Güteuhr. Foto: André Born

Datenblatt Glashütter Uhrenbetriebe (GUB) Lange & Söhne VEB

Kaliber	**GUB 28.1 (Zentralsekunde)**
Durchmesser (Linien)	12 ½'''
Produktionszeit	1951–1957 (1948–1951 Mechanik Lange & Söhne VEB)
Hemmungsgruppe	monometallische Schraubenunruh (16 Schrauben); antimagnetische Flachspirale
Feinregulierung	einfacher Rückerzeiger
Stoßsicherung	ohne
Stückzahl	ca. 17.000
Steine	16
Halbschwingungen (A/h)	18.000
Besonderheiten	teilweise Goldchatons

Kaliber	**GUB 28 (kleine Sekunde)**
Durchmesser (Linien)	12 ½'''
Produktionszeit	1948–1957
Hemmungsgruppe	monometallische Schraubenunruh (16 Schrauben); antimagnetische Flachspirale
Feinregulierung	einfacher Rückerzeiger
Stoßsicherung	ohne
Stückzahl	ca. 5.000
Steine	15
Halbschwingungen (A/h)	18.000
Besonderheiten	teilweise Goldchatons

markt. Unter der monometallischen Unruh lässt sich eine eingeprägte Werknummer erkennen, das 12 ½ Linien große Werk (= 28 mm Durchmesser, daher Kaliber 28) ist nicht stoßgesichert, die Werksteile sind körnig versilbert und Kron- und Sperrrad sind mit Glashütter Sonnenschliff verziert.

Die Werkabgabepreise für den Großhandel beliefen sich auf 137,- bis 168,- DM (DDR), für die seltenen 585 Goldmodelle in Pforzheimer Importgehäusen war 1953 die für die damalige Zeit enorme Summe von 925,- DM (DDR) an das Werk zu entrichten.

GUB 28.1 Güteuhr

BIFORA | 8.5

Bifora Spezial B103 und B111

Beim größten reinen Armbanduhrenhersteller in Schwäbisch Gmünd war man sicherlich über die Absichten der Schramberger Firma Junghans, Armbanduhrenchronometer ins Programm aufnehmen zu wollen, informiert. Als klarer Mitbewerber durfte der schwäbische Hersteller Bidlingmaier den neuen Trend nicht verschlafen und unternahm erste Versuche in Richtung Präzisionsuhr Anfang der 50er Jahre.
Uhren der Marke „B“ (im Kreis) *Spezial* wurden ab 1951 bis 1952 mit dem Bifora-eigenen 10 ½ - linigen Werk B103, mit kleiner und Zentralsekunde angeboten, dessen Konstruktion sich seit 1941 bewährte.
Die Platinen sind rotvergoldet, die Werke besitzen 17 Steine und eine *Super-Shock-Resist* Stoßsicherung, ab 1953 wurden die Werke vom ebenfalls rotvergoldeten 11 ½ Linien großen B111, das nur mit Zentralsekunde gebaut wurde, abgelöst.
Auch erste DUGENA *Precision* Uhren wurden mit diesem Werk von Bidlingmaier ausgerüstet. In den DUGENA Uhren ist die Werksvergoldung gelb gehalten.
Ab 1955 wurde bei Bifora die Reihe *Spezial* durch die Reihe *Unima* mit dem Kaliber 120 abgelöst.

Bifora Special B103 S

Bifora Special B103, Variante mit two-tone dial, Sammlung Dieter Schullerus

Bifora Special B103

Bifora Special B111

Datenblatt Bifora Spezial

Kaliber	**Bifora 103 (kleine Sekunde und Zentralsekunde)**
Durchmesser (Linien)	10 ½ '''
Produktionszeit	1951–1952
Hemmungsgruppe	Nickel-Schraubenunruh; Nivarox Spirale
Feinregulierung	einfacher Rückerzeiger
Stoßsicherung	Super-Shock-Resist
Stückzahl	einige Tausend
Steine	16 (kleine Sekunde) 17 (Zentralsekunde)
Halbschwingungen (A/h)	18.000
Besonderheiten	

Kaliber	**Bifora 111 (Zentralsekunde)**
Durchmesser (Linien)	11 ½ '''
Produktionszeit	1953–1955
Hemmungsgruppe	Nickel-Schraubenunruh; Nivarox Spirale
Feinregulierung	einfacher Rückerzeiger
Stoßsicherung	Bifora Bi-Shock
Stückzahl	einige Tausend
Steine	17
Halbschwingungen (A/h)	18.000
Besonderheiten	

DIE DEUTSCHEN ARMBANDCHRONOMETER NACH 1952

9

Die Schwarzwälder Uhrenindustrie mit Hauptaugenmerk auf Furtwangen, die zwischen 1800 und 1850 ausschließlich im Hausgewerbe produzierte und kurz darauf zunächst aus der Bijouterie vorwiegend Gehäuse für die Schweizer Uhrenhersteller baute, schuf lange kaum Kleinuhren. Im Sächsischen Glashütte waren zu dieser Zeit bereits die Kompetenz und die konstruktive Fähigkeit für den Bau hochqualitativer Präzisionstaschenuhren vorhanden. Die Schwarzwälder Hersteller folgten rasch, beispielsweise Junghans Anfang des 20. Jahrhunderts.

Bei den Standard-Armbanduhrwerken waren alle deutschen Armbanduhrenwerk- und Uhrenhersteller in der Zeit zwischen den Kriegen auf die Grundkonstruktionen der Hersteller aus der Schweiz angewiesen, und bei fast allen frühen Kalibern aus den 1920er und frühen 1930er Jahren lässt sich klar der Werkaufbau der Eidgenossen erkennen. Die Seele der deutschen Armbandkonstrukteure konnte mit dieser Tatsache vermutlich nur bedingt leben, und unmittelbar nach dem verlorenen Zweiten Weltkrieg war man sowohl auf west- als auch auf ostdeutscher Seite sehr bestrebt, international wieder Fuß zu fassen und zu beweisen, dass man den technischen Anschluss nicht verloren hatte und sich mit den Topprodukten aus der Schweiz messen konnte.

Bis dahin war die deutsche Armbanduhrenindustrie eher Massenhersteller braver, verlässlicher Gebrauchsuhren für den Normalverdiener, doch zunehmend rückte das Thema Präzision als das eigentlich wertgebende Attribut einer Uhr den deutschen Firmen immer mehr ins Bewusstsein.

Manche Uhrenfirmen nutzten zugekaufte Werke, hauptsächlich aus eidgenössischer Produktion, wenige aus der Bundesrepublik oder aus Japan, andere schufen Manufakturchronometer.

Die ersten Taschen- und Armbanduhrenchronometer wurden traditionell noch am Deutschen Hydrographischen Institut (DHI) in Hamburg getestet und zertifiziert, und die Uhren stammten vornehmlich aus den Uhrmacherschulen. Die getesteten Zahlen lagen im Jahr 1950 noch bei unter hundert eingereichter Uhren.

Und so war es in der Nachkriegszeit für verschiedenste deutsche Uhrenhersteller erstrebenswert, eine geprüfte Armbanduhr im Programm zu haben, die die damals noch geringfügig leichter zu schaffende Chronometernorm erfüllte. Für einige Hersteller schien es eher aus Gründen des Marketings erstrebenswert gewesen zu sein, als sich als Chronometerhersteller auf dem umkämpften Markt zu positionieren. Ernsthafte Produktionszahlen schuf letztlich nur Junghans, die zwischenzeitlich nach Omega und Rolex drittgrößter Chronometerhersteller weltweit waren, und der ostdeutsche Hersteller VEB Glashütter Uhrenbetriebe. Auch Porta, Kienzle, Laco und Bifora starteten mit einer Serienproduktion. Ganz andere Stückzahlen lieferten die Uhrenhersteller aus der Schweiz. Omega produzierte alleine im Jahr 1964 ca. 137.000 Chronometer und damit mehr geprüfte Uhren als alle deutschen Chronometerhersteller zwischen 1951 und 1981 zusammen.

Ein Uhrenhersteller alleine hätte gereicht, die gesamte Geschichte der Armbandchronometer zu erzählen – das Schramberger Traditionsunternehmen Junghans.

Nur ein Hersteller schaffte es in Deutschland, die gesamte Hochphase der Chronometerprüfungen bis zur Zwangspause der Prüfungen, ausgelöst durch die Quarzkrise Ende der 1970er Jahre, dem Markt durchgehend Armbandchronometer zu offerieren – die Firma Junghans aus dem Schwarzwald.

Den Start einer seriellen Chronometerproduktion, die ein höchstes Maß an Präzision in der Herstellung erfordert, machte Junghans im Jahr 1951, in dem ca. 200 besonders genau regulierte Vorserienmodelle des Kalibers Junghans J82 an die Physikalisch-Technische Bundesanstalt (PTB) nach Braunschweig geschickt wurden.

Spätestens ab 1952 beschäftigte sich Helmut Junghans mit der Frage der Chronometerprüfungen und der Erteilung eines amtlichen Gangscheines durch das Landesgewerbeamt (LGA) in Stuttgart. Dies belegt ein Schreiben vom 01.07.1952 an das LGA.

Anfang des Jahres 1954 ist die Uhrenprüfstelle des LGA in Stuttgart als Außenstelle der PTB in Braunschweig bereits in Planung, Ende des Jahres 1954 waren die Arbeiten abgeschlossen und am 04. Januar 1955 nahm die Prüfstelle des LGA ihre Arbeit auf. Am 13.12.1954 schreibt Kurt von Zeppelin (Mitglied der Geschäftsführung bei Junghans) noch beide Einrichtungen an, um auf die Prüfgebühr Einfluss zu nehmen, und hofft auf 2,- DM pro Uhr. Als übergeordnete Einrichtung antwortet die Braunschweiger Bundesanstalt, dass versucht werde, das Prüfverfahren weiter zu

rationalisieren und, bei entsprechend hohen Stückzahlen von zur Prüfung eingereichten Uhren, die Gebühr zu senken.
Bereits ein Jahr nach Eröffnung, am 03.01.1956, schreibt Helmut Junghans an den Präsidenten des LGA, Herrn Dr. Seifriz:
„Sehr geehrter Herr Präsident Seifriz!
Hiermit gestatte ich mir die höfliche Anfrage, bis wann damit gerechnet werden kann, daß die Uhrenprüfstelle dem zur Prüfung erfreulicherweise sehr stark anwachsenden Anfall von Chronometern zeitlich wird gerecht werden können?
Durch den Umstand, daß die Uhrenprüfstelle mit Prüfungen nicht mehr genügend nachkommt, ist z.B. meine Firma gezwungen, einen größeren Teil ihrer Chronometer ohne Gangschein hinauszugeben, was wiederum beim Fachhandel und im Publikum mit Recht auf Unverständnis stösst.
[...] ... gestatte ich mir die Bitte und den Rat auszusprechen, doch den jetzt entstandenen Eifer der Uhrenfabriken dadurch zu unterstützen, daß die Stuttgarter Uhrenprüfstelle raschmöglich in die Lage versetzt wird, allen Anforderungen auch zeitlich befriedigend nachkommen zu können. [...]“
Alleine die Firma Junghans schickte laut Helmut Junghans zu dieser Zeit bereits ca. 100 Uhren täglich zur Prüfung ein. Die Reaktion der Prüfstelle auf Bitten der Firma Junghans war amtstypisch. Laut einem internen Schreiben vom 11.05.1957 wurde festgestellt, dass vom 01. Mai bis zum 11. Mai von Junghans 2.000 Uhren vorgelegt wurden, von Laco 109 und von Bidlingmaier 75 und die Anforderung damit zwar erkennbar über die Leistungsmöglichkeit in personeller Hinsicht hinausging, jedoch trotzdem entschieden wurde, abzuwarten, ob die Anlieferung von zu prüfenden Uhren von Dauer sein würde und gegebenenfalls „die Uhren sich in der Prüfstelle ansammeln sollten“. In gleichem Schreiben wurde eine Erhöhung der Gruppengebühr auf 100,- DM und der Einzelprüfung auf 6,- DM vorgeschlagen (siehe Abb. 11). 1959 wurden auch vom Ausschuss für Lieferbedingungen und Gütesicherung (RAL; ehemals Reichs-Ausschuß für Lieferbedingungen) für die Presse die richtige Verwendung und Nutzung des Begriffes „Chronometer“ erklärt, (siehe Abb. 10).

Helmut Junghans Dr.-Ing. E.h.

Schramberg-Sulgen, d.1.7.1952.
Eckenhof

Herrn Oberregierungsrat
Dr. W ü r t h
S t u t t g a r t
Landesgewerbeamt.

Sehr geehrter Herr Dr.Würth !

In der Frage der Gangscheinprüfung möchte ich Ihre Aufmerksamkeit auf die Ihnen vielleicht noch nicht bekannte Tatsache lenken, dass neuerdings die Schweiz die Bezeichnung einer Uhr mit Chronometer von der Erteilung eines "amtlichen" Gangscheines abhängig macht. Da in Deutschland in einiger Zeit voraussichtlich auch Uhren mit dieser Genauigkeit hergestellt werden, dürfte es nun erheblich wichtiger werden, dass für deutsche Uhren auch die Möglichkeit besteht, in wirtschaftlicher und zweckmässiger Weise zu einem Gangschein zu kommen, der der Bezeichnung Chronometer die erforderliche amtliche Unterlage gibt.

Mit vorzüglicher Hochachtung
Ihr

Schreiben vom 01.07.1952 an das LGA. Foto: Landesarchiv Baden-Württemberg, Abt. Staatsarchiv Ludwigsburg (26)

Physikalisch-Technische Bundesanstalt
– Abteilung I –

Physikalisch-Technische Bundesanstalt (20b) Braunschweig Bundesallee 100 — Fernsprecher: Braunschweig Sammelnummer 20521 Drahtwort: Reichsphysik Braunschweig Fernschreiber: 025422 — Frachtsendungen: Expreßgutsendungen: Watenbüttel bei Braunschweig

Firma
Gebrüder J u n g h a n s AG
Uhrenfabriken
(14b) Schramberg/Württ.
Postschliessfach Nr. 71

Ihre Zeichen	Ihre Nachricht vom	PTB-Zeichen	Tag
23 vZ/A	13.12.54	23166/54 I A/U	10.Januar 1955

Betreff: Prüfungsgebühr für Armbanduhren.

Die zwischen der Bundesanstalt und dem Landesgewerbeamt getroffene Vereinbarung bezieht sich auf die Einrichtung der Uhrenprüfungsstelle und auf Richtlinien zur Durchführung der Prüfung. Wirtschaftliche Fragen, wie die Höhe der Prüfungsgebühren, fallen nicht in den Rahmen dieser Vereinbarung. Daher kann die Bundesanstalt in dieser Hinsicht keinen Einfluss auf das Landesgewerbeamt ausüben.

Obwohl das Prüfungsverfahren schon möglichst wirtschaftlich gestaltet wurde, kann man versuchen, es noch weiter zu rationalisieren, wenn genügend große Stückzahlen von Uhren zur Prüfung eingereicht werden. Die Bundesanstalt wird dann gern bereit seit, das Landesgewerbeamt hierbei zu unterstützen.

Im Auftrage
Rieckmann

(ORR. Dr. E. Rieckmann)

D/An das Landesgewerbeamt
Baden-Württemberg
Stuttgart-N
Kienestr. 18
mit der Bitte um Kenntnisnahme übersandt.

Es wird gebeten, bei Schreiben an die Anstalt persönliche Anschriften zu vermeiden; sie verzögern nur die Erledigung.
Konten: Landeszentralbank Braunschweig 29/1513 – Postscheckkonto Hannover 8305

Schreiben der PTB vom 10.01.955. Foto: Landesarchiv Baden-Württemberg, Abt. Staatsarchiv Ludwigsburg (27)

10 DIE DEUTSCHEN CHRONOMETER-HERSTELLER

10.1 JUNGHANS AUS DEM SCHWARZWALD

Junghans – Chronometerproduzent über Jahrzehnte

Kein weiterer deutscher Armbanduhrenproduzent brachte so viele und so unterschiedliche Chronometer über viele Jahrzehnte auf den Markt wie Junghans, und die Konstruktion von ausgesuchten Uhrwerken, die Junghans zur Beobachtung bei einer offiziellen Prüfstelle vorlegte, hatte lange Tradition. Im Taschenuhrenkatalog von 1915 bereits wirbt Junghans mit einem *„vorzüglichen Resultat im Vergleich zu guten Taschenuhren bekannter Provenienz"*, beurteilt durch den Leiter der Sternwarte der Kgl. Technischen Hochschule Berlin-Charlottenburg, Geh. Reg.-Rat Professor Dr. A. Miethe.

Den Start einer seriellen Chronometerproduktion, die ein höchstes Maß an Präzision in der Herstellung erfordert, machte Junghans im Jahr 1951, indem ca. 200 besonders genau regulierte Vorserienmodelle des Kalibers Junghans J82 an die Physikalisch-Technische Bundesanstalt (PTB) nach Braunschweig geschickt wurden. Vermutlich dauerte die Prüfung bis in das Jahr 1952, und die Schramberger machten sich daran, das Werk so zu verbessern, dass die ersten Serienmodelle des Junghans J82/4 (Kaliberbenennung nach 1962: Junghans 682.74) im ersten Halbjahr des Jahres 1953 auf den Markt gebracht werden konnten. Die ersten Werke waren mit einem 16-steinigen Werk und noch ohne Stoppsekunde ausgestattet. Bereits Ende 1953 wurde das Werk auch mit Stoppsekunde verkauft (Junghans J82/2; Junghans 682.71). Die Kaliber waren mit einer Nivarox Spiralfeder ausgestattet, die die große Glucydur Unruh mit 18.000 Halbschwingungen schwingen ließ. Die Feinregulierung erfolgte über eine sogenannte Sektorverzahnung, Junghans nannte die Feinregulierung in Katalogen

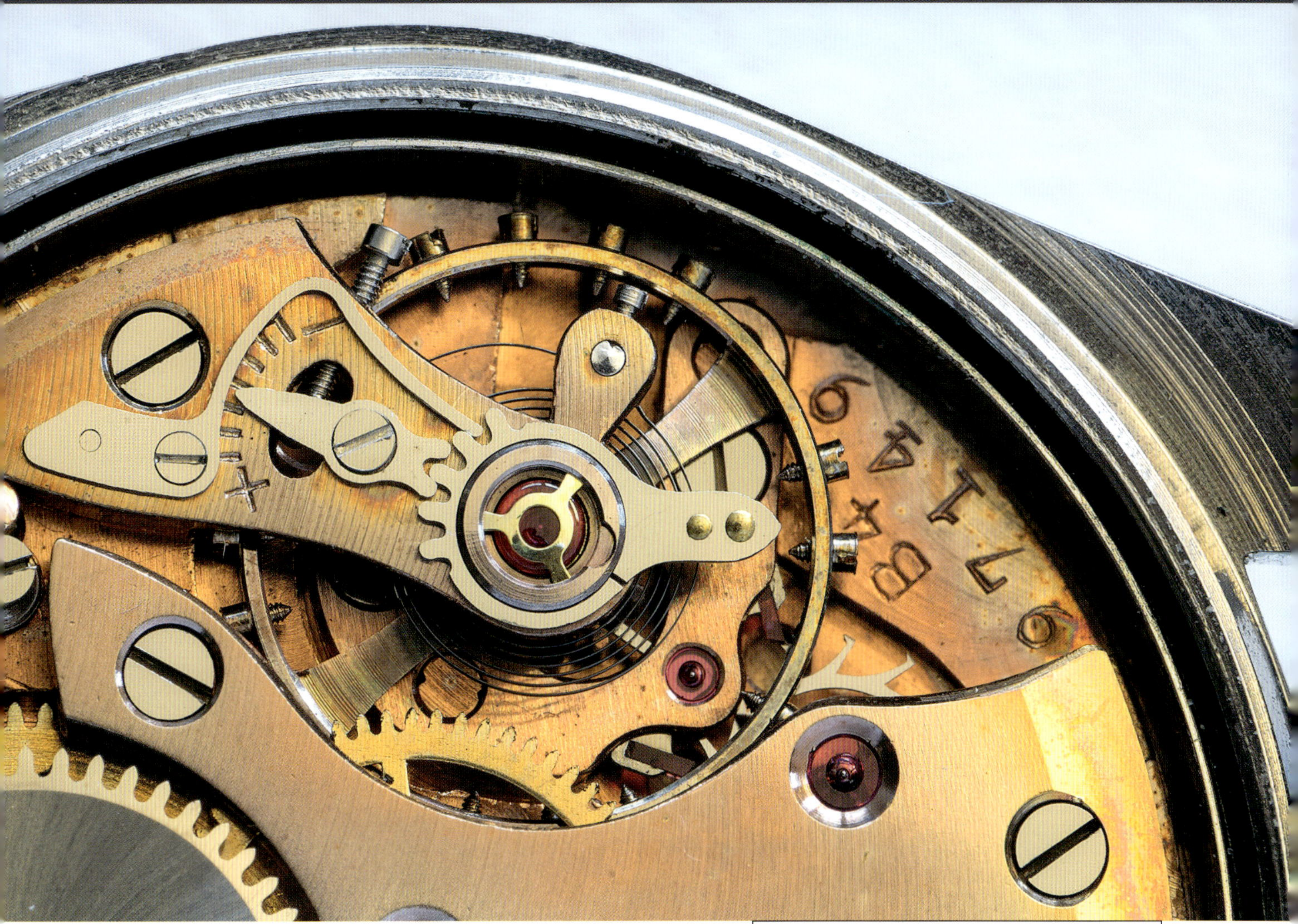

Sektorverzahnung Feinregulierung des Junghans J82/2 (Junghans 682.72)

„Spiralweiser mit erweiterungsfähigem Regulierbereich mit Feinstellschraube". Die Variante mit indirekter Zentralsekunde ließ nicht lange auf sich warten, erste Chronometer, noch ohne Sekundenstopp, wurden Mitte 1953 produziert, und Uhren mit Stoppsekunde folgten unmittelbar (Junghans J82/3; Junghans 682.73). Die letzten Chronometer mit dem Junghans J82 wurden im April 1958 gefertigt.
Junghans überhäufte die Prüfstelle in Stuttgart mit derart großen Mengen an Chronometerprüflingen (1954 bereits 7.000 Stück bei DHI und PTB), dass die Anstalt trotz personeller Aufstockung überfordert war und der Uhrenhersteller

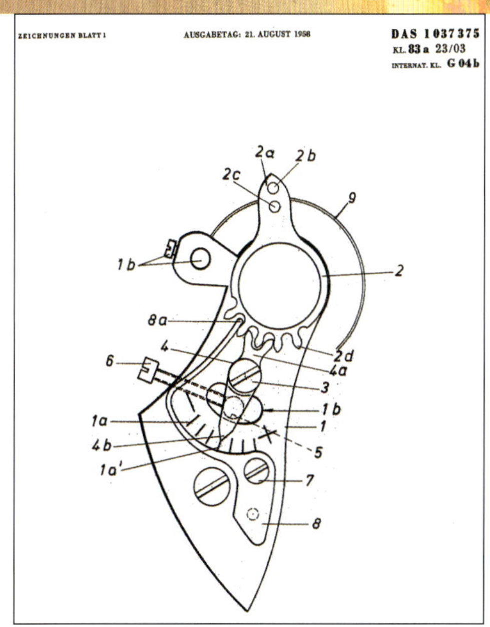
ZEICHNUNGEN BLATT 1

AUSGABETAG: 21. AUGUST 1958

DAS 1037375
KL. 83 a 23/03
INTERNAT. KL. G 04 b

Patent Feinregulierung Sektorverzahnung

aus dem Schwarzwald 1955 notgedrungen sogenannte „Hauszertifikate“ ausstellen musste und anfing, selbst zu prüfen, um einem Absatzverlust vorzubeugen. Dieses Vorgehen stieß bei den Mitbewerbern nicht auf Akzeptanz, und die Firma Porta reagierte prompt mit einer Beschwerde beim LGA in Stuttgart (siehe Abb. 11).
Bereits 1957 startete man bei Junghans die Serienproduktion des ersten automatischen Armbandchronometers in Deutschland, des legendären 12 ½-linigen Junghans J83. Gefertigt wurde das vergoldete Automatik Chronometerwerk von 1957 bis 1964.
Der Rotor bewirkt über einen Zahnradwechsler einen Aufzug in beide Richtungen und sorgt für 40 Stunden Gangreserve. Es gibt verschiedene Entwicklungsstufen. Begonnen hatten die Ingenieure bei Junghans mit einer großen, monometallischen, vergoldeten Beryllium-Bronze Ringunruh mit ursprünglich nur je einer senkrechten Abgleichschraube auf den Unruhschenkeln (Junghans J83, 683.71, mit Datumsanzeige Kaliber Junghans J83/1, 683.72). Spätere Ausstattungen hatten bis zu vier. Es wurde eine Nivarox Flachspirale verbaut. Auf die Nutzung einer Breguet-Spirale verzichtete man zugunsten der niedrigeren Bauhöhe. Durch eine Erhöhung der Halbschwingungszahl der Unruh mit 19.800 Halbschwingungen in der Stunde gab es eine weitere Steigerung der Ganggenauigkeit. Bei der Reglage griff man anfangs auf die beim Junghans J82 bewährte Sektorverzahnung zurück, spätere Versionen trugen eine Schwanenhalsfeinregulierung (Junghans J83/S, 683.73, mit Datumsanzeige: Junghans J83/S, 683.75). Die verbaute Anzahl der Steine variierte auch mit den Entwicklungsstufen von anfangs 28 bis zu den beim Kaliber 683.00 (ohne Datum) und dem 683.02 genutzten 30 Funktionssteinen.
Bei den Handaufzugschronometern aus dem Schwarzwald folgte dem Junghans J82 im Jahr 1960 das Junghans J85 mit einem kleineren Durchmesser von 11 ¼ Linien. Diesmal lag die Zentralsekunde im direkten Kraftfluss, und damit konnte die Werkshöhe dem damaligen Geschmack nach niedrigeren Uhren Rechnung tragen. Ähnlich dem Junghans J83 wurden beim Junghans J85 (Junghans 685.71) eine Nivarox Flachspirale verbaut und anfangs zwei Unruhausgleichsschrauben auf die Schenkel der elektronisch gewuchteten monometallischen Glucydur Unruh geschraubt, bei späteren Entwicklungsstufen (Junghans J85/10, 685.70) wurde auf die Unruhausgleichsschrauben verzichtet, dafür aber das Ankerrad mit einem KIF-Duofix Kombifutter ausgestattet. Alle Kaliber des Junghans J85 tragen eine Schwanenhalsfeinregulierung.
Junghans lieferte im Oktober des Jahres 1962, bedingt durch einen Produktionsrückstand, auf einen Schub so viele Chronometer, dass die Prüfanstalt drohte in Bedrängnis zu kommen und damit das Weihnachtsgeschäft für Junghans zu gefährden. Die Firmenleitung aus Schramberg und der Werkleiter der Abteilung Kleinuhren, Albert Letsche, vereinbarten mit dem LGA in Stuttgart eine Prüfung im eigenen Haus in Schramberg (Abb. 29).
Das Junghans J85 wurde bis 1967 produziert, dann setzte man komplett auf das inzwischen zur Serienreife gelangte J600 mit elektromechanischem Antrieb, aus dem ab Ende 1969 der DATO-CHRON Chronometer hervorging. Das Kaliber Junghans 600.12 wurde in massiven gelb- als auch weißgoldenen Gehäusen angeboten. Mit dem 1978 der Fachpresse vorgestellten Junghans 667.26 Chronometer, dessen Quarz mit 4 MHz schwingt und in 1.185 Uhren tickt, endete 1981 die Herstellung von Chronometern mit kompletter Wertschöpfung im eigenen Hause.
Bis zum Erscheinen des Junghans Tourneur Chronometers mit dem Chronographenkaliber Valjoux 7750 im Jahr 1996 brachte Junghans keine Chronometer auf den Markt. Nach erneuter Pause kommt 2011 unter den jetzigen Besitzern, der Familie Steim, wieder ein zertifiziertes Chronometer auf den Markt, das Automatikkaliber Junghans J820.3 auf Basis des ETA 2892-2.

Uhrenfabriken
Gebrüder Junghans A. G.
Vorstand

Schramberg, 14. 5. 1959
WÜRTTEMBERG
Dr.HJ/Dr.Gl/MDi

An das
Landesgewerbeamt
Baden-Württemberg
z. H. v. Herrn Präsident
Dr. Thuma

(14 a) Stuttgart N
Kanzleistraße 19

Betrifft: Uhrenprüfungen

Sehr verehrter Herr Präsident!

Wir erlauben uns, Ihnen folgende interessante Feststellung mitzuteilen:

In der Schweiz ergab sich laut Mitteilung der "Schweizer Uhr" Nr. 5 vom 1. 3. 1959 folgendes Resultat für die Chronometer-Gangprüfung im Jahr 1958. Daneben haben wir (vertraulich) die im Jahr 1958 bei der Prüfstelle des Landesgewerbeamts geprüften Uhren vermerkt.

	Schweiz	Junghans
Deponierte Uhren	72 000	16 000
Davon bestanden mit Auszeichnung	60 000 = 83%	13 800 = 86%
ohne "	3 500 = 5%	1 400 = 9%
	88%	95%

Die Firmen mit den größten Stückzahlen sind in der Schweiz:

Omega	33 000
Rolex	24 000
Eterna	2 200

Damit ist Junghans nach wie vor mit weitem Abstand der dritt-

- 2 -

Schramberg,
WÜRTTEMBERG

- 2 -

größte Chronometerlieferant.

Zugleich verbinden wir damit unseren Dank für die vorzügliche Arbeit des Landesgewerbeamts und grüßen Sie

mit vorzüglicher Hochachtung
GEBRÜDER JUNGHANS AG.

Schreiben vom 14. Mai 1959, in dem Helmut Junghans die Bedeutung seiner Firma klarstellt, drittgrößter Chronometerhersteller nach Rolex und Omega zu sein. Foto: Landesarchiv Baden-Württemberg, Abt. Staatsarchiv Ludwigsburg (28)

DEUTSCHES HYDROGRAPHISCHES INSTITUT
HAMBURG

PRUFSCHEIN NR. 93

für Armbanduhr J U N G H A N S 16 Rubis Werk Nr. 0 342
Werkdurchmesser 28.0 mm Werkhöhe 4.5 mm Hemmung Schweizer Anker
Spirale Nivarox Unruhe Monometallisch
Einlieferer Gebrüder Junghans A.-G. Schramberg in Schwarzwald

19 52		Lage und Temperatur			Gang	Gangänderung
November	22	Krone	links	20° C	– 1.23	
	23	Krone	links	20° C	– 2.44	1.21
	24	Krone	oben	20° C	– 0.58	
	25	Krone	oben	20° C	– 2.72	2.14
	26	Krone	unten	20° C	– 15.49	
	27	Krone	unten	20° C	– 14.65	0.84
	28	Zifferblatt	unten	20° C	– 13.40	
	29	Zifferblatt	unten	20° C	– 14.42	1.02
	30	Zifferblatt	oben	20° C	– 16.92	
Dezember	1	Zifferblatt	oben	20° C	– 15.14	1.78
	2	Zifferblatt	oben	5° C	– 10.40	
	3	Zifferblatt	oben	20° C	– 14.22	
	4	Zifferblatt	oben	35° C	– 13.52	
	5	Krone	links	20° C	– 0.15	
	6	Krone	links	20° C	– 1.17	
	7					

Ergebnis der Prüfung

Mittlerer täglicher Gang in den fünf Lagen – 9.70
Durchschnittliche tägliche Gangänderung in den fünf Lagen 1.40
Größter Unterschied (Gangänderung) zwischen zwei aufeinanderfolgenden Gängen in der gleichen Lage 2.14
Größter Unterschied zwischen dem mittleren täglichen Gang und einem der Gänge in den fünf Lagen + 9.12
Gangänderung je Grad Celsius – 0.10
Wiederaufnahme des Ganges + 0.67

Die Uhr hat die Prüfung mit dem Vermerk "Besonders gute Gangleistungen" bestanden.

Hamburg, den 7. Dezember 1952

DEUTSCHES HYDROGRAPHISCHES INSTITUT
Im Auftrage
Lange

– Vorgang
+ Nachgang

Der Prüfschein bezeugt dokumentarisch

II

die hohe Gang-Genauigkeit der Junghans-Chronometer, von denen bis zu 80 % die amtliche Prüfung mit Auszeichnung bestanden. Er steht Ihnen auf Wunsch als Fotokopie zur Verfügung, damit Sie ihn beim Verkauf erläutern und auch mal im Schaufenster zeigen können.

Chronometerprüfschein des DHI aus dem Jahr 1952 eines Junghans J82/4, 682.74 mit der Werksnummer 0342. Auszug aus „Junghans – Der gute Stern“, Firma Junghans, 1954

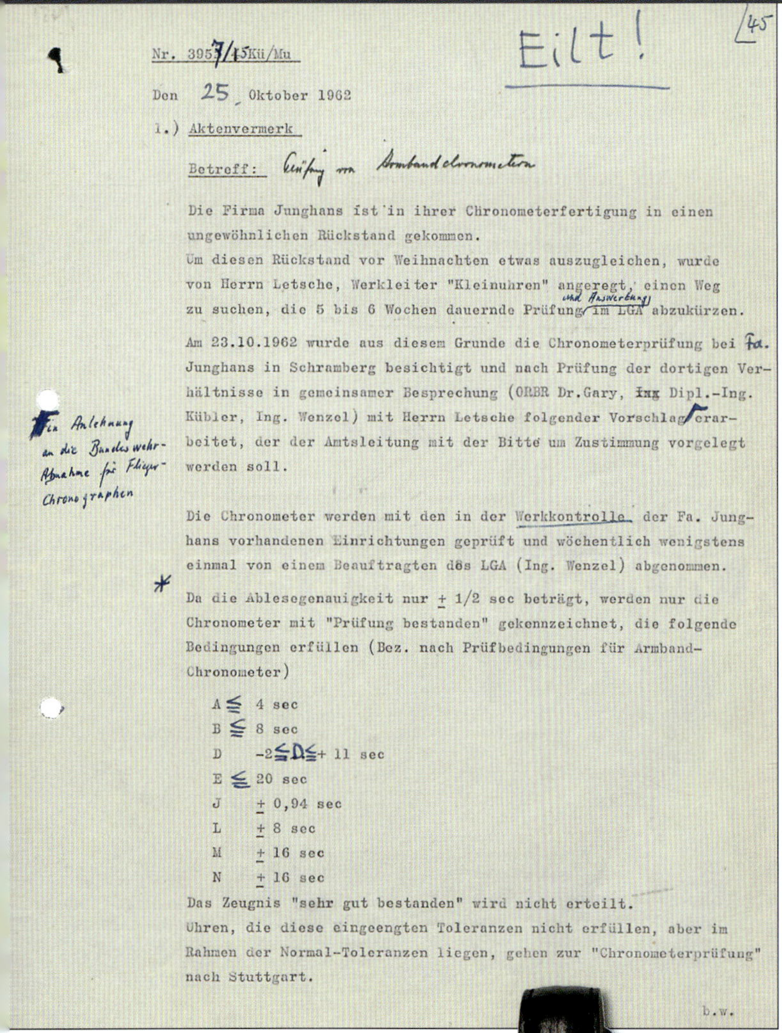

Nr. 3957/45Kü/Mu

Eilt!

Den 25. Oktober 1962

1.) Aktenvermerk

Betreff: Prüfung von Armbandchronometern

Die Firma Junghans ist in ihrer Chronometerfertigung in einen ungewöhnlichen Rückstand gekommen.
Um diesen Rückstand vor Weihnachten etwas auszugleichen, wurde von Herrn Letsche, Werkleiter "Kleinuhren" angeregt, einen Weg zu suchen, die 5 bis 6 Wochen dauernde Prüfung und Auswertung im LGA abzukürzen.

Am 23.10.1962 wurde aus diesem Grunde die Chronometerprüfung bei Fa. Junghans in Schramberg besichtigt und nach Prüfung der dortigen Verhältnisse in gemeinsamer Besprechung (ORBR Dr. Gary, Dipl.-Ing. Kübler, Ing. Wenzel) mit Herrn Letsche folgender Vorschlag erarbeitet, der der Amtsleitung mit der Bitte um Zustimmung vorgelegt werden soll.

Die Chronometer werden mit den in der Werkkontrolle der Fa. Junghans vorhandenen Einrichtungen geprüft und wöchentlich wenigstens einmal von einem Beauftragten des LGA (Ing. Wenzel) abgenommen.

Da die Ablesegenauigkeit nur ± 1/2 sec beträgt, werden nur die Chronometer mit "Prüfung bestanden" gekennzeichnet, die folgende Bedingungen erfüllen (Bez. nach Prüfbedingungen für Armband-Chronometer)

A ≦ 4 sec
B ≦ 8 sec
D −2 ≦ D ≦ + 11 sec
E ≦ 20 sec
J ± 0,94 sec
L ± 8 sec
M ± 16 sec
N ± 16 sec

Das Zeugnis "sehr gut bestanden" wird nicht erteilt.
Uhren, die diese eingeengten Toleranzen nicht erfüllen, aber im Rahmen der Normal-Toleranzen liegen, gehen zur "Chronometerprüfung" nach Stuttgart.

b.w.

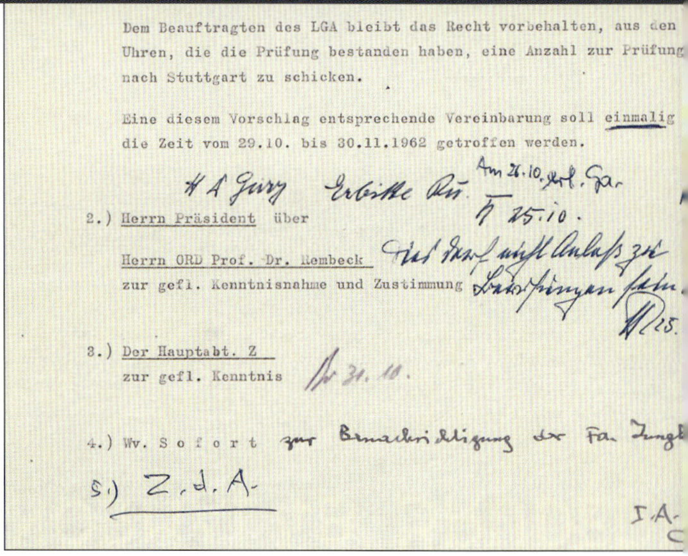

Dem Beauftragten des LGA bleibt das Recht vorbehalten, aus den Uhren, die die Prüfung bestanden haben, eine Anzahl zur Prüfung nach Stuttgart zu schicken.

Eine diesem Vorschlag entsprechende Vereinbarung soll einmalig die Zeit vom 29.10. bis 30.11.1962 getroffen werden.

2.) Herrn Präsident über

Herrn ORD Prof. Dr. Hembeck
zur gefl. Kenntnisnahme und Zustimmung

3.) Der Hauptabt. Z
zur gefl. Kenntnis

4.) Wv. Sofort zur Benachrichtigung der Fa. Junghans

5.) Z. d. A.

I. A.

Aktenvermerk zur Vereinbarung einer kurzfristigen Chronometerprüfung im Hause Junghans aus dem Jahr 1962. Foto: Landesarchiv Baden-Württemberg, Abt. Staatsarchiv Ludwigsburg (29)

Die Grundmodelle der mechanischen Junghans Chronometer

Sehr früher Junghans J82/4, 682.74 Chronometer, noch ohne Sekundenstopp. Das Chronometerzertifikat wurde am 11.05.1953 ausgestellt, die Seriennummer der Uhr lautet 11231, die Gehäusenummer 001314.

Junghans J82/2, 682.71 mit Produktionscode B4, Februar 1954

Junghans J82/3, 682.73

Junghans J83 mit massiv goldenem Band und Gehäuse. Der damalige Kaufpreis der Uhr rangierte über einem vergleichbaren Modell von Omega.

Die neue Junghans-Chronometer-Automatic

Nach langer Erprobung verschiedener Aufzugsysteme und unter Auswertung der Erfahrungen der jetzt 5 Jahre im Gebrauch befindlichen früheren Junghans-Automatic sowie der zahlreichen in den letzten Jahren gelieferten Armband-Chronometer bringt Junghans jetzt einen Armband-Chronometer mit automatischem Aufzug heraus.

Das neue Kaliber J 83 (Abb. 1) ist wie das bewährte Chronometerwerk J 82 ein Kaliber von 28 mm Durchmesser. Die bis ins kleinste ausgefeilte Konstruktion bezweckt besonders eine langfristige Chronometer-Genauigkeit.

Es werden nur Uhren geliefert, die die amtliche Chronometer-Prüfung bestanden haben, wobei auf dem jeweils beiliegenden Zertifikat außer der Werk- und Gehäusenummer auch die amtliche Prüfnummer vermerkt ist.

Die hohe Genauigkeit wird auf die Dauer besonders durch die für eine Automatic außergewöhnlich große Spezialunruh (DBP) gewährleistet, die außerdem noch mit einer erhöhten Schwingungszahl von 19 800 Schwingungen pro Stunde schwingt.

Die Spezialunruh (Abb. 2) mit einer Spirale von der CGS-Nummer 1.32 hat einen Unruhring, der den Platz ebenso günstig ausnützt wie ein schraubenloser Unruhring, da er außen keine Schrauben hat. Für besondere Fälle hat die Unruh jedoch auf den Speichen vertikale Schrauben, die es, falls je einmal erforderlich, gestatten, Zusatzscheibchen anzubringen, mit denen sich die Reglage bis zu ± 3 Minuten pro Tag beeinflussen läßt.

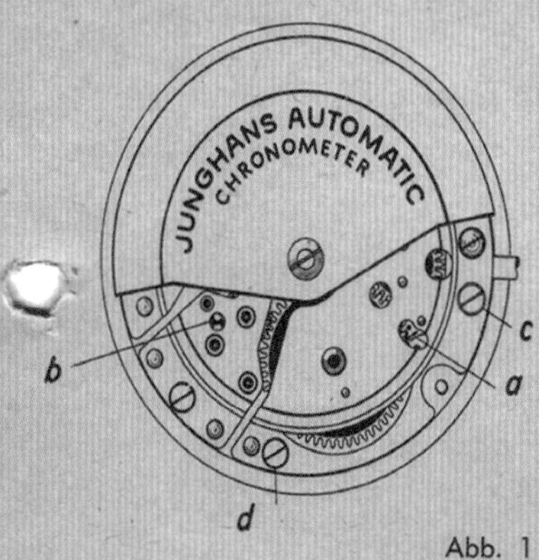

Abb. 1

Zur Feinregulierung dient die bewährte Junghans-Feinstellung mit erweiterungsfähigem Regulierbereich. Die Verstellung der Feinstellschraube um ¼ Umdrehung ergibt eine tägliche Gangänderung von etwa 15 Sekunden.

Die Bruchsicherung der Unruhzapfen gewährleistet die millionenfach erprobte Junghans-Stoßsicherung (DBP), die mit ihren elastischen, konischen Zapfen ohne seitlich bewegte Lagerteile eine besonders genaue Lagerung und gute Oelhaltung gewährleistet.

Das große Federhaus sichert trotz der großen Unruh mit erhöhter Schwingungszahl von 19 800 Schwingungen pro Stunde eine Laufdauer von über 40 Stunden, die ausreichen, auch wenn die Uhr längere Zeit nicht getragen wird, so daß ein Antrieb mit nahezu konstanter Kraft durch die bruchsichere und nichtrostende Spezialzugfeder gewährleistet ist.

Bemerkenswert ist auch das neue Junghans-Bilastic-System zum Antrieb des Mittelsekundenzeigers (Abb. 3). Es besteht aus zwei koaxialen, durch eine dünne Feder F elastisch miteinander gekoppelten Kleinbodenrädern. Das mit dem Kleinbodenradtrieb fest

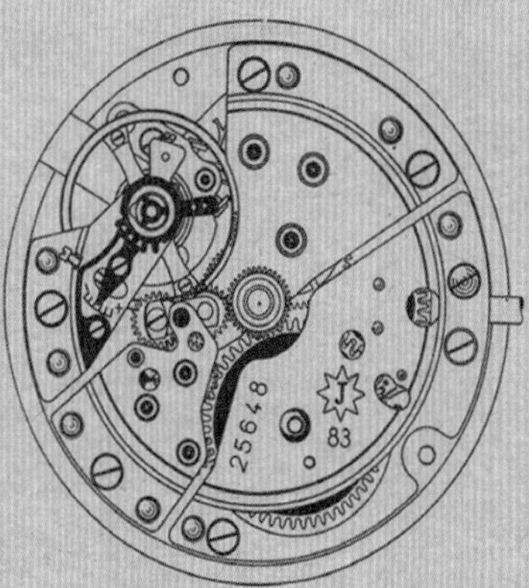

Abb. 2

verbundene, in der Zeichnung unten liegende Rad 1 bewegt indirekt über das vorgespannte Rad 2 das nebengeschaltete Sekundentrieb S in der Pfeilrichtung. Das Sekundentrieb wird so ohne Zahnspiel vorwärts bewegt. Eine Dauerbelastung der meist schwer zugänglichen und heiklen Mittelsekundenlager durch den gesamten Kraftfluß der Uhr wird dadurch vermieden.

Die Uhr ist auch mit der bekannten Junghans-Vorrichtung zum sekundengenauen Einstellen des Sekundenzeigers durch Herausziehen der Aufzugkrone ausgestattet.

Mit besonderer Sorgfalt wurde das Spezialkaliber für den Rotor-Selbstaufzug konstruiert und erprobt. Er ist nicht, wie vielfach üblich, auf das Werk aufgestockt, sondern organisch in die Werksebene eingebaut. Dies ermöglicht trotz einer niederen Gesamthöhe und starker Abflachung einerseits elegante Gehäuse, andererseits die Verwendung kräftiger Räder mit solidem Höhenabstand. Der Fachmann dürfte besonders schätzen, daß damit sämtliche Lagerstellen der Laufwerksräder und des Aufzuges leicht zugänglich sind und ihre Kontrolle auf der Brückenseite ohne Demontage eines Werkteils möglich ist. Interessant ist auch, daß das Federhaus nach Entfernen der Federhausbrücke und ihren Schrauben c und d herausgenommen werden kann, ohne daß am übrigen Werk irgend etwas zu machen ist.

Für den Rotoraufzug selbst wurde nach vielen Dauerversuchen wieder ein Aufzug mit Umkehrwippe gewählt, die die Bewegung des Aufzugpendels über bewährte, solid konstruierte Räderübersetzungen zum Federhaus überträgt. Sämtliche Teile, für deren Dauerleistung es wichtig ist, sind mit Steinen ausgerüstet, so daß die Uhr insgesamt 28 funktionell wirksame Steine besitzt. Die Umkehrwippe ist mit einer Umschaltfeder (DBP) versehen (Abb. 2), die jedoch nur in Funktion tritt, wenn im Laufe der Zeit das Oel etwas verdickt und die Wippe nicht ohne sie sofort umschaltet. Die beiden Sperrkegel ermöglichen es dem Uhrmacher, die Zugfeder zu entspannen, ohne die Uhr aus dem Gehäuse zu nehmen. Hierzu wird die Sperrklinke a (Abb. 1) mit der Pinzette so weit zurückgedrückt, bis sie einrastet. Dann wird die Sperrklinke b, deren Welle übrigens in 2 Lochsteinen gelagert ist, zurückgeführt und die Zugfeder durch Drehen der Aufzugkrone entspannt. Nach dem Abspannen darf nicht vergessen werden, den ausgerasteten Sperrkegel a wieder in seine Ausgangsstellung zu bringen.

Der Handaufzug und der Rotoraufzug werden wie bei der früheren Junghans-Automatic durch ein federloses Gesperr (DBP) gekoppelt.

Die sorgfältig hergestellte, solide Lagerung des Schwermetall-Pendels hat sich gut bewährt.

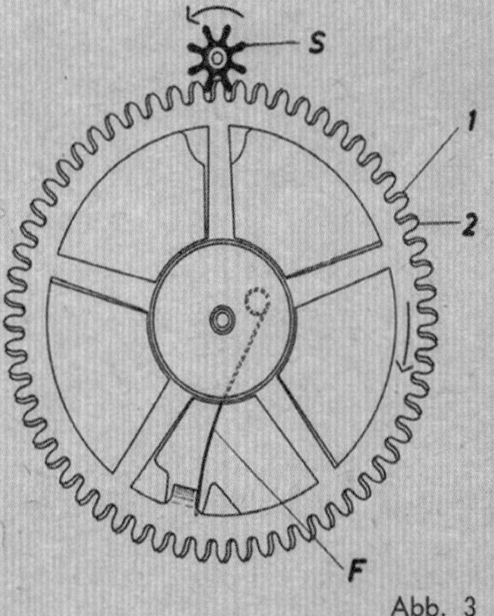

Abb. 3

Es ist wohl selbstverständlich, daß gerade die Herstellung und Prüfung des Materials und der Einzelteile sowie auch die Montage dieser Chronometer-Automatic bei Junghans mit ganz besonderer Sorgfalt unter Verwendung der modernsten Verfahren, wie z. B. Ultraschallreinigung und verschiedener elektronischer Prüfgeräte, erfolgt. So dürfte diese Junghans-Chronometer-Automatic, die durch nicht weniger als 5 erteilte Junghans-Patente geschützt ist, eine Uhr darstellen, die auch höchsten Ansprüchen auf die Dauer gerecht wird.

Vorstellung des Junghans J83 in der Fachpresse

Junghans J83, 683.71 aus dem Jahr 1957 mit einer Abgleichschraube je Unruhschenkel

Junghans J83, 683.71. Foto: Martin Krause

CHRONOMETER

Certificat

DIE JUNGHANS-UHR · THE JUNGHANS WATCH · LA MONTRE JUNGHANS

Werk / movement / mouvement: 11345 — Gehäuse / case / boîte: 85355

wurde in der Uhrenprüfungsstelle des Landesgewerbeamts Baden-Württemberg nach den von der Physikalisch-Technischen Bundesanstalt für die Prüfung von Armband-Chronometern aufgestellten Richtlinien geprüft. Die Uhr hat diese Prüfung, die internationalen Grundsätzen entspricht, mit Erfolg bestanden.

has been tested by the Watch Testing Department of the Landesgewerbeamt Baden-Württemberg in accordance with the regulations issued by the Physikalisch-Technische Bundesanstalt for testing wrist watch chronometers. The watch has successfully passed these tests, which correspond with internationally accepted standards.

a été soumise à des épreuves par le Bureau de Contrôle de la Marche des Montres du Landesgewerbeamt Baden-Württemberg d'après les directives établies par la Physikalisch-Technische Bundesanstalt à l'égard de la vérification de chronomètres bracelet. La Montre a subi avec succès cette épreuve qui correspond à des principes internationaux.

Dieser Armband-Chronometer hat das amtliche Prüfungszeugnis
This wrist watch chronometer has received the official watch rate certificate
Ce chronomètre-bracelet a reçu le bulletin officiel de contrôle
5904258

UHRENFABRIKEN GEBRÜDER JUNGHANS A.G.

Junghans J83/1, 683.72 mit einer Abgleichschraube je Unruhschenkel

Junghans J83/S, 683.75 mit Schwanenhalsfeinregulierung und zwei Abgleichschrauben je Unruhschenkel

CHRONOMETER

Certifical

DIE JUNGHANS-UHR · THE JUNGHANS WATCH · LA MONTRE JUNGHANS

Werk / movement / ouvement	24790	Gehäuse / case / boîte	006701

in der Uhrenprüfungsstelle des Landesgewerbeamts Baden-Württemberg nach den von der Physikalisch-Technischen Bundesanstalt Prüfung von Armband-Chronometern aufgestellten Richtlinien geprüft. Die Uhr hat diese Prüfung, die internationalen Grundsätzen entspricht, mit Erfolg bestanden.

en tested by the Watch Testing Department of the Landesgewerbeamt Baden-Württemberg in accordance with the regulations issued by the alisch-Technische Bundesanstalt for testing wrist watch chronometers. The watch has successfully passed these tests, which correspond with internationally accepted standards.

oumise à des épreuves par le Bureau de Contrôle de la Marche des Montres du Landesgewerbeamt Baden-Württemberg d'après les es établies par la Physikalisch-Technische Bundesanstalt à l'égard de la vérification de chronomètres bracelet. La Montre a subi avec succès cette épreuve qui correspond à des principes internationaux.

ieser Armband-Chronometer hat das amtliche Prüfungszeugnis
is wrist watch chronometer has received the official watch rate certificate
Ce chronomètre-bracelet a reçu le bulletin officiel de contrôle
6202163

UHRENFABRIKEN GEBRÜDER JUNGHANS A.G.

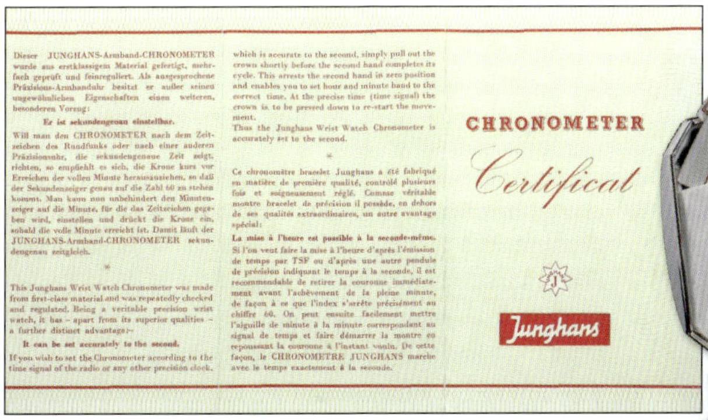

Dieser JUNGHANS-Armband-CHRONOMETER wurde aus erstklassigem Material gefertigt, mehrfach geprüft und feinreguliert. Als ausgesprochene Präzisions-Armbanduhr besitzt er außer seinen ungewöhnlichen Eigenschaften einen weiteren, besonderen Vorzug:

Er ist sekundengenau einstellbar.

Will man den CHRONOMETER nach dem Zeitzeichen des Rundfunks oder nach einer anderen Präzisionsuhr, die sekundengenaue Zeit zeigt, richten, so empfiehlt es sich, die Krone kurz vor Erreichen der vollen Minute herauszuziehen, so daß der Sekundenzeiger genau auf die Zahl 60 zu stehen kommt. Man kann nun unbehindert den Minutenzeiger auf die Minute, für die das Zeitzeichen gegeben wird, einstellen und drückt die Krone ein, sobald die volle Minute erreicht ist. Damit läuft der JUNGHANS-Armband-CHRONOMETER sekundengenau zeitgleich.

*

This Junghans Wrist Watch Chronometer was made from first-class material and was repeatedly checked and regulated. Being a veritable precision wrist watch, it has – apart from its superior qualities – a further distinct advantage:-

It can be set accurately to the second.

If you wish to set the Chronometer according to the time signal of the radio or any other precision clock, which is accurate to the second, simply pull out the crown shortly before the second hand completes its cycle. This arrests the second hand in zero position and enables you to set hour and minute hand to the correct time. At the precise time (time signal) the crown is to be pressed down to re-start the movement.
Thus the Junghans Wrist Watch Chronometer is accurately set to the second.

*

Ce chronomètre bracelet Junghans a été fabriqué en matière de première qualité, contrôlé plusieurs fois et soigneusement réglé. Comme véritable montre bracelet de précision il possède, en dehors de ses qualités extraordinaires, un autre avantage spécial:

La mise à l'heure est possible à la seconde-même.

Si l'on veut faire la mise à l'heure d'après l'émission de temps par TSF ou d'après une autre pendule de précision indiquant le temps à la seconde, il est recommendable de retirer la couronne immédiatement avant l'achèvement de la pleine minute, de façon à ce que l'index s'arrête précisément au chiffre 60. On peut ensuite facilement mettre l'aiguille de minute à la minute correspondant au signal de temps et faire démarrer la montre en repoussant la couronne à l'instant voulu. De cette façon, le CHRONOMETRE JUNGHANS marche avec le temps exactement à la seconde.

CHRONOMETER

Certifical

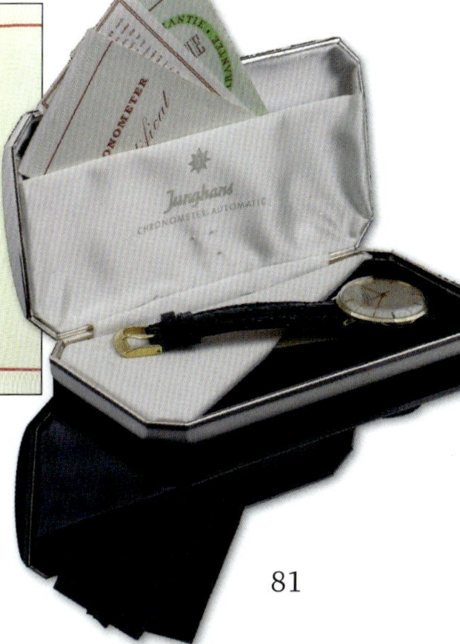

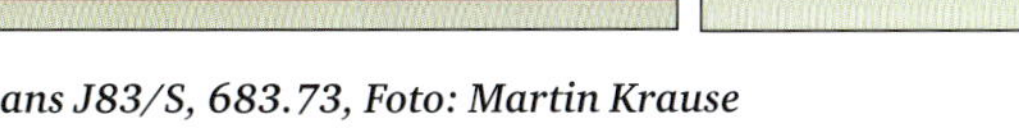

Junghans J83/S, 683.73, Foto: Martin Krause

Junghans J83/S, 683.73 Gehäuse in 585 Gold

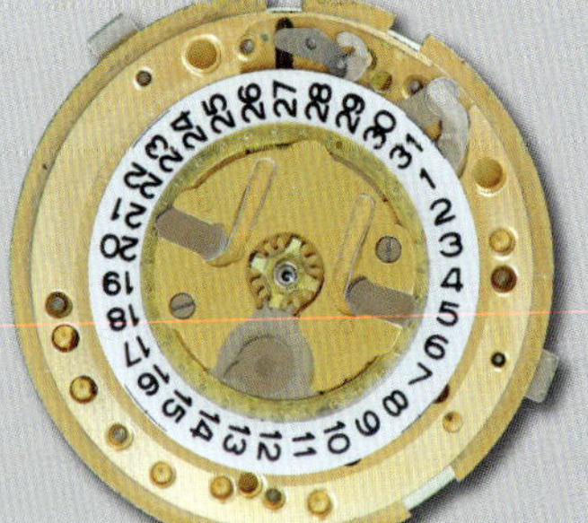

Junghans J83/S, 683.75

Schwanenhalsfeinregulierung mit zwei Abgleichschrauben pro Unruhschenkel

Junghans J85, 685.71 Chronometer mit Schwanenhalsfeinregulierung und zwei Abgleichschrauben je Unruhschenkel. Dieses Vorserienmodell zeigt noch einen Kloben zur Befestigung des Ankers wie beim Vorläufer J84, die folgenden Serienmodelle nutzen bereits eine Brücke.

Junghans J85/10, 685.70 Chronometer mit Schwanenhalsfeinregulierung, Unruh ohne Abgleichschrauben und Ankerrad mit Kif-Duofix-Kombifutter. Dieses Werk läutete das vorläufige Ende der Produktion rein mechanischer Chronometer bei Junghans ein.

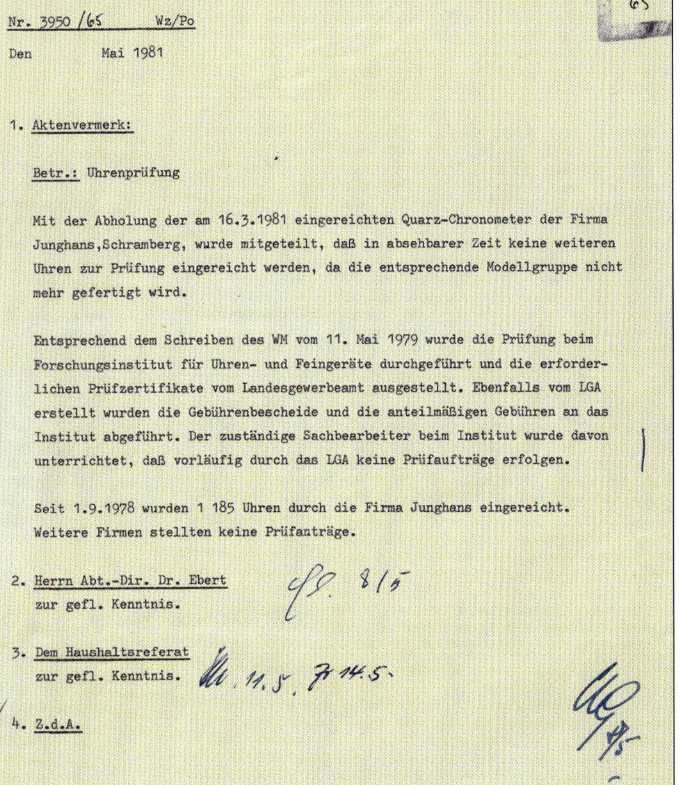

Nr. 3950 /65 Wz/Po

65

Den Mai 1981

1. Aktenvermerk:

Betr.: Uhrenprüfung

Mit der Abholung der am 16.3.1981 eingereichten Quarz-Chronometer der Firma Junghans,Schramberg, wurde mitgeteilt, daß in absehbarer Zeit keine weiteren Uhren zur Prüfung eingereicht werden, da die entsprechende Modellgruppe nicht mehr gefertigt wird.

Entsprechend dem Schreiben des WM vom 11. Mai 1979 wurde die Prüfung beim Forschungsinstitut für Uhren- und Feingeräte durchgeführt und die erforderlichen Prüfzertifikate vom Landesgewerbeamt ausgestellt. Ebenfalls vom LGA erstellt wurden die Gebührenbescheide und die anteilmäßigen Gebühren an das Institut abgeführt. Der zuständige Sachbearbeiter beim Institut wurde davon unterrichtet, daß vorläufig durch das LGA keine Prüfaufträge erfolgen.

Seit 1.9.1978 wurden 1 185 Uhren durch die Firma Junghans eingereicht. Weitere Firmen stellten keine Prüfanträge.

2. Herrn Abt.-Dir. Dr. Ebert zur gefl. Kenntnis. 8/5

3. Dem Haushaltsreferat zur gefl. Kenntnis. 11.5. 14.5.

4. Z.d.A.

Das vorläufige Ende der Inhouse Chronometerproduktion wird bei Junghans im Jahr 1981 eingeläutet. Foto: Landesarchiv Baden-Württemberg, Abt. Staatsarchiv Ludwigsburg (30)

Junghans Tourneur Automatikchronograph: Chronometer aus dem Jahr 1996 mit COSC-Zertifikat. Foto: Peter Reil

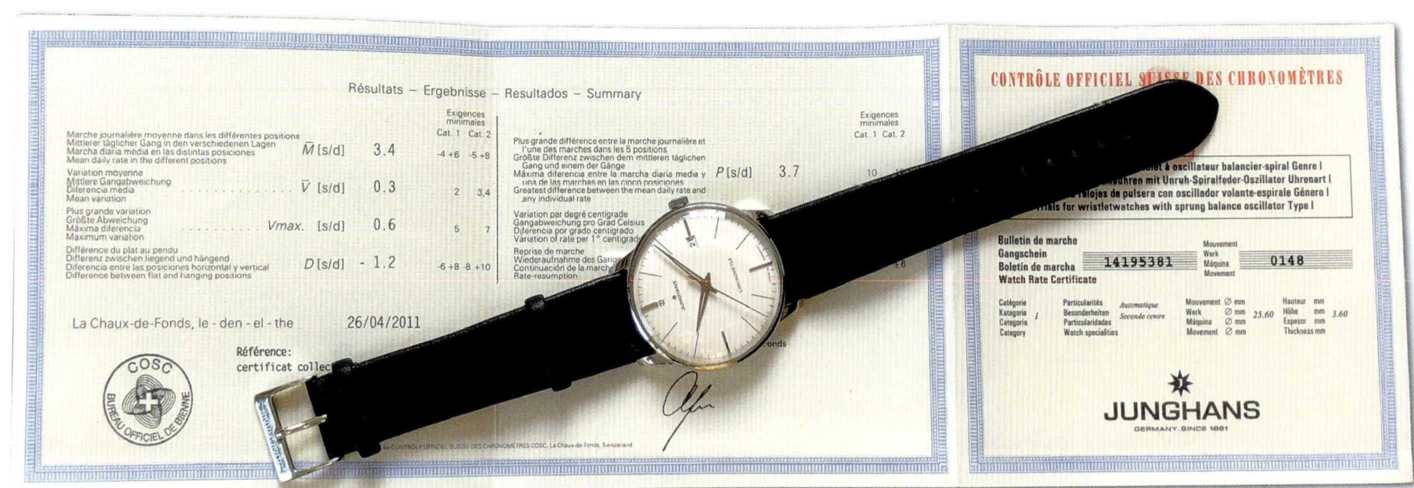

Junghans Meister Chronometer J802.1 Automatik aus dem Jahr 2011 mit COSC-Zertifikat

Junghans Meister Chronometer J802.1 Automatik aus dem Jahr 2011 mit COSC-Zertifikat

Datenblatt Junghans

Kaliber	**Junghans J82/4; Junghans 682.74**
Chronometerprüfung	PTB; DHI
Durchmesser (Linien)	12 ½'''
Produktionszeit Werk	1953
Hemmungsgruppe	Beryllium-Bronze Schraubenunruh; Nivarox Spirale
Feinregulierung	Sektorverzahnung
Stoßsicherung	Junghans II
Stückzahl	ca. 3.500
Steine	16
Halbschwingungen (A/h)	18.000
Besonderheiten	noch ohne Sekundenstopp; kleine Sekunde

Kaliber	**Junghans J82/2; Junghans 682.72**
Chronometerprüfung	PTB; DHI; LGA
Durchmesser (Linien)	12 ½'''
Produktionszeit Werk	1953–1957
Hemmungsgruppe	Beryllium-Bronze Schraubenunruh; Nivarox Spirale
Feinregulierung	Sektorverzahnung
Stoßsicherung	Junghans II
Stückzahl	ca. 7.500
Steine	16
Halbschwingungen (A/h)	18.000
Besonderheiten	mit Sekundenstopp; kleine Sekunde

Kaliber	**Junghans J82/3; Junghans 682.73**
Chronometerprüfung	PTB; DHI; LGA
Durchmesser (Linien)	12 ½'''
Produktionszeit Werk	1953–1958
Hemmungsgruppe	Beryllium-Bronze Schraubenunruh; Nivarox Spirale
Feinregulierung	Sektorverzahnung
Stoßsicherung	Junghans II
Stückzahl	über 30.000
Steine	17
Halbschwingungen (A/h)	18.000
Besonderheiten	erste Modelle ohne Sekundenstopp; Zentralsekunde

Kaliber	**Junghans J83; Junghans 683.71**
Chronometerprüfung	LGA
Durchmesser (Linien)	12 ½'''
Produktionszeit	1957
Hemmungsgruppe	Beryllium-Bronze Ringunruh; Nivarox Spirale
Feinregulierung	Sektorverzahnung
Stoßsicherung	Junghans II
Stückzahl	ca. 2.500
Steine	28
Halbschwingungen (A/h)	19.800
Besonderheiten	eine senkrechte Abgleichschraube pro Unruhschenkel; Rotor nicht vernietet

Kaliber	**Junghans J83; Junghans 683.71**
Chronometerprüfung	LGA
Durchmesser (Linien)	12 ½'''
Produktionszeit Werk	1958
Hemmungsgruppe	Beryllium-Bronze Ringunruh; Nivarox Spirale
Feinregulierung	Sektorverzahnung
Stoßsicherung	Junghans II
Stückzahl	ca. 1.500
Steine	29
Halbschwingungen (A/h)	19.800
Besonderheiten	eine senkrechte Abgleichschraube pro Unruhschenkel; Rotor nicht vernietet

Kaliber	**Junghans J83; Junghans 683.71**
Chronometerprüfung	LGA
Durchmesser (Linien)	12 ½'''
Produktionszeit Werk	1958–1960
Hemmungsgruppe	Beryllium-Bronze Ringunruh; Nivarox Spirale
Feinregulierung	Sektorverzahnung
Stoßsicherung	Junghans II
Stückzahl	über 6.000
Steine	29
Halbschwingungen (A/h)	19.800
Besonderheiten	eine senkrechte Abgleichschraube pro Unruhschenkel; Rotor vernietet; Wippenwechsler leicht modifiziert

Kaliber	**Junghans J83/1; Junghans 683.72**
Chronometerprüfung	LGA
Durchmesser (Linien)	12 ½'''
Produktionszeit Werk	1958–1960
Hemmungsgruppe	Beryllium-Bronze Ringunruh; Nivarox Spirale
Feinregulierung	Sektorverzahnung
Stoßsicherung	Junghans II
Stückzahl	über 6.000
Steine	29
Halbschwingungen (A/h)	19.800
Besonderheiten	eine senkrechte Abgleichschraube pro Unruhschenkel; mit Datum

Kaliber	**Junghans J83; Junghans 683.71; Junghans J83/1; Junghans 683.72 (Datum)**
Chronometerprüfung	LGA
Durchmesser (Linien)	12 ½'''
Produktionszeit Werk	1960–1961
Hemmungsgruppe	Beryllium-Bronze Ringunruh; Nivarox Spirale
Feinregulierung	Sektorverzahnung
Stoßsicherung	Junghans II
Stückzahl	über 3.000
Steine	29
Halbschwingungen (A/h)	19.800
Besonderheiten	zwei Abgleichschrauben pro Unruhschenkel; ohne und mit Datum

Kaliber	**Junghans J83/S; Junghans 683.73, 29 Steine Junghans J83/S; Junghans 683.75, 29 Steine, Datum Junghans J83/S; Junghans 683.00, 30 Steine Junghans J83/S; Junghans 683.02, 30 Steine, Datum**
Chronometerprüfung	LGA
Durchmesser (Linien)	12 ½'''
Produktionszeit Werk	1961–1963
Hemmungsgruppe	Beryllium-Bronze Ringunruh; Nivarox Spirale
Feinregulierung	Schwanenhalsfeinregulierung
Stoßsicherung	Junghans II
Stückzahl	über 7.000
Steine	29 und 30
Halbschwingungen (A/h)	19.800
Besonderheiten	zwei Abgleichschrauben pro Unruhschenkel; ohne und mit Datum

Datenblatt Junghans

Kaliber	**Junghans J85; Junghans 685.71**
Chronometerprüfung	LGA
Durchmesser (Linien)	11 ¼'''
Produktionszeit Werk	1960–1961
Hemmungsgruppe	Beryllium-Bronze Ringunruh; Nivarox Spirale
Feinregulierung	Schwanenhals-feinregulierung
Stoßsicherung	Junghans II
Stückzahl	über 10.000
Steine	17
Halbschwingungen (A/h)	18.000
Besonderheiten	zwei Abgleichschrauben pro Unruhschenkel

Kaliber	**Junghans J85/10; Junghans 685.70**
Chronometerprüfung	LGA
Durchmesser (Linien)	11 ¼'''
Produktionszeit Werk	Oktober 1961 –
Hemmungsgruppe	Beryllium-Bronze Ringunruh; Nivarox Spirale
Feinregulierung	Schwanenhals feinregulierung
Stoßsicherung	Junghans II
Stückzahl	über 7.500
Steine	17
Halbschwingungen (A/h)	18.000
Besonderheiten	zwei Abgleichschrauben pro Unruhschenkel; Ankerrad mit KIF-Duofix-Kombifutter

Kaliber	**Junghans J85/10; Junghans 685.70**
Chronometerprüfung	LGA
Durchmesser (Linien)	11 ¼'''
Produktionszeit Werk	– Oktober 1962
Hemmungsgruppe	Beryllium-Bronze Ringunruh; Nivarox Spirale
Feinregulierung	Schwanenhals-feinregulierung
Stoßsicherung	Junghans II
Stückzahl	über 7.500
Steine	17
Halbschwingungen (A/h)	18.000
Besonderheiten	Ringunruh ohne Abgleichschrauben; Ankerrad mit KIF-Duofix-Kombifutter

Kaliber	**Junghans 685; Junghans 685.70**
Chronometerprüfung	LGA
Durchmesser (Linien)	11 ¼'''
Produktionszeit Werk	1965
Hemmungsgruppe	Beryllium-Bronze Ringunruh; Nivarox Spirale
Feinregulierung	Schwanenhals-feinregulierung
Stoßsicherung	Junghans II
Stückzahl	über 15.000
Steine	17
Halbschwingungen (A/h)	18.000
Besonderheiten	Ringunruh ohne Abgleichschrauben; Ankerrad mit KIF-Duofix-Kombifutter

GLASHÜTTER UHRENBETRIEBE (GUB) AUS SACHSEN | 10.2

Während bei VEB Lange in Glashütte die Forderung nach qualitativ hochwertigen Armbanduhren aufkam und um 1948 schließlich die frisch entwickelten Kaliber Lange 28 und 28.1 zur Verfügung standen, entwickelte und fertigte die UROFA gemeinsam mit der UFAG, die ab 1946 als „Produktionsgemeinschaft Precis" firmierten, das Kaliber 613. Das 12 ½ Linien große Werk war nach Glashütter Prinzipien konstruiert, war aber geprägt von der Mangelwirtschaft der direkten Nachkriegsjahre und der fehlenden Kaufkraft der Kunden. Das Werk wurde sowohl mit 7 als auch mit 15 Steinen angeboten und zeigt unterschiedliche Ausstattungen auf.
Am 1. Juli 1951 erfolgte in Glashütte der Zusammenschluss aller Uhrenbetriebe zur GUB, Glashütter Uhrenbetriebe, und die Sachsen ersetzten in der Folgezeit das Kaliber 613 durch die Kaliber GUB 60 und 60.1, die in den Jahren von 1952 bis 1961 hergestellt wurden. Beide Werkstypen wurden zu Güteausführungen weiterentwickelt.
Das 60.2 besitzt eine kleine Sekunde, Glashütter Verzierungen, eine vergoldete Schraubenunruh, gepresste Chatons und insgesamt 16 oder 18 Steine. Bei der Version mit 18 Steinen waren Decksteinplättchen für das Ankerrad verbaut, allerdings hatte das Werk dann keine Chatons. Es wurde mit oder ohne Incabloc Stoßsicherung produziert, stand 1954 zur Verfügung und wurde bis 1960 gebaut. Das 60.3 mit seiner indirekten Zentralsekunde kam dem Zeitgeist und den Wünschen der Kunden näher und wurde in deutlich höheren Stückzahlen gefertigt. Letztlich stand es mit gleicher technischer Ausstattung ab 1955 bis 1961 zur Verfügung. Diese Uhrwerke waren in erster Linie für den Export bestimmt und sollten der jungen DDR Devisen beschaffen und mussten daher unbedingt internationalen Qualitätsstandards entsprechen und gute Gangleistungen erbringen.

Wohl um diesen internationalen Güteanspruch der ostdeutschen Uhrenproduktion zu untermauern, beschäftigte sich die GUB Ende der 1950er Jahre mit der Produktion amtlich geprüfter und getesteter Uhren.
Die Chronometerprüfung des Glashütter

Glashütter Uhrenbetriebe, Kaliber GUB 60.1 Basisvariante mit einfacher Ringunruh

Uhrenbetriebs fand in Magdeburg im Prüfinstitut für Zeitmessgeräte des Deutschen Amtes für Messwesen und Warenprüfung in der Abteilung für technische Kontrolle (TKO) statt.
Die Sachsen bauten drei Chronometer und starteten Ende der 1950er Jahre mit dem Kaliber 60.3. Von den geprüften Uhren dürfte es maximal wenige hundert Stück geben. Das 12 ½-linige Werk ist mit 18 Steinen ausgestattet, die Zapfen der Unruh sind Incabloc-stoßgesichert. Die Chronometer besitzen keine baulichen Unterschiede zu den mit einem Q (das bis dahin höchste Gütezeichen der DDR) auf dem Zifferblatt versehenen Güteuhren. Die aus der Serienfertigung stammenden Uhren wurden vermutlich aufwändigst reguliert und zur Chronometerprüfung vorgelegt. Letztlich lässt sich nur anhand von zur Uhr gehörenden Begleitunterlagen, wie beispielsweise dem Vermerk „Armbandchronometer" auf dem Garantieschein, das Vorhandensein eines chronometergeprüften Exemplars belegen. Dies gilt im gleichen Maße für den 70.1 Chronometer.
Trotz etlicher Anstrengungen, in die Riege der Chronometerhersteller aufgenommen zu werden, war man bei den GUB nicht in der Lage, mit dem Chronometer Kaliber 60.3 in der Serienfertigung fortlaufend Exemplare mit Chronometerwerten herzustellen. Das 60.3 war eher als ein entsprechender Versuch zu verstehen.
Dies änderte sich jedoch mit dem 17-steinigen Kaliber 70.1.
Mit diesem Kaliber machten die Glashütter im Jahr 1962 schnell den nächsten Schritt hin zu einem absolut serienreifen, in fünf Lagen geprüften Chronometer, von dem über tausend Stück gebaut wurden. Von der Grundform des 70.1 ohne Chronometerprüfung wurden mit einfacher Unruh um 380.000 Stück gebaut. Sowohl die ungeprüfte 70.1 Güteuhr als auch die Chronometer, die beide mit dem Gütezeichen Q versehen und bis 1964 gebaut wurden, haben eine vergoldete Schraubenunruh, die sich mit 18.000 Halbschwingungen/Stunde bewegt. Im Standardwerk 70.1 tickt eine Nickelunruh. Das Werk hat einen Durchmesser von 12 ½ Linien. Ein Uhrmachermeister aus dem Arbeitsausschuss „Uhrentechnik" der KDT (Kammer der Technik) aus Leipzig wird 1964 in der Fachzeitschrift „Uhren und Schmuck" zitiert: *Wenn z. B. die Glashütter Uhrenbetriebe für ihre weitgehendst standardisierten Kaliber 67.1 – 70.1 einen Werkdurchmesser von 28 mm = 12 ½''' gewählt haben, so geschah das einzig und allein zu dem Zweck, um einigen individuell bearbeiteten und speziell geprüften Werken des Kalibers 70.1 das Chronometer-Zertifikat geben zu können. Die dafür geforderten Gangleistungen sind aber mit Sicherheit nur von dieser Werksgröße ab zu erreichen.*

Die Werksplatinen als auch der Bodendeckel tragen eine Seriennummer, die in der Regel nicht übereinstimmen.
Die Konstruktion der Gehäuse der Chronometerkaliber 70.1 erfüllten die Ansprüche auf Wasserdichtigkeit nicht, dadurch ließen sich die Uhren in nichtsozialistischen Währungsgebieten nicht verkaufen. Um aber an die wichtigen Devisen durch den Verkauf unter anderem auch in Westdeutschland zu gelangen, wurde das Gehäuse bis 1964 komplett neu konstruiert und vergrößert, die Gehäuse sind mit 36 mm für die damalige Zeit erstaunlich groß. Das Werk ist unverändert mit der GUB-eigenen Stoßsicherung versehen, lediglich eine neue Kaliberbezeichnung für das Chronometer gemeinsam mit der Güteuhr wurde vergeben, das 70.3 war geboren. Von dieser Chronometerversion alleine wurden rund 30.000 Stück gebaut, von der ungeprüften Variante als Güteuhr in etwa die gleiche Stückzahl.
Die Lagersteine der Uhren waren „oliviert", dadurch entsteht weniger Reibung an der Achse der Triebe. Bei den olivierten Lagersteinen ist die Bohrung des Loches abgerundet; dadurch hat die Achse in der Mitte des Lochs eine deutlich kleinere Reibungsfläche als bei normalen, zylindrischen Steinen. Auch die Ölhaltung ist eine bessere.

Die mit sechzehn Schrauben regulierte Unruh war monometallisch und vergoldet, die Uhren wurden in fünf Lagen geprüft.
In großen Teilen wurden die Uhren in Westdeutschland vom Versandhaus Quelle mit Chronometerzertifikat verkauft. Auf dem Bodendeckel der für das Inland bestimmten Chronometer steht CHRONOMETER STAATLICH GEPRÜFT, die für das Ausland zugedachten tragen nicht das obligatorische GUB auf dem Zifferblatt, sondern den Aufdruck *Glashütte Chronometer*. Beibehalten wurde das Gütezeichen Q mit der 1.
Im Jahr 1960 wurden die Prüfbedingungen in der Bundesrepublik durch die ostdeutschen Chronometerhersteller indirekt über die Firma Osco abgefragt. Osco (Otto Schlund & Co. KG; Schwenningen) stand damals in Geschäftsbeziehungen mit den GUB.
Verkauft wurden fast 30.000 Exemplare des Kalibers 70.3, bis zu Beginn der 1970er Jahre.
Der Preis der 70.3 betrug in der DDR 260,00 MDN (Mark der Deutschen Notenbank), in Westdeutschland 99,- DM bzw. 129,- DM (Deutsche Mark).
Die Glashütter Uhrenbetriebe produzierten bis etwa 1971 das Kaliber 70.3, und letzte Werke wurden noch 1973 geprüft und zertifiziert und in Export-Gehäusen verkauft, auch im Quelle-Katalog wurden die Chronometer bis dahin angeboten.

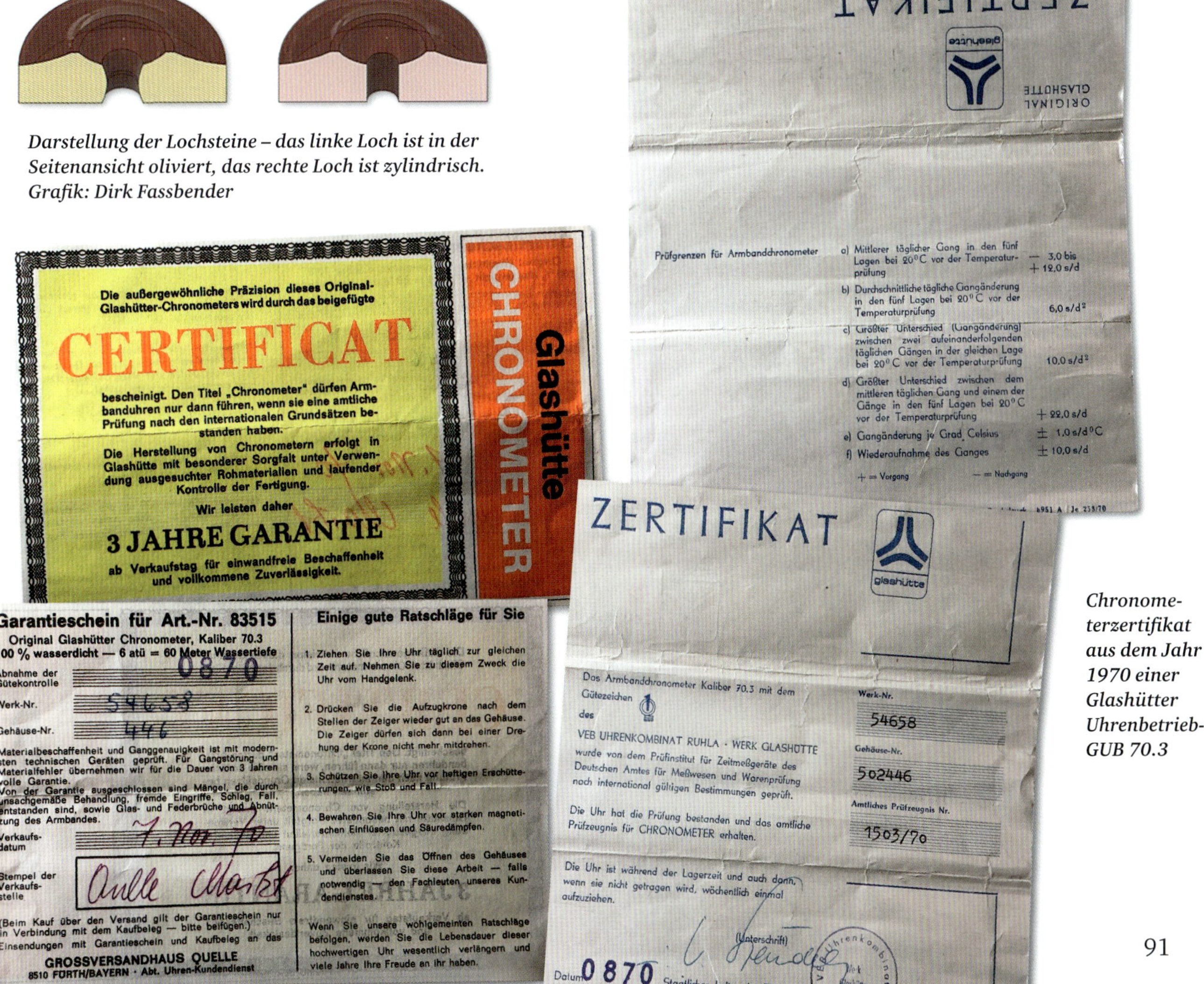

Darstellung der Lochsteine – das linke Loch ist in der Seitenansicht oliviert, das rechte Loch ist zylindrisch. Grafik: Dirk Fassbender

ZERTIFIKAT

ORIGINAL GLASHÜTTE

Prüfgrenzen für Armbandchronometer

a)	Mittlerer täglicher Gang in den fünf Lagen bei 20°C vor der Temperaturprüfung	— 3,0 bis + 12,0 s/d
b)	Durchschnittliche tägliche Gangänderung in den fünf Lagen bei 20°C vor der Temperaturprüfung	6,0 s/d²
c)	Größter Unterschied (Gangänderung) zwischen zwei aufeinanderfolgenden täglichen Gängen in der gleichen Lage bei 20°C vor der Temperaturprüfung	10,0 s/d²
d)	Größter Unterschied zwischen dem mittleren täglichen Gang und einem der Gänge in den fünf Lagen bei 20°C vor der Temperaturprüfung	+ 22,0 s/d
e)	Gangänderung je Grad Celsius	± 1,0 s/d°C
f)	Wiederaufnahme des Ganges	± 10,0 s/d

+ = Vorgang — = Nachgang

Die außergewöhnliche Präzision dieses Original-Glashütter-Chronometers wird durch das beigefügte

CERTIFICAT

bescheinigt. Den Titel „Chronometer" dürfen Armbanduhren nur dann führen, wenn sie eine amtliche Prüfung nach den internationalen Grundsätzen bestanden haben.

Die Herstellung von Chronometern erfolgt in Glashütte mit besonderer Sorgfalt unter Verwendung ausgesuchter Rohmaterialien und laufender Kontrolle der Fertigung.

Wir leisten daher

3 JAHRE GARANTIE

ab Verkaufstag für einwandfreie Beschaffenheit und vollkommene Zuverlässigkeit.

Glashütte CHRONOMETER

Garantieschein für Art.-Nr. 83515

Original Glashütter Chronometer, Kaliber 70.3
100 % wasserdicht — 6 atü = 60 Meter Wassertiefe

Abnahme der Gütekontrolle: 0870
Werk-Nr.: 54658
Gehäuse-Nr.: 446

Materialbeschaffenheit und Ganggenauigkeit ist mit modernsten technischen Geräten geprüft. Für Gangstörung und Materialfehler übernehmen wir für die Dauer von 3 Jahren volle Garantie.
Von der Garantie ausgeschlossen sind Mängel, die durch unsachgemäße Behandlung, fremde Eingriffe, Schlag, Fall, entstanden sind, sowie Glas- und Federbrüche und Abnützung des Armbandes.

Verkaufsdatum: 7. Nov. 70
Stempel der Verkaufsstelle: Quelle Markt

(Beim Kauf über den Versand gilt der Garantieschein nur in Verbindung mit dem Kaufbeleg — bitte beifügen.)
Einsendungen mit Garantieschein und Kaufbeleg an das

GROSSVERSANDHAUS QUELLE
8510 FÜRTH/BAYERN · Abt. Uhren-Kundendienst

Einige gute Ratschläge für Sie

1. Ziehen Sie Ihre Uhr täglich zur gleichen Zeit auf. Nehmen Sie zu diesem Zweck die Uhr vom Handgelenk.
2. Drücken Sie die Aufzugkrone nach dem Stellen der Zeiger wieder gut an das Gehäuse. Die Zeiger dürfen sich dann bei einer Drehung der Krone nicht mehr mitdrehen.
3. Schützen Sie Ihre Uhr vor heftigen Erschütterungen, wie Stoß und Fall.
4. Bewahren Sie Ihre Uhr vor starken magnetischen Einflüssen und Säuredämpfen.
5. Vermeiden Sie das Öffnen des Gehäuses und überlassen Sie diese Arbeit — falls notwendig — den Fachleuten unseres Kundendienstes.

Wenn Sie unsere wohlgemeinten Ratschläge befolgen, werden Sie die Lebensdauer dieser hochwertigen Uhr wesentlich verlängern und viele Jahre Ihre Freude an ihr haben.

ZERTIFIKAT

glashütte

Das Armbandchronometer Kaliber 70.3 mit dem Gütezeichen des

VEB UHRENKOMBINAT RUHLA · WERK GLASHÜTTE

wurde von dem Prüfinstitut für Zeitmeßgeräte des Deutschen Amtes für Meßwesen und Warenprüfung nach international gültigen Bestimmungen geprüft.

Die Uhr hat die Prüfung bestanden und das amtliche Prüfzeugnis für CHRONOMETER erhalten.

Werk-Nr.: 54658
Gehäuse-Nr.: 502446
Amtliches Prüfzeugnis Nr.: 1503/70

Die Uhr ist während der Lagerzeit und auch dann, wenn sie nicht getragen wird, wöchentlich einmal aufzuziehen.

(Unterschrift)

Datum 0870 Staatlicher Leiter der TKO

(Stempel) VEB Uhrenkombinat Werk Glashütte Ruhla

Eine Abschrift des amtlichen Gangzeugnisses ist gegen Erstattung der Unkosten erhältlich.

Chronometerzertifikat aus dem Jahr 1970 einer Glashütter Uhrenbetrieb-GUB 70.3

Werbung „Uhren und Schmuck“ 1964

Höchste Qualität für höchste Ansprüche - Die Glashütter Güteuhr und das Glashütter Armbandchronometer, Kaliberserie 70.3, sind Erzeugnisse unseres weltbekannten Betriebes, die das Gütezeichen Q tragen. Erstklassiges Rohmaterial, sorgfältigste Bearbeitung, gewissenhafte Ausführung und das Anwenden elektronischer Prüfmethoden verleihen diesen Uhren besonderen Wert. Dem Glashütter Armbandchronometer ist außerdem ein Zertifikat beigegeben, das die Prüfung nach internationalen Maßstäben bestätigt. Glashütter Qualitätsuhren sind Präzisionsuhren, die mit konstanter Zuverlässigkeit höchste Ansprüche erfüllen.

VEB GLASHÜTTER UHRENBETRIEBE · GLASHÜTTE

Werbung „Uhren und Schmuck“ 1966

Güteuhr erster Qualität, Glashütter Uhrenbetrieb GUB 60.3

Basisvariante Glashütter Uhrenbetrieb GUB 70.1

Zwischenreferenz Glashütter Uhrenbetrieb GUB 70.1

Glashütter Uhrenbetrieb GUB 70.3 für den ausländischen Markt

Glashütter Uhrenbetrieb GUB 70.3 für den inländischen Markt

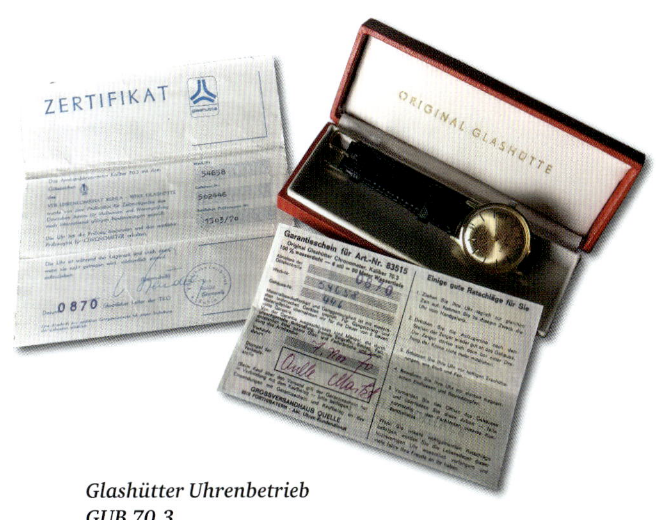

Glashütter Uhrenbetrieb GUB 70.3

Glashütter Uhrenbetrieb (GUB)

Kaliber	**GUB 60.3 Chronometer**
Chronometerprüfung	DAMW Magdeburg
Durchmesser (Linien)	12 ½'''
Produktionszeit	1959–1961
Hemmungsgruppe	vergoldete monometallische Schraubenunruh; 16 Gewichtsschrauben; Nivarox-1 Spirale
Feinregulierung	freier Rückerzeiger
Stoßsicherung	Incabloc
Stückzahl	nur wenige Exemplare bekannt; Nachweis nur über Chronometerzertifikat möglich
Steine	18
Halbschwingungen (A/h)	18.000
Besonderheiten	vergoldete Unruh; Sonnenschliff auf Kron- und Sperrrad

Kaliber	**GUB 70.1 Chronometer (Zwischenreferenz)**
Chronometerprüfung	DAMW Magdeburg
Durchmesser (Linien)	12 ½'''
Produktionszeit	1962–1964
Hemmungsgruppe	vergoldete monometallische Schraubenunruh; 16 Gewichtsschrauben; antimagnetische Flachspirale
Feinregulierung	freier Rückerzeiger
Stoßsicherung	GUB Stoßsicherung
Stückzahl	unter 1.000
Steine	17
Halbschwingungen (A/h)	18.000
Besonderheiten	olivierte Lagersteine

Kaliber	**GUB 70.3**
Chronometerprüfung	DAMW Magdeburg
Durchmesser (Linien)	12 ½'''
Produktionszeit	1964–1971
Hemmungsgruppe	vergoldete monometallische Schraubenunruh; 16 Gewichtsschrauben; antimagnetische Flachspirale
Feinregulierung	freier Rückerzeiger
Stoßsicherung	GUB Stoßsicherung
Stückzahl	ca. 29.500
Steine	17
Halbschwingungen (A/h)	18.000
Besonderheiten	olivierte Lagersteine

LACO (LACHER & CO.) | 10.3

Frieda Lacher gründete im Jahr 1921 mit Emil Schweiger den Uhrenhersteller Lacher & Co. (Laco). Im Jahr 1925 gründete sie zusätzlich die später Erich Lacher genannte Uhrenfabrik in Pforzheim. Bereits 1927 schien Frieda Lacher aus der Firma Laco ausgeschieden zu sein, denn nun wird alleinig der Pforzheimer Uhrenfabrikant Ludwig Hummel als Inhaber genannt, der außerdem im Jahr 1933 den Werkehersteller Durowe (Deutsche Uhren-Rohwerkefabrik) gründete und alle Laco Uhren mit komplett eigenen Uhrwerken versorgte.
Laco baute mit nur fünf anderen Herstellern im Zweiten Weltkrieg hochpräzise Beobachtungsuhren, die mit dem Handaufzugswerk Laco/Durowe D5 für die entstehenden Kräfte in einem Kampfflugzeug bestens gerüstet war. Das mit einer gebläuten Breguetspirale, einer großen, geschlitzten Guillaume Unruh und 22 Steinen ausgestattete Werk wurde häufig bei Wempe in Hamburg montiert und füllt das 55 mm große Gehäuse vollständig aus. Die Uhren tragen das Anforderungszeichen FL. 23883.
Die Produktion kriegswichtiger Güter wie B-Uhren und Zünder führten am 23. Februar 1945 zu einem verheerenden Luftangriff auf Pforzheim, dem auch fast die gesamten Produktionsstätten von Laco zum Opfer fielen. Unmittelbar nach Ende des Krieges begann eine zunächst provisorische Produktion in den ebenfalls Hummel gehörenden Hallen der Metallwarenfabrik Wolff, und das neue Fabrikgebäude „Auf der Schanz" wurde errichtet und schließlich 1949 eingeweiht.
Laco hatte entsprechend genug Übung in der Herstellung hochpräziser Uhren, und es war für einen der größten Uhren- und Werkehersteller Deutschlands fast eine Pflicht, eine chronometergeprüfte Armbanduhr auf den Markt zu bringen.
Bereits mit den kleineren, 10 ½-linigen Durowe 430 und 440 hatte Laco 1955 und im Folgejahr zwei Uhrwerke im Portfolio, die mit 21 Steinen und vergoldeter Unruh schon zu den höherwertigen Werken zählen durften. Nur ein knappes Jahr später, Ende 1956, wurde dem Publikum das mit 13 Linien größere Chronometer Kaliber Durowe 630 mit ebenfalls 21 Steinen und direkter Zentralsekunde offeriert.

Laco Beobachtungsuhr, um 1940. Fotos: Laco Uhrenmanufaktur

In der Neuheitenvorstellung der Zeitschrift „Die Uhr“ aus dem Jahr 1956 wird das Werk mit 13‴ bezeichnet. Aus dem Text:
Kal. 13‴ – 630 D Chronometer
Eine Sache für sich ist das neue Chronometer-Kaliber. Das 21steinige Präzisionswerk ist nicht ein weiterentwickeltes und verfeinertes Serienwerk, sondern es wurde vom Reißbrett bis zur Vollendung als Chronometerwerk, also auf höchste und stetige Ganggenauigkeit konstruiert. Darin liegt seine überlegene Qualität begründet, die durch Verwendung von Speziallegierungen und durch eine Feinstbearbeitung aller Teile noch gesteigert wird. Es ist bekannt, daß jeder einzelne Chronometer nach den sehr strengen Bestimmungen der amtlichen Uhrenprüfstellen 14 Tage lang geprüft wird, bevor er das Gangzeugnis erhält, ohne das keine Uhr unter der Bezeichnung „Chronometer“ auf den Markt gebracht werden darf.

Das Chronometerwerk ist mit einer vergoldeten, großen Beryllium-Bronze Schraubenunruh und zwei Duroswing Stoßsicherungen ausgestattet. Auch das Räderwerk wurde aus Berylliumbronze gefertigt, die Schwanenhalsfeinregulierung und der Sekundenstopp beim Ziehen der Krone zum sekundengenauen Einstellen machten das Bestehen einer Chronometerprüfung zusätzlich möglich. Die Stückzahlen waren gering, vermutlich nicht höher als 5.500 Uhren.
Die Chronometer zeigen auf dem Rückdeckel stets nur 4-stellige Seriennummern. Erste geringe Stückzahlen, zu Beginn mit dem Kaliber 630 noch ohne Schwanenhalsfeinregulierung, wurden im Jahr 1955 bei der PTB eingereicht. Gesichert sind Prüfungen des Kalibers Durowe 630 bis 1961 an der PTB und in der Uhrenprüfstelle des LGA. Mit einem Durchmesser von 13 Linien war das Kaliber Durowe 630 von vornherein als Chronometerwerk konstruiert und hatte neben einer Speziallegierung für Anker und Ankerrad nicht nur einen innen und außen polierten Anker, sondern unter anderem auch gewölbte Paletten. Die Werks- und Gehäusenummern unterscheiden sich. Die Uhren gab es in massiv 585-goldenem Gehäuse für den damaligen Preis von 370,- DM, im Stahlmantel für 170,- DM oder 20 Mikron vergoldet für 180,- DM.
Im Jahr 1957 wurden durch das LGA im Zeitraum vom 01. bis 11. Mai alleine für Laco 109 Chronometerzertifikate erteilt, im Jahr 1959 fragte Durowe den neuesten Stand der Chronometerprüfbedingungen ab.

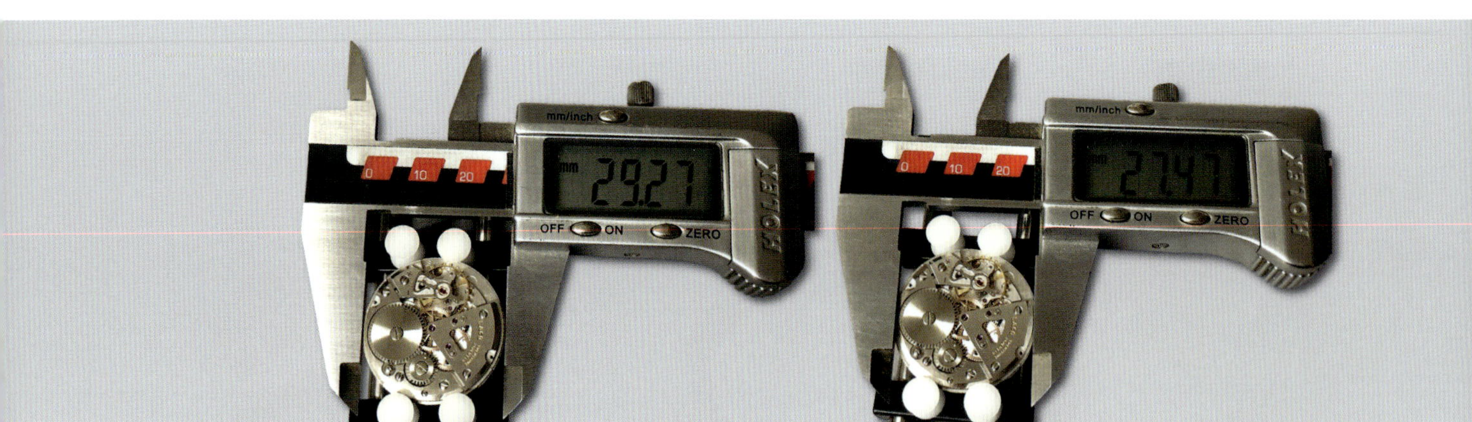

Die Angaben zum Durchmesser des Werkes differieren in der Literatur. Das Werk misst mit Tragrand 29,27 mm (29,27 : 2,256 = 12,97), also 13 Linien. Ohne Tragrand misst es 27,47 mm (27,47 : 2,256 = 12,18), entsprechend 12 Linien.

L7-0107

Es ist kein Seemannsgarn,

daß heute eine Armbanduhr fast so sekundengenau geht, wie das früher nur bei kostspieligen und hochempfindlichen Schiffschronometern erreicht werden konnte. Auf hoher See konnte der „Schiffsort" nur mit Hilfe von Kompaß, Sextant und Chronometer aus den Gestirnen berechnet werden; dabei führte schon eine geringe Zeitabweichung zu Fehlern, die nur zu oft in Katastrophen endeten. Deshalb wurden die Chronometer der Schiffahrt stets von einer See- oder Sternwarte auf Sekundengenauigkeit geprüft.

Daß einmal eine kleine Armbanduhr einen ähnlich hohen Grad von Ganggenauigkeit erreichen könnte, hätte früher niemand für möglich gehalten. Heute ist es Tatsache; der neue LACO-Armband-CHRONOMETER beweist es: jedes einzelne Exemplar wird der 15-tägigen Chronometerprüfung unterzogen und muß dabei in verschiedenen Lagen und extremen Temperaturen die von der Physikalisch-Technischen Bundesanstalt festgelegten Präzisionsbedingungen erfüllen. Dann erst wird ihm in einem amtlichen Gangzeugnis die Chronometer-Eigenschaft zuerkannt.

Modell Nr. 1147/gS/400

LACO

Chronometer

ANKER · 21 STEINE

wassergeschützt, bruchsicher, antimagnetisch, Gangteile aus Speziallegierungen, 4 Feinreguliersdirauben, temperatur-unempfindlich, unzerbrechliche Zugfeder.

In rostfreiem Edelstahlgehäuse . . . . DM 170,—
in Gehäuse mit 20 Mikron Goldauflage . . . DM 180,—
in 585/000 Goldgehäuse . . . . DM 370,—

Der LACO-Chronometer ist nach Zeitzeichen sekundengenau einstellbar.

Erhältlich in jedem guten Uhrenfachgeschäft

48

Laco Zeitschriften-Werbung 1957

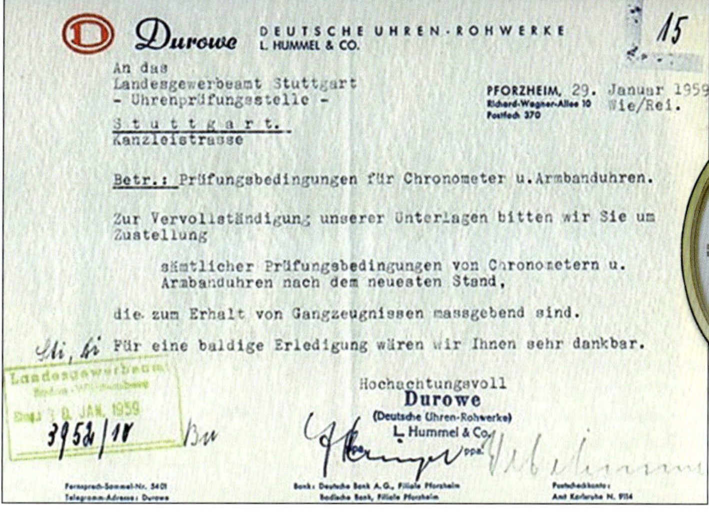

Durowe DEUTSCHE UHREN-ROHWERKE L. HUMMEL & CO.

15

An das
Landesgewerbeamt Stuttgart
- Uhrenprüfungsstelle -

Stuttgart.
Kanzleistrasse

PFORZHEIM, 29. Januar 1959
Richard-Wagner-Allee 10
Postfach 370
Wie/Rei.

Betr.: Prüfungsbedingungen für Chronometer u. Armbanduhren.

Zur Vervollständigung unserer Unterlagen bitten wir Sie um Zustellung

sämtlicher Prüfungsbedingungen von Chronometern u. Armbanduhren nach dem neuesten Stand,

die zum Erhalt von Gangzeugnissen massgebend sind.

Für eine baldige Erledigung wären wir Ihnen sehr dankbar.

Hochachtungsvoll
Durowe
(Deutsche Uhren-Rohwerke)
L. Hummel & Co.

Landesgewerbeamt
Eing. 30. JAN. 1959
3952/18

Fernsprech-Sammel-Nr. 5401 · Telegramm-Adresse: Durowe
Bank: Deutsche Bank A.G., Filiale Pforzheim · Badische Bank, Filiale Pforzheim
Postscheckkonto: Amt Karlsruhe Nr. 9114

Durowe fragte die Prüfbedingungen „nach dem neuesten Stand" von Chronometern im Jahr 1959 ab.

Laco 440 mit 21 Lagersteinen

Uhrenjournal 03/1957

Werbung 1957, Laco Chronometer (Firmenarchiv Laco)

Hier geht es um Sekunden

Jedem LACO-Chronometer wird mit Prüfzeu nis bescheinigt, daß er die schwere amtlic Prüfung der Physikalisch-technischen Bunde anstalt mit Erfolg bestanden hat.

Der LACO-Chronometer ist sekundengena nach dem Zeitzeichen einzustellen. Wer es al ganz genau mit der Zeit nehmen will od muß, hat im LACO-Chronometer die richti Uhr.

1316 / 402 Chronometer, Anker 21 Steine, wassergeschützt, bruchsicher, Beryllium-Unruh, mit 4 Feinstellschrauben, Spirale Nivarox 1, unzerbrechl. NIVAFLEX-Zugfed.
20 Mikron Goldauflage . . . DM 155.-
Edelstahl rostfrei . . . . . . DM 145.-

1147 / 401 Chronometer, Anker 21 Steine, wassergeschützt, bruchsicher, Beryllium-Unruh, mit 4 Feinstellschrauben, Spirale Nivarox 1, unzerbrechl. NIVAFLEX-Zugfed.
20 Mikron Goldauflage . . . DM 155.-
Edelstahl rostfrei . . . . . . DM 145.-
LACO-Chronometer auch in 585/000 Gold

Sehen Sie sich unverbindlich die reiche Au wahl von aparten LACO-Modellen an.

Laco 630 D Chronometer, Laco Prospekt, ca. 1959

Der Anzug beeinflußt die Stimmung

Weil man gewissermaßen mit dem Alltagsanzug auch den Alltagsmenschen ablegt, kleiden wir uns zu festlichen Anlässen gerne besonders gut und gepflegt.

LACO hat auch für Herren Uhrenmodelle geschaffen, die jeder Mann bei entsprechender Gelegenheit wirklich mit Stolz tragen kann. Das zuverlässige ultraflache Werk ermöglicht dem Formgestalter die Modellierung von ganz flachen, zeitlos-eleganten LACO-Uhren. Eine ultraflache LACO-Armbanduhr zum gedeckten Anzug für den Abend ist der sichtbare Ausdruck des sicheren Stilempfindens eines weltgewandten Mannes.

Laco 440, Laco Prospekt, ca. 1959

Laco deckte mit seinem Sortiment auch die Wünsche der Kunden mit einem weniger hohen Anspruch ab und bot für diese Käuferschicht hochwertige, ungeprüfte Uhren an. Die Kaliber Durowe 430 und 440 erfüllten diesen Zweck und rangierten vom Verkaufspreis sogar noch ca. 10,- DM über der Junghans Meister Serie. Laco verpasste auch diesen Werken eine Beryllium Unruh und eine Nivaflex Zugfeder, beim Durowe 430 ist das komplette Räderwerk ebenfalls aus Beryllium-Bronze, und dieses Kaliber wurde in nur geringen Stückzahlen produziert. Beide Basiskaliber gab es mit 17 und 21 Steinen.

Zudem war Durowe ein bedeutender Rohwerkehersteller und Lieferant für andere Uhrenhersteller und stellte zahlreiche qualitativ hochwertige Handaufzug- und Automatikwerke zur Verfügung, wie beispielsweise dem Nürnberger Uhren- und Rüstungshersteller Diehl, der vor der Übernahme der Schramberger Traditionsfirma Junghans unter anderem Durowe Werk in seinen Uhren einbaute.

Wie eine Patentanmeldung aus dem Jahr 1955 zeigt, experimentierten die Entwickler bei Durowe bereits früh mit „Elektromagnetisch angetriebenen Kleinuhren", und die Konsequenzen für den Ausbau einer Produktion von mechanischen Chronometern lagen auf der Hand. Die Energie, die man in hochwertige Qualitätsuhren und vor allem in den Chronometer setzte, dürfte nicht von Dauer gewesen sein, denn bereits im Frühling des Jahres 1958 lancierte Laco den ersten Prototyp der Laco electric auf der Hannover Messe und brachte die *electric* noch im gleichen Jahr zur Produktionsreife. Der Dolchstoß für den Chronometer sollte aber der Verkauf von Laco und Durowe im Jahr 1959 an die amerikanische „U.S. Time Corporation" (ab 1969 Timex Corporation) sein.

Die neuen amerikanischen Besitzer von Laco waren an dem wenig gewinnträchtigen Geschäft mit Chronometern kaum interessiert, und ab 1962 wurde vor allem Geld in die weitere Entwicklung der neuen elektromechanischen Werke gesteckt.

Ende der 1960er Jahre kam noch ein anderes Durowe Werk zu Chronometer Ehren, das Durowe 451. Erreicht wurde die Chronometerfähigkeit des Schnellschwingerwerkes durch die Aufrüstung mit einer zusätzlichen Triovis Feinregulierung. Allerdings kam der Hochleistungsantrieb nicht in einer Laco Uhr zum Einsatz, sondern wurde in Uhren von Isoma (Erich Lacher) und in Luga von Gustav Stadler verbaut. Durowe war zu dieser Zeit schon im Besitz (ab 1965) der Schweizer Ebauches S.A.

Diehl mit einem Durowe 446 und einem Hermetica Gehäuse von ROWI (Rodi & Wienenberger, Pforzheim)

Laco Chronometer mit Durowe 630, Werknummer 02177 in einem 585 (14K) Goldgehäuse Nr. 4643

Laco Chronometer mit Durowe 630 mit äußerst seltener Zifferblattvariante (Chronometerschriftzug gerade); leider fehlt hier die Feinstellschraube der Schwanenhalsfeinreglage.

Laco Sport mit Durowe 430

Laco mit Durowe 440 im Stahlgehäuse

Datenblatt Laco

Kaliber	**Durowe 630**
Chronometerprüfung	PTB; LGA
Durchmesser (Linien)	13'''
Produktionszeit	1955–1961
Hemmungsgruppe	Beryllium-Bronze Schraubenunruh; vier Feinstellschrauben Nivarox-I
Feinregulierung	Schwanenhals, quergezogen ähnlich Spechthals
Stoßsicherung	Duro-Swing
Stückzahl	~ 5.500
Steine	21
Halbschwingungen (A/h)	18.000
Besonderheiten	Sekundenstopp

Kaliber	**Durowe 430**
Chronometerprüfung	
Durchmesser (Linien)	10 ½'''
Produktionszeit	1955–1956
Hemmungsgruppe	Beryllium-Bronze Schraubenunruh; Räder aus Beryllium-Bronze Nivarox-I
Feinregulierung	einfacher Rückerzeiger
Stoßsicherung	Duro-Swing
Stückzahl	gering, unbekannt
Steine	17 oder 21
Halbschwingungen (A/h)	18.000
Besonderheiten	

Kaliber	**Durowe 440**
Chronometerprüfung	
Durchmesser (Linien)	10 ½'''
Produktionszeit	1956–1959
Hemmungsgruppe	Beryllium-Bronze Schraubenunruh; Nivarox-I
Feinregulierung	einfacher Rückerzeiger
Stoßsicherung	Duro-Swing
Stückzahl	unbekannt
Steine	17 oder 21
Halbschwingungen (A/h)	18.000
Besonderheiten	

PORTA (WEHNER KG, PFORZHEIM) | 10.4

Immer Fortschritt – immer Vorbild!

Rudolf Wehner, der seine Uhrmacherlehre in Glashütte absolvierte und Sohn eines in Dresden ansässigen Uhrmachers war, fungierte 1932 als Mitgründer der P.U.W., der Pforzheimer Uhren-Rohwerke GmbH. Nach dem Krieg übernahm er die Firma komplett und gründete 1948 zusätzlich die eigenständige „Porta Uhrenfabrik". 1950 wurden die Firmen zusammengeschlossen. Uhren, die Porta auf dem Zifferblatt tragen, sind stets mit PUW Werken ausgestattet.

Bei dem einzigen Chronometer, den Porta auf den Markt brachte, handelt es sich um ein hochgezüchtetes Kaliber PUW 60 mit 10 ½ Linien, direkter Zentralsekunde und 17 Steinen. Im Gegensatz zur normalen Version zeigt die Hemmungsgruppe der Chronometer eine Glucydur Unruh mit Flachspirale und eine Tri-Shock Stoßsicherung. Auf einen Sekundenstopp wurde verzichtet, die Werks- und Gehäusenummern unterscheiden sich. Die Uhren gab es vergoldet und in Stahlgehäusen.

Wehner wirbt: *Einzige deutsche Uhrenfabrik, die alle in Serie hergestellten Armband-Chronometer einer amtlichen Prüfung unterziehen lässt*. Damit wollte er sich vermutlich vom größten Konkurrenten, Junghans, absetzen.

Eine der ersten getesteten Uhren, die im Oktober 1953 geprüft wurde, erhielt den Vermerk: „Besonders gute Gangleistungen". Bemerkenswerterweise fanden Prüfungen der Porta Chronometer am DHI in Hamburg im Juli 1954 statt und im gleichen Jahr im November an der PTB in Braunschweig. Porta plante, pro Jahr ca. 1.000 Chronometer herzustellen. Aus einem hausinternen Schreiben des Landesgewerbeamtes Stuttgart vom 11. Mai 1957 wird ersichtlich, dass Porta die Fertigung von Chronometern allerdings bereits im Jahr 1956 einstellte. Gleichem Schreiben ist zu entnehmen, dass sich Porta nicht damit einverstanden zeigte, dass Junghans eigene Chronometerzertifikate ausstellte (siehe Schreiben Abb. 11).

Auch ein Automatikkaliber aus dem Hause Porta wurde mit einer Schwanenhalsfeinregulierung ausgestattet und empfahl sich für höhere Weihen, das Kaliber PUW 54 A. Eine Chronometerprüfung ist nicht bekannt. Das Werk wurde nur von 1956 bis 1957 gebaut.

Datenblatt PUW

Kaliber	**PUW 54 A**
Chronometerprüfung	
Durchmesser (Linien)	12'''
Produktionszeit	1956–1957
Hemmungsgruppe	Nivarox-I Spirale; Glucydur Schraubenunruh
Feinregulierung	Schwanenhals
Stoßsicherung	Incabloc
Stückzahl	
Steine	25
Halbschwingungen (A/h)	18.000
Besonderheiten	Automatik

Kaliber	**PUW 60**
Chronometerprüfung	PTB; DHI
Durchmesser (Linien)	10 ½'''
Produktionszeit	1952–1956
Hemmungsgruppe	Nivarox-I Spirale; Glucydur Schraubenunruh
Feinregulierung	einfacher Rückerzeiger
Stoßsicherung	Tri-Shock oder Super-Shock-Resist
Stückzahl	~ 3.500
Steine	17
Halbschwingungen (A/h)	18.000
Besonderheiten	

DEUTSCHES HYDROGRAPHISCHES INSTITUT
HAMBURG

Gangzeugnis / Bulletin de marche / Watch Rate Certification / Certificado de marcha

№ 437

des Armbandchronometers / du chronomètre-bracelet / of wristlet-chronometer / del cronómetro de pulsera: PORTA, Puw 60, 17 St. — Werk-№ / mouvement № / movement № / mecanismo №: 0424/3977

Werkdurchmesser / diamètre de mouvement / diameter of movement / calibre del mecanismo: 23.6 mm — Werkhöhe / hauteur du mouvement / thickness of movement / espesor del mecanismo: 4.25 mm

Hemmung / échappement / escapement / rueda de escape: Anker — Spirale / spiral / hairspring / espiral: Nivarox I — Unruhe / balancier / balance / volante: Glucydur

Einlieferer / délivré par / delivered by / remitente: PORTA-Uhrenfabrik, Pforzheim

19 54		Lage und Temperatur / Position et température / Position and temperature / Posición y temperatura		Gang / Marche / Rate / Marcha	Gangänderung / Variation de marche / Variation of rate / Alteración de marcha
Juni	29	Krone links / „3 heures" à gauche / crown left / corona a la izquierda	20° C	− 12.^{s}09	
	30	Krone links / „3 heures" à gauche / crown left / corona a la izquierda	20° C	− 11.63	0.^{s}46
Juli	1	Krone oben / „3 heures" en haut / crown up / corona hacia arriba	20° C	− 3.23	
	2	Krone oben / „3 heures" en haut / crown up / corona hacia arriba	20° C	− 0.17	3.06
	3	Krone unten / „3 heures" en bas / crown down / corona hacia abajo	20° C	− 8.35	
	5	Krone unten / „3 heures" en bas / crown down / corona hacia abajo	20° C	− 7.35	1.00
	6	Zifferblatt unten / cadran en bas / dial down / esfera hacia abajo	20° C	− 19.04	
	7	Zifferblatt unten / cadran en bas / dial down / esfera hacia abajo	20° C	− 20.15	1.11
	8	Zifferblatt oben / cadran en haut / dial up / esfera hacia arriba	20° C	− 2.61	
	9	Zifferblatt oben / cadran en haut / dial up / esfera hacia arriba	20° C	− 3.80	1.19
	10	Zifferblatt oben / cadran en haut / dial up / esfera hacia arriba	5° C	− 3.32	
	12	Zifferblatt oben / cadran en haut / dial up / esfera hacia arriba	20° C	− 7.48	
	13	Zifferblatt oben / cadran en haut / dial up / esfera hacia arriba	35° C	− 20.75	
	14	Krone links / „3 heures" à gauche / crown left / corona a la izquierda	20° C	− 9.41	
	15	Krone links / „3 heures" à gauche / crown left / corona a la izquierda	20° C	− 5.66	
	16				

Besonders gute Ergebnisse
Résultats particulièrement bons
Especially good results
Resultados extraordinarios

Ergebnis der Prüfung / Résultat de l'épreuve / Result of trial / Resultado de la prueba

Mittlerer täglicher Gang in den fünf Lagen / Marche diurne moyenne dans les cinq positions / Mean daily rate in the five positions / Marcha media diaria en las cinco posiciones	− 8.^{s}84
Durchschnittliche tägliche Gangänderung in den fünf Lagen / Variation moyenne de la marche diurne dans les cinq positions / Mean variation of the daily rate in the five positions / Alteración media de marcha por día en las cinco posiciones	1.36
Größter Unterschied (Gangänderung) zwischen zwei aufeinanderfolgenden Gängen in der gleichen Lage / Plus grande différence (variation de la marche) entre deux marches consécutives dans la même position / Greatest difference (variation of rate) between two consecutive rates in the same position / Diferencia máxima (alteración de la marcha) entre dos marchas consecutivas en la misma posición	3.06
Größter Unterschied zwischen dem mittleren täglichen Gang und einem der Gänge in den fünf Lagen / Plus grande différence entre la marche diurne moyenne et l'une des marches dans les cinq positions / Greatest difference between mean daily rate and one of the rates in the five positions / Diferencia máxima entre la marcha media diaria y una de las marchas en las cinco posiciones	− 11.^{s}31
Gangänderung je Grad Celsius / Variation de marche par degré centigrade / Variation of rate for each degree centigrade / Alteración de marcha por cada grado	− 0.58
Wiederaufnahme des Ganges / Reprise de marche / Resumption of rate / Reanudación de la marcha	+ 6.20

Hamburg, den 16. Juli 1954

DEUTSCHES HYDROGRAPHISCHES INSTITUT
Im Auftrage
Lange.

− : Vorgang / avance / fast / adelante
+ : Nachgang / retard / slow / retraso

Maßgeblich ist in jedem Falle der deutsche Text / ... constitue la version originale et authentique
At all events the German text is the original and authentic ... / ... se considerará como oficial el texto alemán

Gangzeugnis des Deutschen Hydrographischen Instituts (Juli 1954): Landesarchiv Baden-Württemberg, Abt. Staatsarchiv Ludwigsburg (31)

Prüfgrenzen

Zwecks Ausstellung eines Gangzeugnisses müssen die Armband-Chronometer die nachstehenden Prüfgrenzen einhalten (−: Vorgang, +: Nachgang):

	I	II
a) Mittlerer täglicher Gang in den fünf Lagen	0s bis − 15s	0s bis − 15s
b) Durchschnittliche tägliche Gangänderung in den fünf Lagen	7s	4s
c) Größter Unterschied (Gangänderung) zwischen zwei aufeinanderfolgenden täglichen Gängen in der gleichen Lage	12s	8s
d) Größter Unterschied zwischen dem mittleren täglichen Gang und einem der Gänge in den fünf Lagen	± 26s	± 16s
e) Gangänderung je Grad Celsius	± 1s 4	± 0s 8
f) Wiederaufnahme des Ganges	± 14s	± 8s

Bei Einhaltung der Werte I wird ein amtliches Gangzeugnis ausgestellt. Bei Einhaltung oder Unterschreitung der Werte II wird das Gangzeugnis mit dem Stempel „Besonders gute Ergebnisse" versehen.

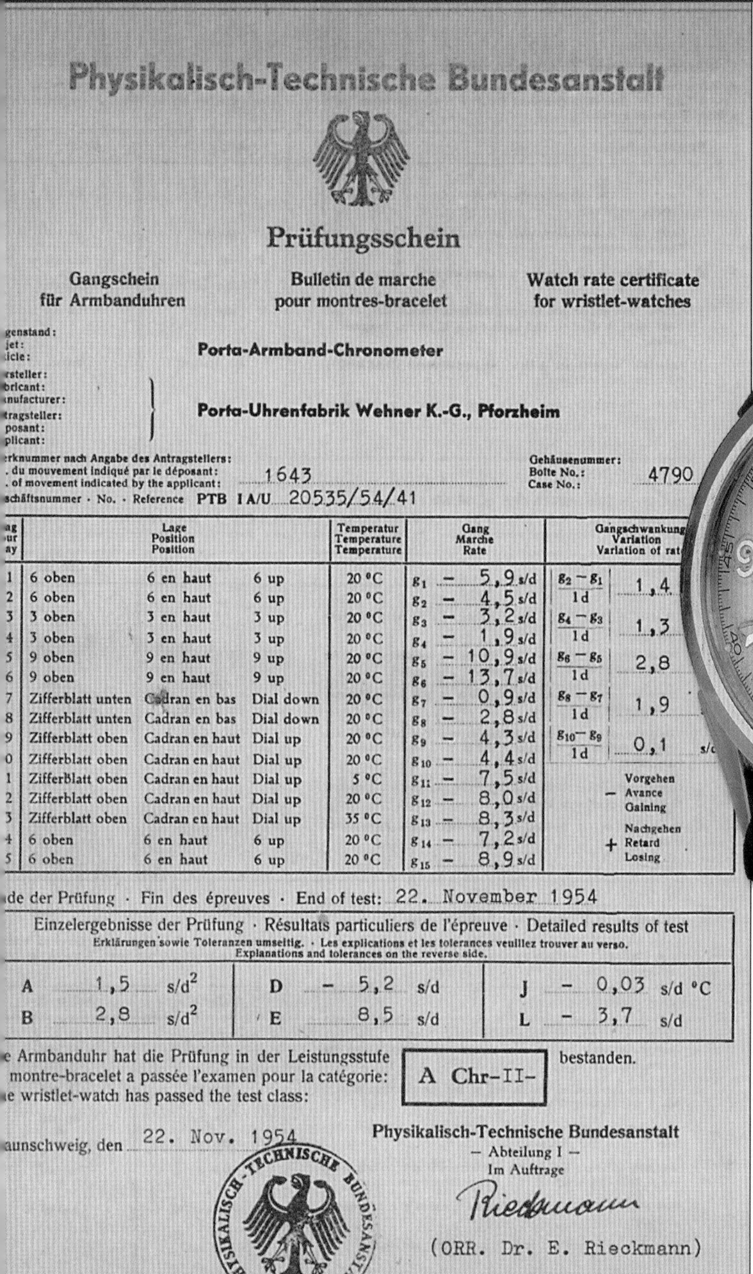

Physikalisch-Technische Bundesanstalt

Prüfungsschein

Gangschein für Armbanduhren	Bulletin de marche pour montres-bracelet	Watch rate certificate for wristlet-watches

genstand: / jet: / icle: **Porta-Armband-Chronometer**

rsteller: / bricant: / nufacturer: / tragsteller: / posant: / plicant: **Porta-Uhrenfabrik Wehner K.-G., Pforzheim**

erknummer nach Angabe des Antragstellers: / . du mouvement indiqué par le déposant: / . of movement indicated by the applicant: 1643 — Gehäusenummer: / Boîte No.: / Case No.: 4790

schäftsnummer · No. · Reference PTB I A/U 20535/54/41

ag / ur / ay	Lage / Position / Position			Temperatur / Température / Temperature	Gang / Marche / Rate		Gangschwankung / Variation / Variation of rat	
1	6 oben	6 en haut	6 up	20 °C	g_1	– 5,9 s/d	$\frac{g_2 - g_1}{1d}$	1,4
2	6 oben	6 en haut	6 up	20 °C	g_2	– 4,5 s/d		
3	3 oben	3 en haut	3 up	20 °C	g_3	– 3,2 s/d	$\frac{g_4 - g_3}{1d}$	1,3
4	3 oben	3 en haut	3 up	20 °C	g_4	– 1,9 s/d		
5	9 oben	9 en haut	9 up	20 °C	g_5	– 10,9 s/d	$\frac{g_6 - g_5}{1d}$	2,8
6	9 oben	9 en haut	9 up	20 °C	g_6	– 13,7 s/d		
7	Zifferblatt unten	Cadran en bas	Dial down	20 °C	g_7	– 0,9 s/d	$\frac{g_8 - g_7}{1d}$	1,9
8	Zifferblatt unten	Cadran en bas	Dial down	20 °C	g_8	– 2,8 s/d		
9	Zifferblatt oben	Cadran en haut	Dial up	20 °C	g_9	– 4,3 s/d	$\frac{g_{10} - g_9}{1d}$	0,1 s/
0	Zifferblatt oben	Cadran en haut	Dial up	20 °C	g_{10}	– 4,4 s/d		
1	Zifferblatt oben	Cadran en haut	Dial up	5 °C	g_{11}	– 7,5 s/d	–	Vorgehen / Avance / Gaining
2	Zifferblatt oben	Cadran en haut	Dial up	20 °C	g_{12}	– 8,0 s/d		
3	Zifferblatt oben	Cadran en haut	Dial up	35 °C	g_{13}	– 8,3 s/d		
4	6 oben	6 en haut	6 up	20 °C	g_{14}	– 7,2 s/d	+	Nachgehen / Retard / Losing
5	6 oben	6 en haut	6 up	20 °C	g_{15}	– 8,9 s/d		

de der Prüfung · Fin des épreuves · End of test: 22. November 1954

Einzelergebnisse der Prüfung · Résultats particuliers de l'épreuve · Detailed results of test
Erklärungen sowie Toleranzen umseitig. · Les explications et les tolérances veuillez trouver au verso. Explanations and tolerances on the reverse side.

A	1,5	s/d²	D	– 5,2	s/d	J	– 0,03	s/d °C
B	2,8	s/d²	E	8,5	s/d	L	– 3,7	s/d

e Armbanduhr hat die Prüfung in der Leistungsstufe / montre-bracelet a passée l'examen pour la catégorie: / e wristlet-watch has passed the test class: **A Chr-II-** bestanden.

aunschweig, den 22. Nov. 1954

Physikalisch-Technische Bundesanstalt
– Abteilung I –
Im Auftrage
Rieckmann
(ORR. Dr. E. Rieckmann)

Physikalisch-Technische Bundesanstalt

ßgeblich ist der deutsche Text. Prüfungsscheine ohne Dienstsiegel haben keine Gültigkeit. Die Prüfungsscheine dürfen für geschäftliche ecke nur in vollem Wortlaut und ohne Zusätze weiterverbreitet werden. · Le texte allemand constitue la version originale et authentique. bulletins de marche ne sont pas valides qu'avec sceau. Les bulletins de marche ne peuvent être repandus par buts commerciales en plein texte et sans aucun supplément. · The German text is the original and authentic version. Watch rate certificates without cial seal are not valid. For commercial purposes a watch rate certificate may only be circulated in its complete wording and without additions.

Gangzeugnis der Physikalisch-Technischen Bundesanstalt (November 1954): Landesarchiv Baden-Württemberg, Abt. Staatsarchiv Ludwigsburg (32)

Porta Chronometer mit PUW 60 im Stahlgehäuse

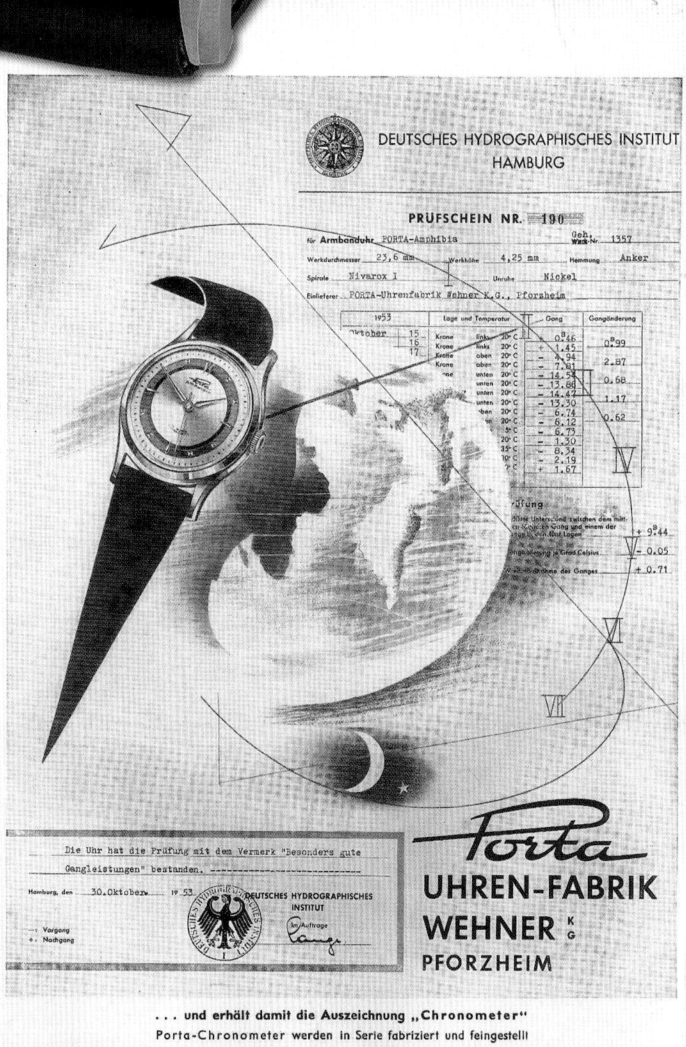

DEUTSCHES HYDROGRAPHISCHES INSTITUT
HAMBURG

PRÜFSCHEIN NR. 190

für Armbanduhr PORTA-Amphibia — Geh.-Nr. 1357

Werkdurchmesser 23,6 mm — Werkhöhe 4,25 mm — Hemmung Anker

Spirale Nivarox I — Unruhe Nickel

Einlieferer PORTA-Uhrenfabrik Wehner K.G., Pforzheim

1953		Lage und Temperatur			Gang	Gangänderung
Oktober	15	Krone	links	20° C	+ 0.46	0.99
	16	Krone	links	20° C	+ 1.45	
	17	Krone	oben	20° C	– 4.94	2.87
		Krone	oben	20° C	– 7.81	
			unten	20° C	– 14.54	0.68
			unten	20° C	– 13.86	
			unten	20° C	– 14.47	1.17
			unten	20° C	– 13.30	
			oben	20° C	– 6.74	0.62
				20° C	– 6.12	
				5° C	– 6.73	
				20° C	– 1.30	
				35° C	– 8.34	
				20° C	– 2.19	
				C	+ 1.67	

rüfung

Größter Unterschied zwischen dem mittleren täglichen Gang und einem der Gänge in den fünf Lagen + 9.44

Gangänderung je Grad Celsius – 0.05

Wiederaufnahme des Ganges + 0.71

Die Uhr hat die Prüfung mit dem Vermerk "Besonders gute Gangleistungen" bestanden.

Hamburg, den 30.Oktober 1953

DEUTSCHES HYDROGRAPHISCHES INSTITUT
Im Auftrage

– Vorgang
+ Nachgang

Porta
UHREN-FABRIK
WEHNER KG
PFORZHEIM

... und erhält damit die Auszeichnung „Chronometer"
Porta-Chronometer werden in Serie fabriziert und feingestellt

Porta Werbung mit Gangschein des DHI von 1953; Uhrenjournal 1955

»…. reelle Grundlage einer ehrlichen Werbung …«

Uhrwerke können auf ihre Präzisionsregulierung geprüft werden. Diese Prüfung findet auf Grund internationaler Prüfbedingungen durch amtliche Institute statt.

Das Deutsche Hydrographische Institut Hamburg (früher Deutsche Seewarte) schuf nämlich in Anlehnung an die entsprechende Schweizer Prüfung im Jahre 1949 die »Gebrauchsuhrenprüfung für Taschen- und Armbanduhren.«

Von allen seit dem 5jährigen Bestehen dieser Gebrauchsuhren-Prüfung erteilten Prüfungszeugnissen erhielt die PORTA allein 87 %, obwohl sie sich erst seit kaum zwei Jahren dieser Prüfungseinrichtung bedient.

In die restlichen 13 % teilen sich nicht weniger als 55 andere Firmen, von denen der größte Teil dem Ausland angehört.

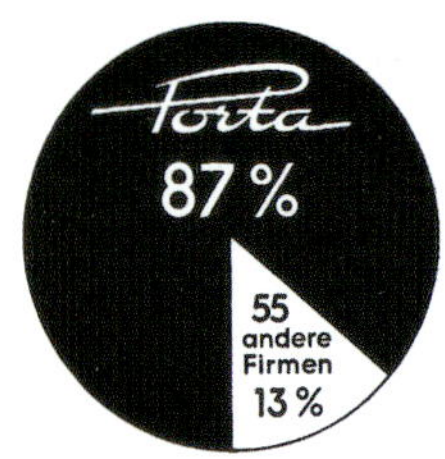

Diese Leistung konnte die PORTA nur dank einer ausgereiften Konstruktion und einer erstklassigen Fertigung unter Verwendung besten Materials erzielen.

Aber auch die anderen PORTA-Erzeugnisse entstehen unter den gleichen Voraussetzungen, die den guten Ruf der PORTA begründeten und wodurch sie sich das Vertrauen in aller Welt erwarb.

Porta-UHREN-FABRIK WEHNER K.G., PFORZHEIM

Einzige deutsche Uhrenfabrik, die *alle* in Serie hergestellten Armband-Chronometer einer *amtlichen* Prüfung unterziehen läßt.

Werbung Beilageblatt Porta Chronometer, Uhren-Journal 6. Juni 1955, 5. Jahrgang

»Mit der Regelmäßigkeit eines Uhrwerkes …«

Als Maßstab des gleichmäßigen Zeitablaufs wird oft die Uhr genannt. Und doch sind sehr viele Menschen durchaus nicht mit der Ganggenauigkeit ihrer Uhr zufrieden, obwohl sie sonst so schön ist. Nicht jede schöne Uhr besitzt ein gutes Werk.
Der anspruchsvolle Käufer aber hat besonders einen Wunsch: eine Uhr zu besitzen, die eine **gleichbleibende Ganggenauigkeit** mit einer täglichen Differenz von höchstens 20 bis 60 Sekunden aufweist.
Eine Uhr mit 10 Sekunden regelmäßigen Vorganges pro Tag ist nämlich schon ein **vollkommener Chronometer.**
Alle **Porta-Uhren** sind gepflegte Uhren mit **überdurchschnittlichen Gangleistungen.**
Die **höchsten Gangleistungen** aber haben die
PORTA-CHRONOMETER
mit dem amtlichen Prüfschein.
Nach den **internationalen Bestimmungen muß** nämlich ein Chronometer **amtlich geprüft** sein und dafür ein **amtliches Gangzeugnis** erhalten haben.
Alle Chronometer der **Porta-Uhrenfabrik** Wehner K. G., Pforzheim, besitzen deshalb ein **amtliches Gangzeugnis.**
Ob Dame oder Herr, im guten Fachgeschäft finden auch Sie die richtige Uhr für Ihren Geschmack: eine PORTA-Uhr mit dem markantesten Merkmal **Regelmäßigkeit des Ganges!**

Immer Fortschritt – immer Vorbild, das ist die Porta-**UHR**

Werbung Porta Chronometer 1955

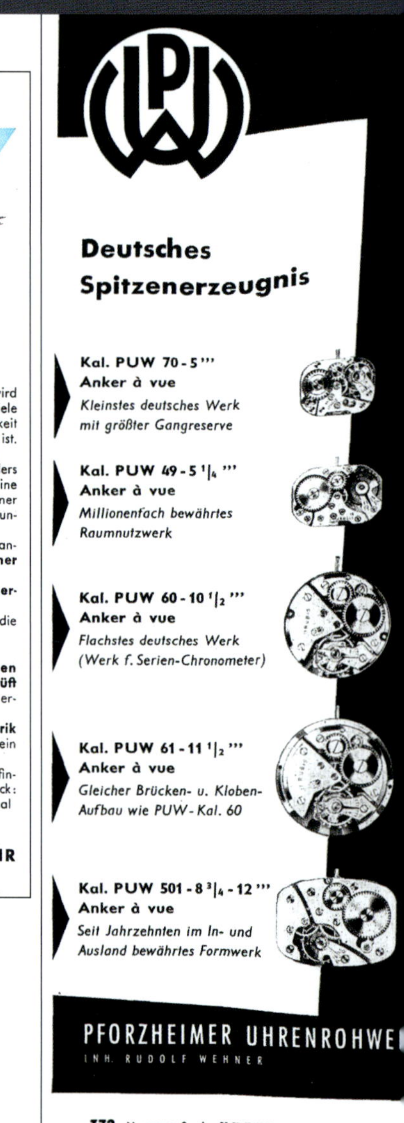

Werbung Uhrenjournal 1954 PUW Werke einschließlich PUW 60

Porta Amphibia mit Normalvariante des PUW 60 (P60–61)

Porta mit PUW 54 A mit Feinregulierung

Porta Chronometer mit PUW 60; Gehäuse vergoldet Nr. 5617; Werknummer 1680

Porta Chronometer mit PUW 60 im Stahlgehäuse; Nr. 5021; Werknummer 2513

10.5 | KIENZLE

Der Uhrenhersteller Kienzle aus Schwenningen am Neckar ist eher bekannt für seine durchaus ausgereiften, preisgünstigen Uhren mit Stift- und Stift-Stein Ankerhemmung. Doch auch Kienzle bot ab 1962 Chronometer an, die in der obersten Güteklasse Superia offeriert wurden. Kurz vor der Superia Reihe brachte Kienzle noch eine Automatikuhr mit dem Seiko Kaliber 603 auf den Markt. Diese als „Superiamatic" bezeichnete Uhr (Kienzle Kaliberbezeichnung K08/20) ist nur in sehr geringen Stückzahlen gefertigt worden und ist heute kaum zu finden. Später, bis in die 1970er Jahre, taten in Superia Automatikuhren vornehmlich Durowe und PUW Werke in Standardausführung ihren Dienst.
Mit der Superia Serie offerierte Kienzle bereits sehr gut ausgestattete Qualitätswerke von Seiko aus Japan und bewarb diese als ultraflach.

Kienzle Superiamatic mit Kienzle K08-20 (Seikosha 603)

Schon fast ein Chronometer: Eine Kienzle Superia mit dem Kaliber K 081/27 (Seikosha 6220)

Auch bei den Superia Chronometern mit Handaufzug griff Kienzle auf hochwertige Werke der Japaner zurück, verbaute das Seikosha 6220 und nannte es K081/21. Die Standardversionen der Superias beherbergen ebenfalls Seikowerke, die mit 17 oder 21 Steinen ausgestattet sind. Die Chronometer hingegen sind ausschließlich mit 21 Steinen zu finden und tragen eine Seriennummer, während das „unadjusted" fehlt. Die Werksnummer findet sich zweireihig auch auf dem Boden wieder. Die geprüften Uhren mit Seikowerk sind aufgrund ihrer Seltenheit heute gesuchte Sammlerstücke. Die Uhren stecken ausschließlich in vergoldeten Gehäusen, die mit einer stattlichen Beschichtung von 80 µm aufwarten können.

Ab 1964 wurde dann in den Chronometern das Handaufzugskaliber ETA 2391 verbaut. Auf den Zifferblättern dieser Uhren ist auch *Swiss Made* zu finden, trotzdem wurden sie als Kienzle Superia gelabelt. Auf den wasserdichten Discusafe-Gehäusen, die es vergoldet und in Stahl gab, sind keine Nummern geprägt. Die Uhren dürften, wie die vermutlich nach 1965 produzierten Automatik Chronometer, in der Schweiz bei Kienzle Swiss entstanden sein. Kienzle ließ dort bis in die 1970er Jahre höherwertige Uhrenlinien produzieren. Produktionsstandort der Chronometer war Biel, und die Prüfung der Werke fand durch die Vorgängerorganisation der heutigen COSC statt. Auf den Böden der mit dem Automatikkaliber ETA 2472 ausgestatteten Chronometer sind ebenfalls keine Seriennummern eingeschlagen, dafür aber die Prägung „Automatic Chronometer". Die *Kienzle SWISS Automatic Chronometer*, die vergoldet und in Stahlgehäusen existieren, wurden bis mindestens 1968 produziert. Keiner der Kienzle Chronometer besitzt einen Sekundenstopp.

Datenblatt Kienzle SWISS

Kaliber	**FHF/ST 96**
Chronometerprüfstelle	
Durchmesser (Linien)	11 ½'''
Produktionszeit	~ 1965
Hemmungsgruppe	Ringunruh; Nivarox Spirale
Feinregulierung	
Stoßsicherung	Incabloc
Stückzahl	unbekannt
Steine	17
Halbschwingungen (A/h)	18.000
Besonderheiten	

Kienzle Swiss mit Standard ST 96 Werk

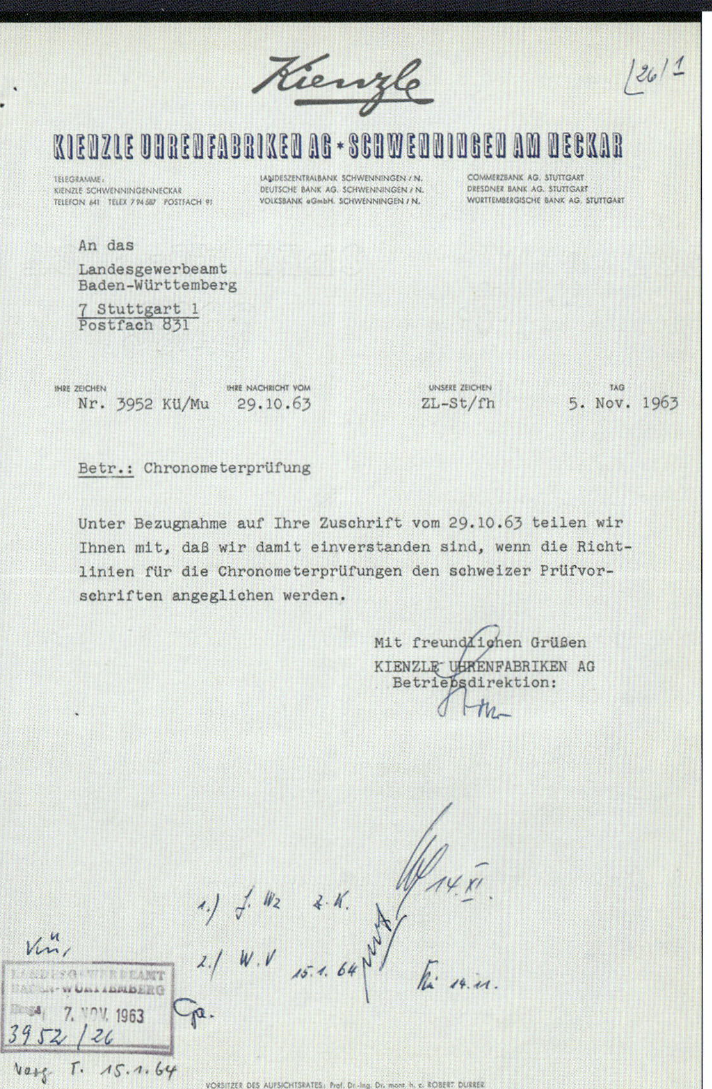

Kienzle

KIENZLE UHRENFABRIKEN AG · SCHWENNINGEN AM NECKAR

TELEGRAMME: KIENZLE SCHWENNINGENNECKAR · TELEFON 641 · TELEX 7 94 687 · POSTFACH 91
LANDESZENTRALBANK SCHWENNINGEN / N. · DEUTSCHE BANK AG. SCHWENNINGEN / N. · VOLKSBANK eGmbH. SCHWENNINGEN / N.
COMMERZBANK AG. STUTTGART · DRESDNER BANK AG. STUTTGART · WÜRTTEMBERGISCHE BANK AG. STUTTGART

An das
Landesgewerbeamt
Baden-Württemberg

7 Stuttgart 1
Postfach 831

IHRE ZEICHEN	IHRE NACHRICHT VOM	UNSERE ZEICHEN	TAG
Nr. 3952 Kü/Mu	29.10.63	ZL-St/fh	5. Nov. 1963

Betr.: Chronometerprüfung

Unter Bezugnahme auf Ihre Zuschrift vom 29.10.63 teilen wir Ihnen mit, daß wir damit einverstanden sind, wenn die Richtlinien für die Chronometerprüfungen den schweizer Prüfvorschriften angeglichen werden.

Mit freundlichen Grüßen
KIENZLE UHRENFABRIKEN AG
Betriebsdirektion:

LANDESGEWERBEAMT BADEN-WÜRTTEMBERG
7. NOV. 1963
3952/26

VORSITZER DES AUFSICHTSRATES: Prof. Dr.-Ing. Dr. mont. h. c. ROBERT DURRER

Schreiben von Kienzle an das LGA Baden-Württemberg vom 05.11.1963, in dem die verschärften Prüfvorschriften akzeptiert werden. Foto: Landesarchiv Baden-Württemberg, Abt. Staatsarchiv Ludwigsburg (33)

Gut gerüstet

auch für den härtesten Wettbewerb

Preislich und qualitativ zeigte sich unser Fachhandel seit jeher vorrangig gerüstet. Daran soll sich auch in der Zukunft nichts verändern.
Die Kienzle Uhrenfabriken AG nutzen bekanntlich alle Möglichkeiten der Forschung, der modernen Herstellungstechnik und aller erfolgreichen absatzwirtschaftlichen Erkenntnisse zur Vorausplanung für den Markt von morgen.
Damals waren es die in ihrer Art unübertroffenen Kienzle Strapazier-Uhren, mit denen der Uhrenfachhandel in der Anfangspreisklasse sein Angebotsprivileg fundieren konnte. Dieser Markt ist ihm durch außergewöhnlich hohe Leistungen auch zukünftig gesichert. Mit den Anschlußpreislagen der Gruppen 04/ und 05/ gab dann Kienzle in diesem Jahr einen weiteren Beweis für marktkonforme Herstellung preisgünstiger Damen- und Herrenarmbanduhren mit massiven Vollanker-Werken. Es konnte deshalb nur ein folgerichtiger Schritt sein, den die Kienzle Uhrenfabriken AG jetzt mit der neuen Gruppe 11/ - Werk 081/21 vollzogen haben. Mit der dadurch vervollständigten Kienzle-Kollektion wird sich das Fachgeschäft jeglichem Wettbewerb gewachsen zeigen. Mag der Uhrenkäufer noch so wählerisch und kritisch,

noch so qualitäts- und preisbewußt sein. Die technische Perfektion, optimale Qualität, moderne Form und Ausstattung der Kienzle Armbanduhren in jeder Preisgruppe geben dem Uhrenfachgeschäft die Möglichkeit, alle Käufererwartungen zuverlässig zu erfüllen.
Der Markt spielt zwar hart – das Fachgeschäft spielt mit. Eine Trumpfkarte in der Hand des Uhrenfachgeschäfts: die neue Kienzle SUPERIA.

Kienzle Herren-Armbanduhren SUPERIA Gruppe 11 sind ultraflach · massives Paletten-Anker-Werk mit 21 Funktionssteinen · Werkdurchmesser 25,6 mm = 11½''' · Werkhöhe 3,3 mm · selbstschmierende, unzerbrechliche und ermüdungsfreie Zugfeder · Räderwerk in Kombilagern, d. h. olivierte Lochsteine mit Decksteinen zur Speicherung einer optimalen Ölmenge · vergoldete Unruh · zuverlässige Stoßsicherung · temperaturkompensierende Spirale · direkte Zentralsekunde · Werk 081/21 der Kienzle SUPERIA Gruppe 11 wird mit großer Sorgfalt gefertigt und in vielzähligen Kontrollen auf Zuverlässigkeit und Ganggenauigkeit geprüft.

Auf sicherem Kurs im großen Markt
mit der Kienzle-Technik
mit der Kienzle-Modellierung
mit dem Kienzle-Sortiment

in 7 Modellen
von DM 75,–
bis DM 88,– PP

Kienzle Superia, Werbung aus dem Jahr 1962

Großer (36 mm Durchmesser) Kienzle Superia Chronometer mit Kienzle K081/21 (Seikosha 6220), Werk- und Gehäusenummer 621031

Zusätzliche Prüfungen im Neuenburger Observatorium 1958

Die ISOVAL CLASSIQUE Spirale sprengt die althergebrachte Mauer der Ausgleichsgrenzen

Die Uhr zahlt ihren Tribut an die niederschmetternden Fortschritte der Neuzeit. Das Fliegen in wenigen Stunden von den Tropen in die eiskalten Zonen ist Alltägliches, jedoch nicht ohne Gefährdung des guten Ganges der Zeitmesser.

Durch Gewährleistung eines einwandfreien Temperaturausgleiches zwischen –36 und +60° Celsius hat die ISOVAL CLASSIQUE Spirale die althergebrachte Mauer der Ausgleichsgrenzen gesprengt. Im selben Augenblick ist sie die untrennbare Begleiterin der Uhr des Reisenden geworden.

Kompensierend, isochronisch, antimagnetisch, rostfrei, elastisch.
Lieferbar in den Qualitäten 1, 2 und 3.

ISOVAL SPIRALE

Société des Fabriques de Spiraux Réunies Serre 15 La Chaux-de-Fonds Schweiz

Isoval Werbung aus dem Jahr 1960 – Kienzle Uhren mit dem Kaliber ETA 2391 sind mit dieser Spiralfeder ausgestattet.

Der neue KIENZLE CHRONOMETER mit Schweizer Certifikat

EIN ERSTKLASSIGES SCHWEIZER PRÄZISIONS-ANKERWERK

vergoldet, 17 Steine. Geprüft durch die amtliche schweizerische Chronometer-Prüfstelle. INCABLOC-Stoßsicherung, ISOVAL-1-Spiralfeder, GLUCYDUR-Unruh und NIVAFLEX-Zugfeder.

11 mit Edelstahlgehäuse PP DM 185.–
11 hartgoldplattiert PP DM 198.–
12 hartgoldplattiert PP DM 195.–

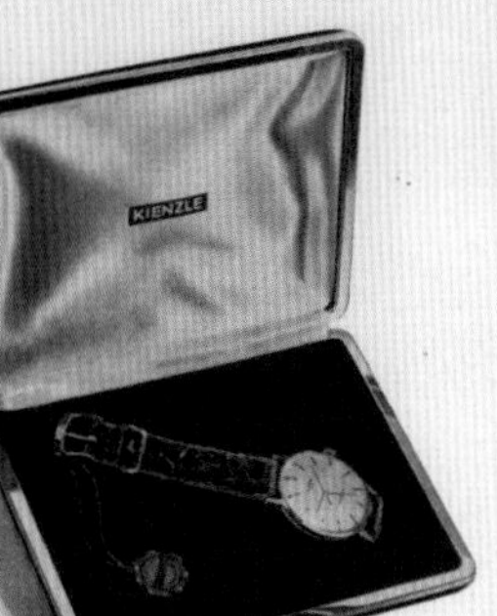

FINISH UND AUSSTATTUNG

entsprechen in allen Details den höchsten Gebrauchserwartungen. Die Gehäuse sind absolut wasserdicht und gegen Kondenswasser gesichert; die Hartgoldplattierung mit 40 Mikron-Goldauflage ist praktisch unbegrenzt haltbar. Flache Linienführung durch geringe Werkhöhe.

» Swiss made «

Kienzle Werbung 1964

Aus einem Serienwerk einen ausgezeichneten Chronometer weiterzuentwickeln, gelingt bekanntlich nur in Ausnahmefällen. Ob es gelingt, ist eine Frage der optimal erreichten Feinreglage.

Der KIENZLE SUPERIA-Chronometer (Werk 081/21) ist eine konsequente technische Entwicklung: Das Werk ist im Grundaufbau mit unserem Standard-Kaliber 081/17 identisch. Auch mit den gleichen Bestandteilen versehen, ebenso klar und übersichtlich angeordnet. Die Qualität des KIENZLE Chronometers wird den Fachmann überraschen. Die Gangeigenschaften sind verblüffend; die Certifikate*) bestätigen es.

Das massive Paletten-Ankerwerk ist mit 21 Funktionssteinen, Schweizer Ankerhemmung, selbstschmierender, bruchsicherer und ermüdungsfreier Zugfeder und mit einer temperaturkompensierenden Spirale ausgestattet. Klassisch schön ist das Gehäuse, von repräsentativer Eleganz das Zifferblatt.

KIENZLE SUPERIA-Chronometer – ein Chronometer erster Güteklasse.

*) Die der Uhrenprüfungsstelle des Landesgewerbeamtes Baden-Württemberg in Stuttgart eingereichten KIENZLE-Chronometer erhielten im Rahmen der Klassifizierungsstufen I und II überwiegend das Prädikat:

BESONDERS GUTE GANGERGEBNISSE

Kienzle Werbung 1963

Vergoldeter Kienzle Superia Chronometer mit ETA 2391, Werknummer 8689

Kienzle Superia Chronometer im Stahlgehäuse mit ETA 2391, Werknummer 7215

Kienzle Swiss Chronometer Automatic mit ETA 2472, Werknummer 8939

Datenblatt Kienzle Superia

Kaliber	**K081/21** **Seikosha 6220**
Chronometerprüfung	LGA
Durchmesser (Linien)	11 ½'''
Produktionszeit	1962/63–1964
Hemmungsgruppe	vergoldete monometallische Ringunruh
Feinregulierung	ohne Rückerzeiger
Stoßsicherung	Diashock
Stückzahl	~ 575
Steine	21
Halbschwingungen (A/h)	18.000
Besonderheiten	Ankerrad, Sekundenrad, Kleinbodenrad mit zusätzlicher Lagerung

---

Kaliber	**K081/21** **ETA 2391**
Chronometerprüfung	Schweizer Prüfstelle
Durchmesser (Linien)	11 ½'''
Produktionszeit	1964–1966
Hemmungsgruppe	ISOVAL-1 Spiralfeder; vergoldete monometallische Schraubenunruh
Feinregulierung	ohne Rückerzeiger
Stoßsicherung	Incabloc
Stückzahl	~ 1.500
Steine	21
Halbschwingungen (A/h)	18.000
Besonderheiten	Handaufzug; auch SWISS MADE auf dem Zifferblatt

---

Kaliber	**ETA 2472**
Chronometerprüfung	Schweizer Prüfstelle
Durchmesser (Linien)	11 ½'''
Produktionszeit	1965–1968
Hemmungsgruppe	vergoldete monometallische Schraubenunruh
Feinregulierung	einfacher Rückerzeiger
Stoßsicherung	Incabloc
Stückzahl	~ 1.000
Steine	25
Halbschwingungen (A/h)	18.000
Besonderheiten	Automatik mit Datum; SWISS MADE auf dem Zifferblatt

10.6 | BIFORA

Die im Jahre 1900 von Josef Bidlingmaier auf der Schwäbischen Alb in Schwäbisch Gmünd gegründete Firma BIFORA (**BI** = **Bi**dlingmaier, **FOR** = **For**mwerk, **A** = **A**nkerhemmung) nannte sich selbst „größte deutsche Spezialuhrenfabrik für Armbanduhren". Bereits Ende der 1920er Jahre wurde mit der Produktion von eigenen Armbanduhrwerken begonnen, und wer als Armbanduhrhersteller etwas auf sich hielt, musste seinen Kunden möglichst präzise Uhren liefern. Der Wert einer Uhr bemaß sich in der damaligen Zeit nicht nur aus dem verwendeten Gehäusematerial und dem Image der Marke, sondern vielmehr größtenteils an der Gangleistung des Zeitmessers. Bifora begann in den frühen 1950er Jahren damit, Uhrenlinien zu lancieren, bei denen man besonderen Wert auf die Güte des Uhrwerks und die damit einhergehende Präzision legte. Zuerst kamen die Uhren mit Kaliber 103 (kleine und Zentralsekunde) in der Reihe „Spezial" auf den Markt, bald gefolgt von Modellen mit dem Kaliber 111, das bei Bifora rotvergoldet und, wenn es in einer Dugena „Precision" verbaut wurde, gelbgoldvergoldet ist. Um aber in der Riege der Präzisionsuhren endgültig mitspielen zu können, ersann man das Kaliber 120 und schließlich im Jahr 1955 die „Unima" Linie.
Die Unima Linie war auch Namensgeber für die absoluten Spitzenprodukte aus dem Hause Bidlingmaier – die Chronometer.
Bifora brachte im folgenden Jahr den 12 ½-linigen „Unima" Chronometer auf den Markt. Das Kaliber Bifora 120 gab es gleich von Anfang an wahlweise mit kleiner Sekunde oder direkter Zentralsekunde (Bifora 120 SC). Beide Grundwerke wurden mit 17 (einzelne Exportversionen) und 18 Steinen hergestellt, ebenso die Unimas. Unima Chronometer mit 17 Steinen sind jedoch nicht bekannt. Die Hemmungsgruppe ist mit einer Glucydur Unruh, einer Nivarox Spirale und einer Schwanenhalsfeinregulierung hochwertigst ausgestattet. Anfangs wurden die Chronometer ohne Sekundenstoppvorrichtung ausgeliefert, zum Ende der Bauzeit mit Sekundenstopp. Üblicherweise sind die Uhren mit dem Werk nummerngleich am Boden gepunzt und mit dem Zusatz „Chronometre" versehen, allerdings nicht immer. Hier wurde oftmals den Wünschen der Händler entsprochen und Platz für individuelle Gravuren gelassen. Obwohl die Unima Chronometer von 1956 bis 1965 produziert wurden, sind doch nur wenige Tausend Stück, der Bifora Freundeskreis e.V. spricht von 2.279, zur Prüfung vorgelegt worden. Die Uhren gelten heute als durchaus rar und sind in gutem Zustand nur schwer zu finden. Eingebaut wurden die Chronometer in vergoldeten und verchromten Gehäusen, eher selten auch in 585er Goldgehäusen. Stahlgehäuse gab es bei Bifora Chronometern nicht. Ungeprüfte Unima Modelle, die auch an ZentRa geliefert wurden, wurden in weit größeren Stückzahlen gefertigt, als es bei den Chronometern der Fall war.
Mit dem Ende der Produktion der Bifora B120 und der letzten Unima im Jahr 1968 folgte bereits ab 1964 das 13 Linien große, modern mit direkt im Kraftfluss liegender Zentralsekunde ausgestattete B130 in der Linie „Stratos". Die Unruh des B130 vollzog zwar nur die damals traditionellen 18.000 Halbschwingungen in der Stunde, baute aber sehr flach. Vermutlich hätte das B130 auch das Zeug zum Chronometer gehabt, allerdings sah man im Hause Bidlingmaier wohl keine Notwendigkeit mehr, dem Kaliber höhere Weihen zu gönnen.

Neues Bidlingmaier-Armbanduhrwerk 12½" - Cal. B 120

dem Cal. B 120 – 12½" bringt die Firma J. Bidling-
er ein neues Armbanduhrwerk auf den Markt, das
ßte Beachtung verdient. Bei dieser Neukonstruktion
rde eine Werkgröße geschaffen, bei der die wichtig-
funktionellen Teile in günstigsten Relationen zu ein-
er stehen. Durch die gutgelösten Größenverhältnisse
nten Wünsche und Vorteile bei der Konstruktion
wirklicht werden.
diesem Werk wurde eine Uhr gefertigt, welche die
züge von Präzision und Eleganz in sich vereint. Das
ohl an der Zifferblatt- als auch an der Brückenseite
einer Hochglanzfacette stark abgeflachte Werk hat
n Außendurchmesser von 29,4 mm. Die Werkhöhe
,25 mm – bei Werken mit Mittelsekunde 5,2 mm.
Glucydur-Unruhe mit einem Durchmesser von
mm findet als Gangregler Verwendung. Als Spi-
wird die erste Qualität NIVAROX (CGS 2,50)
ützt, bei der der innere Ansteckpunkt berücksichtigt
Das günstige Größenverhältnis Federhaus 12,3 mm –
ruhe 12,2 mm bürgt in Verbindung mit der sorg-
g gearbeiteten Verzahnung der Triebe und Räder
ie den hochfein polierten Zapfen für eine hervor-
nde und dauerhafte Gangleistung. Durch den Auf-
einer Schwanenhalsfeder ist die Möglichkeit der
einstellung gegeben. Als Stoßsicherung dient der
CABLOC. Die verwendete Zugfeder ist unzerbrech-
, nichtrostend (NIVAFLEX).

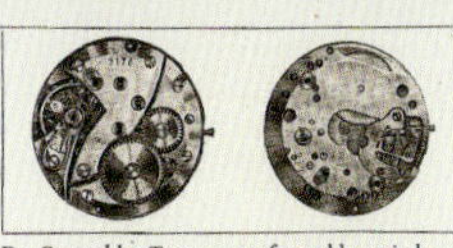

Das Gangrad hat Trompetenzapfen und lagert in bombierten und olivierten Lochsteinen. Die Begrenzung ist durch zwei Decksteine gegeben, wovon der obere in ein poliertes Stahldeckplättchen eingedrückt ist. Die Laufzeit des Werkes beträgt 48 Stunden. Der besonderes kräftig ausgeführte à-vue-Aufzug ist auch stärksten Belastungen gewachsen.

Das Werk wird in vier Lagen feinreguliert. Die größte zulässige Differenz zwischen den verschiedenen Lagen beträgt plus 20 Sekunden. Jede einzelne Uhr wird sowohl mehrmals einer Kurzprüfung auf elektronischen Geräten unterzogen als auch in den verschiedenen Lagen und Temperaturen je über 24 Stunden beobachtet.

Die übersichtliche Bauart des Werkes und die angebrachten Sichtfräsungen erlauben ein sicheres Übersehen der Funktionen.

Auch auf die Oberfläche des Werkes wurde sehr großer Wert gelegt. Sie macht einen aparten, vollendeten Eindruck.

Nummer 2 · UHREN-JOURNAL · Februar 1956

Bifora unima, Werbung „Uhren-Journal" Februar 1956

Bifora unima, Werbung „Uhren-Journal" Februar 1956

Bifora unima, Werbung „Uhren-Journal" März 1956

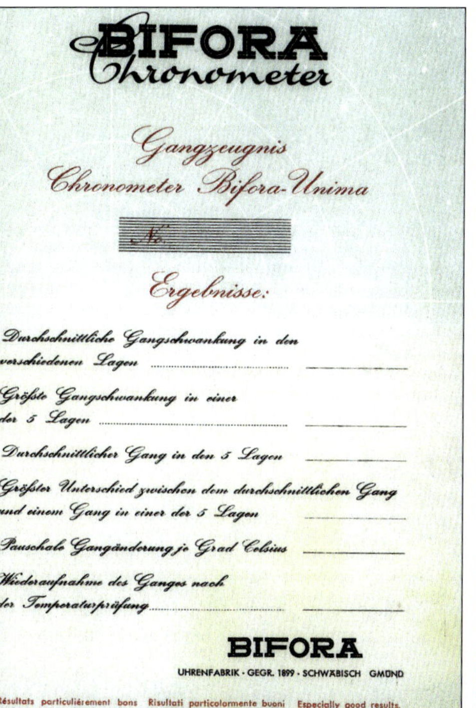

BIFORA
Chronometer

Gangzeugnis
Chronometer Bifora-Unima

Nr.

Ergebnisse:

Durchschnittliche Gangschwankung in den verschiedenen Lagen ....

Größte Gangschwankung in einer der 5 Lagen ....

Durchschnittlicher Gang in den 5 Lagen ....

Größter Unterschied zwischen dem durchschnittlichen Gang und einem Gang in einer der 5 Lagen ....

Pauschale Gangänderung je Grad Celsius ....

Wiederaufnahme des Ganges nach der Temperaturprüfung ....

BIFORA
UHRENFABRIK · GEGR. 1899 · SCHWÄBISCH GMÜND

Résultats particulièrement bons · Risultati particolarmente buoni · Especially good results · Besonders gute Ergebnisse

Bifora Gangzeugnis Vorlage

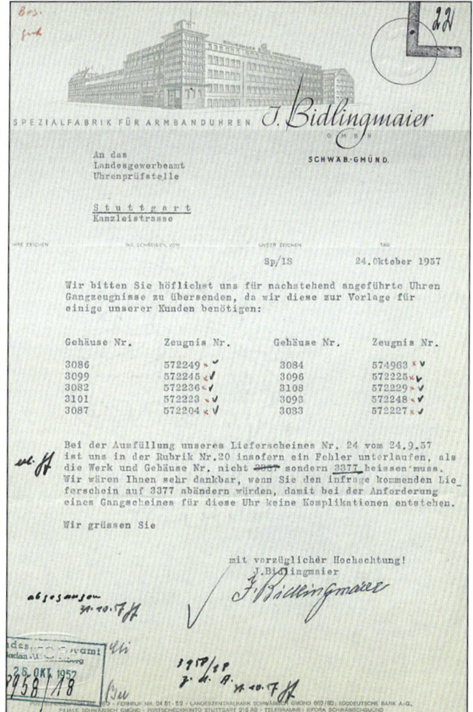

SPEZIALFABRIK FÜR ARMBANDUHREN J. Bidlingmaier GMBH
SCHWÄB.-GMÜND.

An das
Landesgewerbeamt
Uhrenprüfstelle

Stuttgart
Kanzleistrasse

Unser Zeichen: Sp/IS — Tag: 24.Oktober 1957

Wir bitten Sie höflichst uns für nachstehend angeführte Uhren Gangzeugnisse zu übersenden, da wir diese zur Vorlage für einige unserer Kunden benötigen:

Gehäuse Nr.	Zeugnis Nr.	Gehäuse Nr.	Zeugnis Nr.
3086	572249	3084	574963
3099	572245	3096	572225
3082	572236	3108	572229
3101	572223	3093	572248
3087	572204	3083	572227

Bei der Ausfüllung unseres Lieferscheines Nr. 24 vom 24.9.57 ist uns in der Rubrik Nr.20 insofern ein Fehler unterlaufen, als die Werk und Gehäuse Nr. nicht ~~3087~~ sondern 3377 heissen muss. Wir wären Ihnen sehr dankbar, wenn Sie den infrage kommenden Lieferschein auf 3377 abändern würden, damit bei der Anforderung eines Gangscheines für diese Uhr keine Komplikationen entstehen.

Wir grüssen Sie

mit vorzüglicher Hochachtung!
J.Bidlingmaier

Schreiben von Bidlingmaier an das LGA aus dem Jahr 1957. Landesarchiv Baden-Württemberg, Abt. Staatsarchiv Ludwigsburg (34)

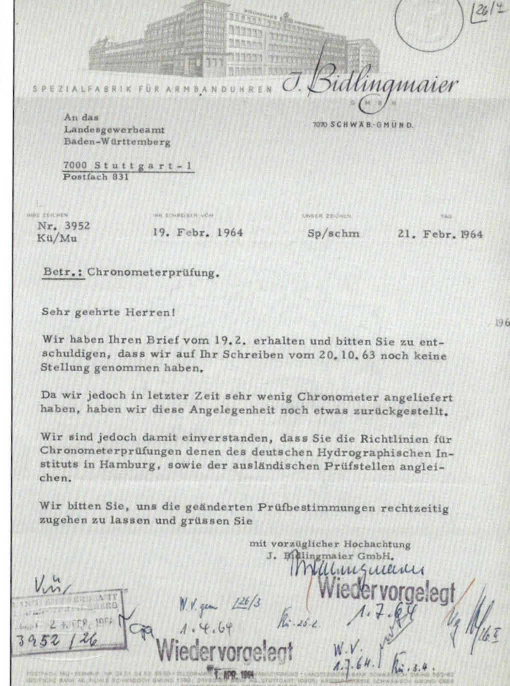

SPEZIALFABRIK FÜR ARMBANDUHREN J. Bidlingmaier GMBH
7070 SCHWÄB.-GMÜND.

An das
Landesgewerbeamt
Baden-Württemberg

7000 Stuttgart-1
Postfach 831

Ihre Zeichen: Nr. 3952 Kü/Mu — Ihr Schreiben vom: 19. Febr. 1964 — Unser Zeichen: Sp/schm — Tag: 21. Febr. 1964

Betr.: Chronometerprüfung.

Sehr geehrte Herren!

Wir haben Ihren Brief vom 19.2. erhalten und bitten Sie zu entschuldigen, dass wir auf Ihr Schreiben vom 20.10.63 noch keine Stellung genommen haben.

Da wir jedoch in letzter Zeit sehr wenig Chronometer angeliefert haben, haben wir diese Angelegenheit noch etwas zurückgestellt.

Wir sind jedoch damit einverstanden, dass Sie die Richtlinien für Chronometerprüfungen denen des deutschen Hydrographischen Instituts in Hamburg, sowie der ausländischen Prüfstellen angleichen.

Wir bitten Sie, uns die geänderten Prüfbestimmungen rechtzeitig zugehen zu lassen und grüssen Sie

mit vorzüglicher Hochachtung
J. Bidlingmaier GmbH.

Wiedervorgelegt

Schreiben von Bidlingmaier an das LGA aus dem Jahr 1964. Die Firma ist mit den verschärften Prüfbedingungen einverstanden, erklärt aber gleichzeitig, dass kaum noch Chronometer geliefert werden. Landesarchiv Baden-Württemberg, Abt. Staatsarchiv Ludwigsburg (35)

Bifora unima, Chronometer Kaliber Bifora 120, Zentralsekunde mit der Seriennummer 3462

Bifora unima, Chronometer 585er Goldgehäuse, Kaliber Bifora 120, Zentralsekunde

Bifora unima, Chronometer Bifora 120, kleine Sekunde, Werk- und Gehäusenummer 3372

ragsteller

Datum 5. September 57

das

Lieferungsschein Nr. 20

ndesgewerbeamt Baden-Württemberg

tuttgart

nzleistraße

liegend übersende ich 25 Armbanduhren mit der Bitte um Prüfung.

e Uhren sind im Behälter nach folgender Anordnung untergebracht:

ehälter Nr. 5 1572 *

1 Werks-Nr. 3438 Gehäuse Nr. 3438	10 Werks-Nr. 3452 Gehäuse Nr. 3452	11 Werks-Nr. 3448 Gehäuse Nr. 3448	20 Werks-Nr. 3439 Gehäuse Nr. 3439	21 Werks-Nr. 3490 Gehäuse Nr. 3490
2 Werks-Nr. 3454 Gehäuse Nr. 3454	9 Werks-Nr. 3460 Gehäuse Nr. 3460	12 Werks-Nr. 3430 Gehäuse Nr. 3430	19 Werks-Nr. 345 Gehäuse Nr. 355	22 Werks-Nr. 3433 Gehäuse Nr. 3433
3 Werks-Nr. 3472 Gehäuse Nr. 3472	8 Werks-Nr. 3463 Gehäuse Nr. 3463	13 Werks-Nr. 3449 Gehäuse Nr. 3449	18 Werks-Nr. 3431 Gehäuse Nr. 3431	23 Werks-Nr. 3492 Gehäuse Nr. 3492
4 Werks-Nr. 3481 Gehäuse Nr. 3481	7 Werks-Nr. 3462 Gehäuse Nr. 3462	14 Werks-Nr. 3458 Gehäuse Nr. 3458	17 Werks-Nr. 3440 Gehäuse Nr. 3440	24 Werks-Nr. 3488 Gehäuse Nr. 3488
5 Werks-Nr. 3453 Gehäuse Nr. 3453	6 Werks-Nr. 3479 Gehäuse Nr. 3479	15 Werks-Nr. 3428 Gehäuse Nr. 3428	16 Werks-Nr. 3429 Gehäuse Nr. 3429	25 Werks-Nr. 3457 Gehäuse Nr. 3457

62 - 2m - 1054

Links gezeigter Bifora Chronometer mit der Nummer 3462 mit Nachweis in der Liste (Feld 7) des LGA

Werksausschnitt mit der Seriennummer 3462

Bifora unima, Chronometer Bifora 120, Zentralsekunde, Werk-und Gehäusenummer 2735

Bifora Stratos mit Bifora 130

Bifora 130 mit seltenem Schwertzifferblatt, Sammlung Dieter Schullerus

Datenblatt Bifora

Kaliber Bifora 120	**Bifora 120 (kleine Sekunde)** **Bifora 120 SC (Zentralsekunde)**
Chronometerprüfung	LGA
Durchmesser (Linien)	12 ½'''
Produktionszeit	1956–1965
Hemmungsgruppe	Beryllium-Bronze Schraubenunruh; Nivarox Spirale
Feinregulierung	Schwanenhals
Stoßsicherung	Incabloc
Stückzahl	über 2.500
Steine	18
Halbschwingungen (A/h)	18.000
Besonderheiten	olivierte Steine

Kaliber Bifora 130	**Bifora 130**
Chronometerprüfung	ohne
Durchmesser (Linien)	13'''
Produktionszeit	1964–1975
Hemmungsgruppe	Ringunruh
Feinregulierung	ohne
Stoßsicherung	Incabloc
Stückzahl	unbekannt
Steine	17
Halbschwingungen (A/h)	18.000
Besonderheiten	

DIE RARITÄTEN | 10.7

Eine Reihe Hersteller, die seriell gefertigte Chronometer in kleiner und kleinster Stückzahl produzierten, existierten neben den großen Firmen. Oft lässt sich nur durch Werbung oder Erwähnung in der kaum vorhandenen Literatur auf diese Uhren schließen.

ALP (A. Lange Pforzheim) und Lange, vormals Glashütte

Die Geschichte der berühmten Glashütter Uhrenmanufaktur A. Lange und Söhne ist bereits in zahlreichen Büchern und Veröffentlichungen dokumentiert; hier sollen nur die Aktivitäten der Enkel Adolf Langes in Westdeutschland nach dem Zweiten Weltkrieg beleuchtet werden. Der 1924 geborene und 2017 gestorbene Walter Lange floh 1948 in den Westen und baute zusammen mit seinem ebenfalls 1950 nach Pforzheim geflohenen Bruder Ferdinand Adolph (II) in Pforzheim-Würm ab 1954, wie die Fachzeitschrift „Die Uhr" in Ausgabe 17/54 vom ersten Messeauftritt zu berichten weiß, einen mittelständischen Uhrmontagebetrieb und später einen Uhrengroßhandel mit verschiedenen Schweizer Marken auf.
Walter Lange hatte 1948 noch bei der Konstruktion der Kaliber 28 und 28.1, die im Prinzip einer Verkleinerung des in B-Uhren eingesetzten Kalibers 48 entsprechen, in Glashütte mitge-

Ferner wurden ab und zu noch Chronometer in
ingen Stückzahlen von den Firmen Erich Lacher und Lange (Glashütte),
de in Pforzheim, angeliefert.

Hausinternes Schreiben des LGA aus dem Jahr 1957, komplettes Schreiben auf Seite 34 und 35. Landesarchiv Baden-Württemberg, Abt. Staatsarchiv Ludwigsburg (11)

Massiv goldener Lange Chronometer mit ETA 2472 aus dem Jahr 1969. Fotos: Peter-Jesko Buse

wirkt. Als die Uhren mit dem Kaliber 28 in Produktion gingen, war er bereits in Pforzheim angekommen.
Die unter *ALP* und *Lange, vormals Glashütte* produzierten und auch zugekauften Uhren waren mit Rohwerken von PUW, Gustav Bauer (Guba), Hermann Becker (HB) oder aber auch mit Felsa oder ETA 2472 Automatik Werken aus der Schweiz ausgestattet.
Im Archiv in Ludwigsburg befindet sich ein internes Schreiben des LGA von 1957, in dem sich der Satz findet: „Ferner wurden ab und zu noch Chronometer in geringen Stückzahlen von den Firmen Erich Lacher und Lange (Glashütte), beide Pforzheim, angeliefert.“
Welche Uhren eingeliefert wurden, offenbart das Schreiben nicht, auch nicht deren Ausstattung. Gesichert ist jedoch die Prüfung von Uhren für Lange im Schweizer Biel (Bienne). Dort wurden Ende der 1960er Jahre Chronometer mit ETA 2472 Werken geprüft und zertifiziert. Die Prüfzertifikate aus Biel trugen den Stempel des Fabrikanten: A. Lange – Uhren- und Chronometerfabrik – 7531 Würm bei Pforzheim, vormals A. Lange & Söhne – Deutsche Uhrenfabrikation Glashütte – Gegründet 1845.

Datenblatt A. Lange

Kaliber	**ETA 2472**
Chronometerprüfstelle	Biel (Bienne), Schweiz
Durchmesser (Linien)	11 ½‴
Produktionszeit	~ 1965–1969
Hemmungsgruppe	Glucydur Ringunruh; Nivarox Spirale
Feinregulierung	freier Rückerzeiger; beweglicher Spiralklötzchenträger
Stoßsicherung	Incabloc
Stückzahl	unter hundert
Steine	25
Halbschwingungen (A/h)	18.000
Besonderheiten	Datum bei drei Uhr beidseitiger Automatikaufzug

Bellana

Giselher Krings, der die Uhren seiner am 30.01.1954 eingetragenen Uhren-Fabrik in Niederbieber-Segendorf (Neuwied am Rhein) BELLANA nannte, bot mit seiner Firma anfangs Uhren verschiedener Ausführungen für den normalen Fachhandel an, wie die Uhrenreihe Bellana de Luxe, die mit dem Mauthe Formwerk Kaliber 1004 ausgestattet war, oder das Modell Neon mit einem zu großen Teilen mit Leuchtmasse beschichteten Zifferblatt. Die Uhren waren von mittlerer Qualität mit deutschen Rohwerken, und Anfang der 1960er Jahre suchte man eine neue Form der Vermarktung und auch der Qualität der Uhren.
Bellana konnte durch eine Direktvermarktung über die Dienststellen der Deutschen Bundesbahn ihre Erzeugnisse als offizielle Eisenbahner-Dienstuhren im Bereich der Deutschen Bundesbahn vertreiben.
Beim Kauf einer Uhr als Dienstuhr, die im mittleren und höheren Preissegment angesiedelt war, konnten zinsfreie Ratenzahlungen in Anspruch genommen werden. Die entsprechenden Raten wurden direkt vom Lohn abgezogen. Das ermöglichte den Beschäftigten der Bahn,

qualitativ sehr gute Uhren mit günstigen Konditionen zu erwerben. Auch die erste Überholung des Uhrwerks war bereits im Kaufpreis enthalten. In den hochwertigen, wasserdichten Gehäusen steckte anfangs noch das deutsche AHO 1021 Rohwerk, später fast ausschließlich ETA Werke aus der Schweiz.

Ende der 1960er Jahre gab es wohl Überlegungen, die offiziellen Dienstuhren noch mit einem Chronometerzertifikat aufzuwerten, zumindest wurden der Uhrenprüfstelle des LGA am 26. August 1969 drei Uhren mit ETA 2391 Werken (Nummer 54170, 54171, 54172) vorgelegt.

Von der erstgenannten Uhr ist ein Gangzeugnis mit folgendem Ergebnis vorhanden: „*Die geprüfte Uhr erfüllt die Bedingungen der umseitigen Tabelle, die internationalen Grundsätzen entsprechen, Klasse I und darf als Chronometer mit – besonders – guten Gangleistungen bezeichnet werden.*“

Über weitere Prüfungen ist nichts bekannt. Krings bediente sich bei den Schweizer ETA Werken und nutzte bei den Uhren mit automatischem Aufzug das ETA 2472, in den siebziger Jahren kam das ETA 2773 dazu. Bei den Handaufzugswerken fiel die Wahl auf das ETA 2752, die beiden letztgenannten Werke waren mit Glucydur Unruh und Etachron Feinregulierung ausgestattet. Die Firma von Giselher Krings war noch bis 1995 tätig.

LANDESGEWERBEAMT BADEN-WÜRTTEMBERG

Gangzeugnis · Bulletin de marche · Watch Rate Certificate

No. 69/00959

Gegenstand: Objet: Article: Armbandchronometer

Hersteller: Fabricant: Manufacturer:

Antragsteller: Déposant: Applicant: Firma Krings

Prüfbuch-Nr.: No.: Reference: 796

Werk-Nr. nach Angabe des Antragstellers: No. du mouvement indiqué par le déposant: No. of movement indicated by the applicant:

Gehäuse-Nr. nach Angabe des Antragstellers: Boîte No. indiqué par le déposant: Case No. indicated by the applicant: D 54170

Tag Jour Day	Lage	Position	Position	Temperatur Température Temperature	Gang Marche Rate s/d	Gangschwankung Variation Variation of rate s/d²	
1	6 oben	6 en haut	6 up	20° C	g_1 + 2,0		
2	6 oben	6 en haut	6 up	20° C	g_2 + 1,5	$\frac{\vert g_2-g_1 \vert}{1\,d}$	- 0,5
3	3 oben	3 en haut	3 up	20° C	g_3 +14,5		
4	3 oben	3 en haut	3 up	20° C	g_4 +16,0	$\frac{\vert g_4-g_3 \vert}{1\,d}$	+ 1,5
5	9 oben	9 en haut	9 up	20° C	g_5 ± 0		
6	9 oben	9 en haut	9 up	20° C	g_6 + 1,0	$\frac{\vert g_6-g_5 \vert}{1\,d}$	+ 1,0
7	Zifferblatt unten	Cadran en bas	Dial down	20° C	g_7 + 5,5		
8	Zifferblatt unten	Cadran en bas	Dial down	20° C	g_8 + 4,5	$\frac{\vert g_8-g_7 \vert}{1\,d}$	- 1,0
9	Zifferblatt oben	Cadran en haut	Dial up	20° C	g_9 + 1,0		
10	Zifferblatt oben	Cadran en haut	Dial up	20° C	g_{10} + 4,0	$\frac{\vert g_{10}-g_9 \vert}{1\,d}$	+ 3,0
11	Zifferblatt oben	Cadran en haut	Dial up	4° C	g_{11} + 4,5		
12	Zifferblatt oben	Cadran en haut	Dial up	20° C	g_{12} + 1,5	+	–
13	Zifferblatt oben	Cadran en haut	Dial up	36° C	g_{13} + 6,0	Vorgehen	Nachgehen
14	6 oben	6 en haut	6 up	20° C	g_{14} ± 0	Avance	Retard
15	6 oben	6 en haut	6 up	20° C	g_{15} + 1,5	Gaining	Losing

Ende der Prüfung · Fin de l'épreuve · End of test: 25. September 1969

Einzelergebnisse der Prüfung · Résultats particuliers de l'épreuve · Detailed results of test

Erklärungen sowie Toleranzen umseitig · Les explications et les tolerances veuillez trouver au verso · Explanations and tolerances on the reverse side.

A 1,4 s/d² D + 5,0 s/d J + 0,04 s/d °C U - 0,7 s/d

B 3,0 s/d² E 11,0 s/d L - 0,2 s/d F - s/d

Die geprüfte Uhr erfüllt die Bedingungen der umseitigen Tabelle, die internationalen Grundsätzen entsprechen, Klasse I und darf als Chronometer mit – besonders*) – guten Gangleistungen bezeichnet werden.

Stuttgart, den 3. Okt. 1969

BADEN-WÜRTTEMBERG LANDESGEWERBEAMT

Landesgewerbeamt Baden-Württemberg

UHRENPRÜFSTELLE

*) Nichtzutreffendes streichen

Gangzeugnis des LGA aus dem Jahr 1969 für einen Armbandchronometer der Firma Krings (Bellana): Landesarchiv Baden-Württemberg, Abt. Staatsarchiv Ludwigsburg (36)

Bellana de Luxe mit Mauthe 1004

Bellana mit dem ETA 2391, Glucydur Unruh und der Nummer D54538. Die Nummer kommt den chronometergeprüften Uhren sehr nahe.

Bellana mit rotvergoldetem und mit Streifenschliff versehenem ETA 2391 mit mehreren Kif-Duofix-Kombifuttern, Schraubenunruh und mit Triostat Feinregulierung. Nummer D42753.

Bellana mit AHO 1021

Bellana mit ETA 2752 und Etachron Feinregulierung

Bellana mit ETA 2773

Datenblatt Bellana

Bellana de Luxe	**Mauthe 1004**
Durchmesser (Linien)	8 ¾ x 12'''
Produktionszeit	~ 1958
Hemmungsgruppe	Schraubenunruh
Feinregulierung	einfacher Rückerzeiger
Stoßsicherung	Contrachoc (Mauthe)
Stückzahl	
Steine	17
Halbschwingungen (A/h)	18.000
Besonderheiten	Formwerk

Bellana	**AHO 1021**
Durchmesser (Linien)	10 ½'''
Produktionszeit	~ 1959
Hemmungsgruppe	Schraubenunruh
Feinregulierung	hier ohne Rückerzeiger
Stoßsicherung	Trishock
Stückzahl	
Steine	21
Halbschwingungen (A/h)	18.000
Besonderheiten	

Datenblatt Bellana

Bellana	**ETA 2752**
Durchmesser (Linien)	11 ½'''
Produktionszeit	~ 1970
Hemmungsgruppe	Glucydur Ringunruh
Feinregulierung	Etachron
Stoßsicherung	Incabloc
Stückzahl	
Steine	21
Halbschwingungen (A/h)	21.600
Besonderheiten	

Bellana	**ETA 2773**
Durchmesser (Linien)	11 ½'''
Produktionszeit	~ 1972
Hemmungsgruppe	Glucydur Ringunruh
Feinregulierung	Etachron
Stoßsicherung	Incabloc
Stückzahl	
Steine	25
Halbschwingungen (A/h)	21.600
Besonderheiten	Automatik Datum bei sechs

Der Sonderfall Blumus

Das von Adolf Blümelink jun. 1919 in München gegründete Unternehmen firmierte zunächst unter dem Namen Uhrenfabrik Blümelink, später wurde der Markenname Blumus eingeführt. Die Firma wirkte zunächst nur als Uhrengroßhandel, fertigte aber ab 1929 auch Uhren mit Verwendung von Fremdwerken. Ab 1948 wurden mit Schweizer Werken versehene Armbanduhren produziert und vertrieben, und das bayerische Unternehmen wuchs bis in die 1950er Jahre zu einer mittelständischen Armbanduhrenfabrik, die mittlere bis gute Qualitätsuhren verkaufte. Erst Anfang der 1980er Jahre erfolgte der Umzug der zwischenzeitlich unter anderer Geschäftsführung stehenden Firma nach Pforzheim.
Am 26.3.1959 kündigte Blumus dem LGA die Einlieferung von 300 Uhren mit ETA 2391 an. Ob diese Absicht jedoch jemals umgesetzt wurde und ob überhaupt Uhren der Marke Blumus geprüft wurden, lässt sich schlussendlich nicht belegen. Zwischen 1963 und Anfang 1964 schrieb das LGA jedoch sämtliche Uhrenfirmen an, die bislang Armbandchronometer in Stuttgart prüfen ließen, um deren Einverständnis über eine Verschärfung der Prüfungsbedingungen einzuholen. Ein Schreiben an Blumus wurde in den Archiven nicht gefunden, und lässt darauf schließen, dass es zumindest bis zu diesem Zeitpunkt keine Chronometerprüfungen von Blumus gab.
Die in Frage kommenden Uhren waren hochwertig ausgestattet und hätten vermutlich auch ein Prüfzeugnis erhalten können.
In der gezeigten Uhr wurde ein ETA 2391 mit Triostat Feinregulierung verwendet, die zur Prüfung vorgesehenen Uhren dürften ähnlicher Qualität gewesen sein. Spitzenmodelle dieser Uhr wurden in 585-Goldgehäusen mit dem zusätzlichen Zifferblattaufdruck Präzision verkauft.
Auch in späteren Jahren standen Zeitmesser im Verkaufsprogramm, die potentielle Kandidaten für eine Chronometerprüfung hätten sein können: Automatikuhren mit dem ETA 2620 oder dem ETA 2772, dessen Werk vergoldet und auf dessen Rotor ein „ADJUSTED IN 6 POSITIONS" vermerkt ist.
Die Antwort des Landesgewerbeamtes Baden-Württemberg ließ auf die Anfrage nach Prüfbedingungen und Prüfungsbehälter nicht lange auf sich warten, und somit besteht durchaus die Möglichkeit, dass auch tatsächlich chronometergeprüfte Uhren von Blumus auf den Markt gekommen sein könnten …

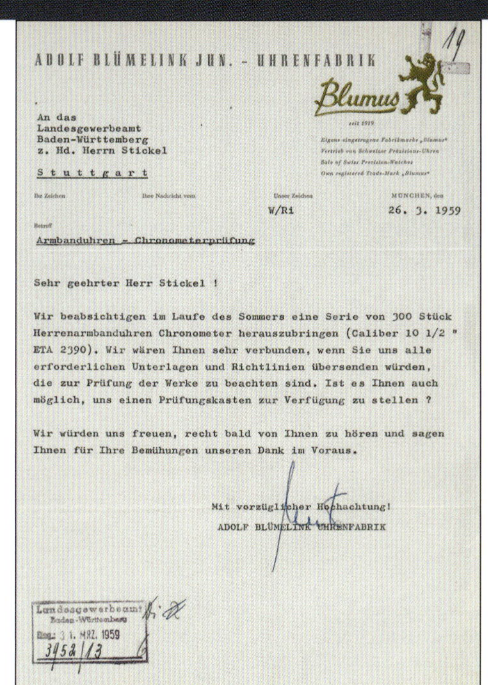

ADOLF BLÜMELINK JUN. - UHRENFABRIK

Blumus
seit 1919

Eigene eingetragene Fabrikmarke „Blumus“
Vertrieb von Schweizer Präzisions-Uhren
Sale of Swiss Precision-Watches
Own registered Trade-Mark „Blumus“

An das
Landesgewerbeamt
Baden-Württemberg
z. Hd. Herrn Stickel

Stuttgart

Ihr Zeichen | Ihre Nachricht vom | Unser Zeichen W/Ri | MÜNCHEN, den 26. 3. 1959

Betreff
Armbanduhren - Chronometerprüfung

Sehr geehrter Herr Stickel !

Wir beabsichtigen im Laufe des Sommers eine Serie von 300 Stück Herrenarmbanduhren Chronometer herauszubringen (Caliber 10 1/2 " ETA 2390). Wir wären Ihnen sehr verbunden, wenn Sie uns alle erforderlichen Unterlagen und Richtlinien übersenden würden, die zur Prüfung der Werke zu beachten sind. Ist es Ihnen auch möglich, uns einen Prüfungskasten zur Verfügung zu stellen ?

Wir würden uns freuen, recht bald von Ihnen zu hören und sagen Ihnen für Ihre Bemühungen unseren Dank im Voraus.

Mit vorzüglicher Hochachtung!
ADOLF BLÜMELINK UHRENFABRIK

Landesgewerbeamt Baden-Württemberg
Eing.: 31. MRZ. 1959
3952/13

Blumus fragte im Jahr 1959 die Voraussetzungen der Chronometerprüfung ab. Landesarchiv Baden-Württemberg, Abt. Staatsarchiv Ludwigsburg (37)

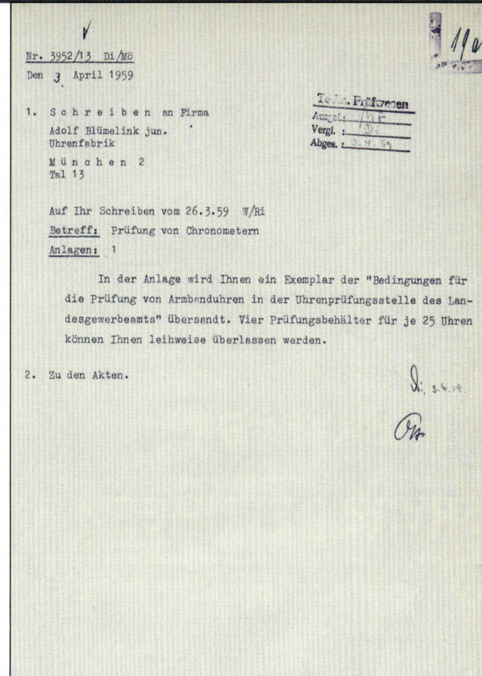

Nr. 3952/13 Di/Mö
Den 3 April 1959

Techn. Prüfwesen
Ausgef.:
Vergl. :
Abges. : 3.4.59

1. Schreiben an Firma
Adolf Blümelink jun.
Uhrenfabrik
München 2
Tal 13

Auf Ihr Schreiben vom 26.3.59 W/Ri
Betreff: Prüfung von Chronometern
Anlagen: 1

In der Anlage wird Ihnen ein Exemplar der "Bedingungen für die Prüfung von Armbanduhren in der Uhrenprüfungsstelle des Landesgewerbeamts" übersandt. Vier Prüfungsbehälter für je 25 Uhren können Ihnen leihweise überlassen werden.

2. Zu den Akten.

Antwort des LGA auf die Anfrage zu den Prüfbedingungen. Landesarchiv Baden-Württemberg, Abt. Staatsarchiv Ludwigsburg (38)

Blumus De Luxe mit PUW 60-61 in einem massiv goldenen Gehäuse

Blumus mit einem ETA 2391 mit Triostat Feinregulierung

Blumus Automatik mit ETA 2772 – adjusted in 6 positions

Datenblatt Blumus

Kaliber	**ETA 2390** **ETA 2391**
Durchmesser (Linien)	ETA 2390 10 ½''' ETA 2391 11 ½'''
Produktionszeit	ca. 1959
Hemmungsgruppe	Nickel Schraubenunruh
Feinregulierung	Triostat
Stoßsicherung	Incabloc
Stückzahl	unbekannt
Steine	21
Halbschwingungen (A/h)	18.000
Besonderheiten	

Kaliber	**ETA 2772**
Durchmesser (Linien)	11 ½'''
Produktionszeit	ca. 1969
Hemmungsgruppe	Glucydur Unruh
Feinregulierung	einfacher Rückerzeiger
Stoßsicherung	Incabloc
Stückzahl	unbekannt
Steine	25
Halbschwingungen (A/h)	21.600
Besonderheiten	Automatik adjusted in 6 positions

Datenblatt Blumus De Luxe mit PUW 60 siehe PUW 60 Seite 103

Condor

Neckermann, Quelle, Otto-Versand, Baur, Klingel, Schöpflin, Bader oder Wenz – wer etwas älter ist, kennt die Namen und Kataloge der Universalversandhäuser und damit auch die dort angebotenen Uhren. Seien es die bekannten „Meister Anker" des Quelle-Versands oder die „Preziosa" Uhren von Baur. Die Region um Pforzheim, das größte Zentrum der deutschen Uhren- und Schmuckindustrie, ist nicht nur Heimat zahlreicher Werke- und Uhrenhersteller, es ist auch ein Zentrum des Versandhandels. Die Firmen Klingel, Bader und Wenz, alle heute noch tätig, sind dort beheimatet. Ein reger Austausch zwischen den Versandhäusern und der Uhrenindustrie lag nahe, und neben der Firma Quelle, die Chronometer der Firma Glashütte GUB im Programm hatte, bot in den 1970er Jahren ein weiteres Versandhaus mehrere Modelle eines Chronometers an – das Versandhaus Wenz, das von Friedrich Wenz gegründet wurde. Schließlich verpflichtet schon alleine der Werbeslogan auf dem Frontblatt der Kataloge: Wenz Katalog – Aus der Uhren- und Goldstadt Pforzheim im Schwarzwald.

Der Name der Uhren, Condor, wurde am 7.3.1956 durch das Versandhaus Wenz registriert, die Chronometer stammen aus den 1970er Jahren. Was heute „private Label" heißt, war damals bereits Realität. Wenz kaufte seine Condor Uhren bei verschiedensten Herstellern ein, deshalb finden sich die unterschiedlichsten Werke in Condor Uhren, wie beispielsweise Henzi & Pfaff aus Pforzheim, PUW, Kasper.

Es sind zwei Werktypen in Condor Chronometern bekannt, die mit ziemlicher Sicherheit einer Prüfung unterzogen worden sind, das ETA 2784 und das AS 2063.

Die Uhren, die mit dem in sechs Lagen regulierten ETA 2784 ausgestattet sind, besitzen einen Sekundenstopp und eine Exzenterfeinregulierung. Das 25-steinige ETA läuft mit 28.800 Halbschwingungen in der Stunde und steckt in einem massiv goldenen (14K, 585) Gehäuse, das keinen aufgepressten Deckel besitzt, sondern einen solide verschraubten, 14-kantigen Rückdeckel, auf dem eine fünfstellige Seriennummer eingeprägt ist. Auf den Zifferblättern steht CHRONOMETER OFFIZIELL GEPRÜFT und SWISS MADE, auch das Gehäuse stammt aus der Schweiz (Schweizer Goldpunzen), vermutlich wurden die Uhren nicht nur in der Schweiz gefertigt, sondern auch geprüft.

Die Chronometer mit dem AS 2063 sind mit einem wasserdichten, vergoldeten Gehäuse von Richard Pfisterer aus Pforzheim ausgestattet, das verbaute Werk stammt ebenfalls aus der Schweiz. Das 25-steinige, mit 21.600 Halbschwingungen in der Stunde schwingende AS 2063 ist allerdings nicht in der Grundausstattung verbaut, sondern mit Glucydur Unruh und Triovis Feinregulierung deutlich aufgewertet. Auf einen Sekundenstopp wurde allerdings verzichtet. In den Rotor ist eine vierstellige Seriennummer eingeschlagen. Auf dem Zifferblatt steht unter dem Firmennamen CONDOR die Zahl 75 für die Modellreihe. Nachdem sich bei diesen Uhren kein SWISS MADE findet und ein deutsches Gehäuse verwendet wurde, fand deren Fertigung wohl auch in Deutschland statt. Ähnliche Modelle

Condor 75 Chronometer mit AS 2063 mit Triovis Feinregulierung, Werknummer 8454

gab es auch mit Stahlgehäuse. Es sind Uhren mit dem Chronometer Aufdruck auf dem Zifferblatt bekannt, in denen das Vorgängermodell des AS 2063, das AS 1903, eingeschalt wurde. Dabei wurde auf jegliche Sonderausstattung verzichtet und eine Seriennummer ist nicht zu finden. Ähnliches zeigen Chronometer-signierte Condor Zeitmesser mit dem AS 2163. Die Unruh schlägt mit 28.800 Hs/h, und es findet sich eine zweiteilige Rückerfeinregulierung, aber auch hier keine Seriennummer auf dem Werk oder dem Gehäuse. Ob und wo diese Uhren geprüft wurden, lässt sich nicht zweifelsfrei klären, da hier nach deutschen Vorgaben nur Einzelstückprüfungen möglich gewesen wären.

Wen das Versandhaus Wenz für die Montage und Herstellung der Uhren beauftragte, ist unklar. In Frage kommen könnte für die Uhren mit dem AS 2063 die Firma Mars von Adolf Gengenbach aus Pforzheim, die wohl gelegentlich kleinere Serien Automatikuhren zur Prüfung einreichte. Mit einem Schreiben vom 17.8.1973 wurden beispielsweise 50 Uhren angekündigt.

Condor Chronometer mit Adolph Schild AS 1902/03

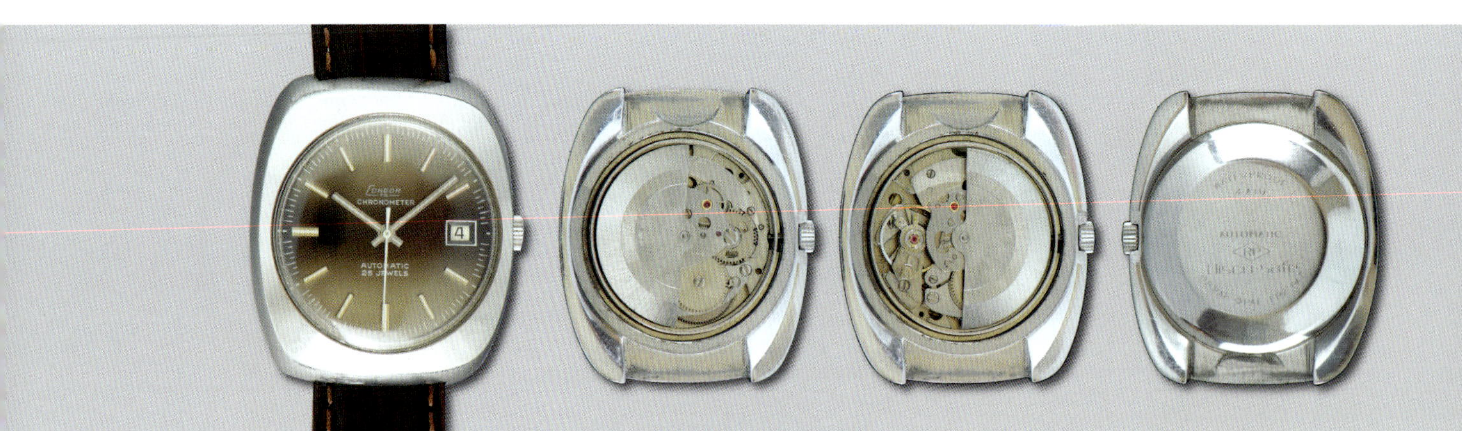

Condor 75 Chronometer mit Adolph Schild AS 2163

Datenblatt Condor

Kaliber	**AS 2063** **Adolph Schild S.A., Grenchen, Schweiz**
Chronometerprüfstelle	vermutlich LGA
Durchmesser (Linien)	11 ½'''
Produktionszeit	erste Hälfte 1970er
Hemmungsgruppe	Glucydur Unruh; Nivarox Spirale
Feinregulierung	Triovis Feinregulierung
Stoßsicherung	Incabloc
Stückzahl	unter hundert
Steine	25
Halbschwingungen (A/h)	21.600
Besonderheiten	einseitiger Aufzug; Datumsschnellverstellung; mittlere Kronenrastung; Datum bei Sechs

---

Kaliber	**ETA 2784**
Chronometerprüfstelle	Schweizer Prüfstelle
Durchmesser (Linien)	11 ½'''
Produktionszeit	erste Hälfte 1970er
Hemmungsgruppe	Glucydur Unruh; Nivarox Spirale
Feinregulierung	Etachron Feinregulierung
Stoßsicherung	Incabloc
Stückzahl	unter hundert
Steine	25
Halbschwingungen (A/h)	28.800
Besonderheiten	Unruh-Stopp; einseitiger Aufzug; Datumsschnellverstellung; Datum bei Sechs

---

Kaliber	**AS 1902/03** **Adolph Schild S.A., Grenchen, Schweiz**
Chronometerprüfstelle	fragliche Prüfung; wenn, dann vermutlich LGA
Durchmesser (Linien)	11 ½'''
Produktionszeit	erste Hälfte 1970er
Hemmungsgruppe	dreischenkelige Nickel Unruh; Nivarox Spirale
Feinregulierung	
Stoßsicherung	Incabloc
Stückzahl	unter hundert
Steine	25
Halbschwingungen (A/h)	21.600
Besonderheiten	einseitiger Aufzug; Datum bei Sechs; Federhaus steingelagert

Datenblatt Condor 75 Chronometer mit AS 2163 siehe AS 2163 Seite 168

Dugena 596 mit Precision Ausstattung

DUGENA

Ende des 19. Jahrhunderts wurde in Berlin die Generalvertretung der Schweizer Union Horlogère (später Alpina Union Horlogère) gegründet, die schließlich in einem selbstständigen Ableger in Deutschland mündete, der zwischenzeitlich ADUG (Alpina Deutsche Uhrmacher-Genossenschaft) genannt und 1942 zur Deutschen Uhrmacher-Genossenschaft Alpina (DUGENA) umgetauft wurde. Die DUGENA war eine Verkaufsgenossenschaft, der bis zu 2.000 Uhrmacher und Uhrenhändler angehörten und die Uhren unter dem Kunstnamen DUGENA verkaufte. Genutzt wurden dabei Uhren mit Werken aus der Schweiz, u.a. von Helvetia, Buren, Ebauches SA (ETA), und von deutschen Firmen wie von Junghans, P.U.W., Osco, Otero, Kasper, Durowe, Bifora und von weiteren. Heute würde man das wohl als *Private Label* bezeichnen.

Auch die Dugena konnte sich dem aufkommenden Wunsch der Kunden und wohl auch dem Druck durch die Mitbewerber nach präzisen oder geprüften Uhren nicht entziehen, und man ersann die *Dugena Precision* Linie. Anfangs lieferte Bifora mit dem B111 Kaliber ein Modell für diese Linie, den Hauptlieferant machte aber die Helvetia SA aus Reconvilier, mit dem die Dugena einen kompetenten Schweizer Partner an der Hand hatte, der mehrere Jahrzehnte verschiedenste Handaufzug- und Automatikmodelle lieferte. Anfangs wurden noch eigene Werke geliefert, später Basiskaliber von AS und ETA.

In den Handel brachte Dugena jedoch nur einen einzigen Chronometer – den Dugena Chronometre im 585er Goldgehäuse aus den frühen 1950er Jahren. Das 13-linige Werk ist das Helvetia 64 und stammt in der Grundkonstruktion aus den 1940er Jahren, von Dugena erhielt es die Kaliberbezeichnung Dugena 596. Es ist mit 17 Steinen und einer zusätzlichen Lagerung des Ankerrads mit einem Kif-Duofix-Kombifutter ausgestattet. Die Glucydur Schraubenunruh ist mit zwei Incabloc Stoßsicherungen gelagert.

Nur sehr wenige Uhren mit dem Aufdruck *Chronometre* sind von Dugena bekannt, wahrscheinlich wurde lediglich ein höherer, zweistelliger Posten hergestellt und geprüft, alle bekannten Werksnummern beginnen mit 125xx. Das einfache Modell mit vergoldetem Gehäuse findet man als *Precision* jedoch häufig, der Chronometer unterscheidet sich technisch nur durch eine unterschiedliche Brückenform vom Grundmodell.

Dugena setzte Jahre später noch einmal auf die Vermarktung von Chronometern und kaufte Anfang der 1970er Jahre wieder Uhren mit Chronometerprüfung ein – das Modell Dugena Vacuum.

Dugena Chronometre, hier mit vergoldetem Gehäuse. Das massiv goldene Gehäuse wurde leider getauscht.

Dugena Chronométre (Dugena 596, Helvetia 64 mit Seriennummer und Brückenform der Chronometervariante), Werknummer 12590, auch bei dieser Uhr fiel das massiv goldene Gehäuse den Goldschmelzern zum Opfer und wurde gegen ein nicht-originales, vergoldetes getauscht.

Datenblatt Dugena 596

Kaliber	**Helvetia 64**
Chronometerprüfstelle	Schweizer Prüfstelle
Durchmesser (Linien)	13'''
Produktionszeit	~ 1955
Hemmungsgruppe	vergoldete monometallische Schraubenunruh; Kif-Duofix-Kombifutter für Ankerrad
Feinregulierung	Rückerzeiger
Stoßsicherung	Incabloc
Stückzahl	unter hundert
Steine	17
Halbschwingungen (A/h)	18.000
Besonderheiten	massiv goldene Gehäuse; Werksnummer und Gehäusenummer identisch

DUGENA *Vacuum Automatica*

Wie verschiedene andere Hersteller auch, durchlebte die Dugena das Quarzdilemma mit allen Höhen und Tiefen, und die Firmenleitung entschloss sich, auf ein neuartiges System zu setzen und der Mechanik weiterhin treu zu bleiben. Die Lösung bestand darin, Uhrwerke in ein hermetisch abgeschlossenes Gehäuse zu verpacken, das extrem luftdicht ist und aus dem die Luft abgepumpt wird. Dadurch sind die Uhrwerke nicht nur optimal vor Einflüssen wie Feuchtigkeit und Staub geschützt, sondern es entsteht in den völlig gasdicht abgedichteten Gehäusen ein fast

ungehemmtes Bewegen der mechanischen Teile, und die hochfrequenten automatischen Kaliber ETA 2832 (auch das ETA 2837 wurde verbaut) reagierten in ihrem Vakuum derartig, dass sie mit 12 Sekunden im Minus einreguliert ins Gehäuse montiert wurden und nach dem Absaugen der Luft den Nachlauf exakt kompensierten und problemlos die Chronometernorm erfüllten. Die Frequenz des 27-steinigen und 11½-linigen ETA 2832 für die Vakuumuhren war schneller als für die Basisvariante des Kalibers. Die modifizierte Unruh und Spirale ließen 36.000 Halbschwingungen pro Stunde (5 Hertz) zu. Die Uhren haben eine Tag- und Datumsanzeige.
Ursprünglich wurden die Gehäuse durch den Techniker Hans Ulrich Klingenberg konstruiert, der Ende der 1950er Jahre, inspiriert durch die „Magdeburger Halbkugeln", auf die geniale Idee kam, das Prinzip der Luftleere in einem geschlossenen System für Uhrwerke zu nutzen. Die Magdeburger Halbkugeln waren zwei aufeinandergelegte Halbkugeln, denen über ein Ventil die Luft entzogen wurde. Diese Erfindung präsentierte bereits 1654 der Physiker Otto von Guericke, der die Kraft des entstehenden Unterdruckes mittels mehrerer Pferde, die die beiden Halbkugeln auseinanderziehen sollten, demonstrierte. Die beiden Halbkugeln wurden zum Symbol, das alle Uhren zierte, die diese Technik nutzten, und dies nicht nur bei den Produkten von Dugena. Genutzt wurden die Vakuumgehäuse auch von Croton, Waltham oder Movado und waren so genannte Monocoque-Gehäuse, bei denen der Boden und das Gehäuse aus einem Stück gefertigt sind und das Werk somit über die Glasseite eingebracht werden muss. Durch den entstehenden Unterdruck wurden die Mineralgläser mit ihrer Dichtung in das Gehäuse gepresst, die Kronen waren dreifach gedichtet. Noch heute wird berichtet, dass Uhren, die fast fünfzig Jahre nicht von einem Uhrmacher geöffnet wurden, hörbar zischen, wenn diese bei einer Revision geöffnet werden und Luft in das Innere der Gehäuse strömt.
Den Hinweis, dass sich ein chronometergeprüftes Werk in dem hermetischen Gehäuse befindet, entdeckt man leider nur bei einer Revision der Uhr, denn nur im Gehäuseinneren findet sich die Prägung *Chronometer*. Auf der Rückseite der Zeitmesser ist neben der individuellen Seriennummer (bei der gezeigten blauen Uhr ist die 1252 noch sichtbar, bei der Uhr mit dem hellen Zifferblatt ist die 777 fast wegpoliert) noch SEALED VACUUM und AUTONOMIC SWISS PAT. eingraviert, auch das Symbol der beiden Halbkugeln zeigt sich hier wieder. Die Seriennummern auf dem Werk und dem Gehäuse stimmen überein. Die Saphirgläser haben einen seitlichen Facettenschliff. Dugena Vacuum Uhren, die zum Service eingeschickt wurden, erhielten, aus Mangel am ETA 2832, nicht selten Quarz Werke.
Eine Besonderheit gibt es bei der Dugena Vacuum noch: Es existiert ein seltenes Modell mit einem Gehäuse aus künstlichem Rubin. Diese Variante trägt im Gegensatz zu den anderen Modellen, die die Auszeichnung „Chronometer" nur im Gehäuse tragen, den Aufdruck VACUUM CHRONOMETER auf dem Zifferblatt, darunter *Ruby Star*.

Dugena Vacuum Automatica

Dugena Vacuum Automatica

Dugena Ruby Star, mit einem Gehäuse komplett aus Korund (Rubin)

BUREAUX SUISSES

DE CONTRÔLE OFFICIEL DE LA MARCHE DES CHRONOMÈTRES

Schweiz. Institute für amtliche Chronometerprüfungen

Swiss Institutes for official Chronometre adjustment tests — Officinas suizas de control official de Cronómetros

Especially good results
Besonders gute Ergebnisse
Résultats particulièrement bons
Resultados particularmente buenos

Epreuves pour montres-bracelet - Prüfungen für Armbanduhren
Pruebas para relojes de pulsera - Trials for Wristlet-watches

Swiss made

Bulletin de marche
Gangschein
Boletín de marcha
Watch Rate Certificate

No 5144957

Mouvement / Werk / Máquina / Movement No 777

Genre / Uhrenart / Género de reloj / Type of watch

Particularités / Besonderheiten / Particularidades / Watch specialities: Autom. sec. au centre

Diamètre du mouvement mm / Werkdurchmesser mm / Diámetro de la máquina mm / Diam. of Movement mm: 26,0

Hauteur mm / Höhe mm / Espesor mm / Thickness mm: 5,05

Echappement / Hemmung / Escape / Escapement: ancre

Spiral / Spiralfeder / Espiral / Hairspring: auto-compensateur

Balancier / Unruhe / Volante / Balance: sans vis

DUGENA GENEVE — VACUUM CHRONOMETER

Jours - Tage Días - Days	Marches journalières Tägliche Gänge Marchas diarias Daily Rates		Variations des marches journalières Differenz der täglichen Gänge Diferencias de las marchas diarias Variations of the Daily Rates		Positions - Lagen - Posiciones - Positions		Températures Temperaturen Temperaturas Temperatures
1.	M_1	7			Verticale, 3 heures à gauche Vertical, las 3 a la izquierda	Vertikal, 3 Uhr links Vertical, 3 o'clock left	+ 20° C
2.	M_2	7	V_1	0	"	"	"
3.	M_3	8			Verticale, 3 heures en haut Vertical, las 3 arriba	Vertikal, 3 Uhr oben Vertical, 3 o'clock up	"
4.	M_4	7	V_3	1	"	"	"
5.	M_5	5			Verticale, 3 heures en bas Vertical, las 3 abajo	Vertikal, 3 Uhr unten Vertical, 3 o'clock down	"
6.	M_6	6	V_5	1	"	"	"
7.	M_7	10			Horizontale, cadran en bas Horizontal, esfera abajo	Horizontal, Zifferblatt unten Horizontal, Dial down	"
8.	M_8	12	V_7	2	"	"	"
9.	M_9	5			Horizontale, cadran en haut Horizontal, esfera arriba	Horizontal, Zifferblatt oben Horizontal, Dial up	"
10.	M_{10}	6	V_9	1	"	"	"
11.	M_{11}	8			"	"	+ 4° C
12.	M_{12}	8			"	"	+ 20° C
13.	M_{13}	10			"	"	+ 36° C
14.	M_{14}	6			Verticale, 3 heures à gauche Vertical, las 3 a la izquierda	Vertikal, 3 Uhr links Vertical, 3 o'clock left	+ 20° C
15.	M_{15}	8			"	"	+ 20° C

Date de la fin des épreuves: 11 JUIL. 1974

Résultats - Ergebnisse - Resultados - Summary

Marche journalière moyenne dans les différentes positions / Mittlerer täglicher Gang in den verschiedenen Lagen / Marcha diaria media en las distintas posiciones / Mean daily rate in the different positions: + 7,3

Variation moyenne / Mittlere Gangabweichung / Diferencia media / Mean variation: 1,0

Plus grande variation / Größte Abweichung / Máxima diferencia / Maximum variation: 2,0

Différence du plat au pendu / Differenz zwischen liegend und hängend / Diferencia entre las posiciones horizontal y vertical / Difference between flat and hanging positions: + 1,5

Plus grande différence entre la marche journalière moyenne et l'une des marches dans les 5 positions / Größte Differenz zwischen dem mittleren täglichen Gang und einem der Gänge / Máxima diferencia entre la marcha diaria media y una de las marchas en las cinco posiciones / Greatest difference between the mean daily rate and any individual rate: 4,7

Variation par degré centigrade / Gangabweichung pro Grad Celsius / Diferencia por grado centigrado / Variation of rate per 1° centigrade: + 0,06

Erreur secondaire / Sekundäre Kompensationsfehler / Error secundario / Secondary error: ....

Reprise de marche / Wiederaufnahme des Ganges / Continuación de la marcha / Rate resuming: + 1,0

BIEL-BIENNE le / den / el / the 11 JUIL. 1974 19

LE DIRECTEUR:

Toutes les valeurs indiquées sont en secondes
Alle Werte sind in Sekunden ausgedrückt
The values are indicated in seconds
Todos los valores están indicados en segundos

Dugena Vacuum Automatica, Gangschein des Bureaux Suisses de Contróle officiel de la marche des Chronomètres aus Biel aus dem Jahr 1974 (Abb. oben u. rechts)

Extrait du règlement

1.21 Les B. O. reçoivent en dépôt les montres et les appareils horaires pour les soumettre à diverses épreuves et en contrôler la marche, sans distinction des mécanismes ou dispositifs utilisés et du pays d'origine.

1.23 Le titre de chronomètre (art. 1.22a) peut être délivré pour les genres de pièces suivants:
genre A Montre-bracelet de petites dimensions,
genre B Montre-bracelet de dimensions courantes,
genre C Montre-bracelet de dimensions courantes, avec complications,
genre D Montre-bracelet de grandes dimensions,
genre E Montre-bracelet de grandes dimensions, avec complications,
genre F Montre de poche,
genre G Montre de poche, extra-plates,
genre H Montre de poche, avec complications,
genre J Appareil horaire mécanique 8 jours, utilisé dans une seule position,
genre K Appareil horaire, utilisé dans une seule position, non compris dans l'un des genres précédents.
Les dimensions sont données par le tableau 3.3.

1.24 Pour ces genres de pièces, différents critères de réglage sont établis. Pour chacun d'eux sont fixés deux champs de tolérances:
a) soit avec mention «resultats particulièrement bons»,
b) soit sans mention.

1.27 Les modèles des certificats de contrôle et des bulletins de marche individuels sont déposés au Bureau fédéral de la Propriété intellectuelle à Berne. Toute imitation ou falsification de ces documents sera poursuivie et pourra, en outre, entraîner une interdiction temporaire de déposer.

2.35 Une copie du certificat de contrôle ou du bulletin de marche individuel n'est accordée qu'après restitution de l'original et elle porte la même date que ce dernier.

2.36 Il ne peut être délivré qu'un duplicata. Il porte la mention «DUPLICATA».

3.11 Signification des symboles

+ = avance	P = période (moyenne de période)
— = retard	T = température exprimée en degrés centigrades
E = état de la montre	V = variation de la marche diurne
M = marche diurne	m = marche instantanée

3.3 **Tableau des genres de pièces**

Genre	Désignation	Diamètre en mm mini	Diamètre en mm maxi	Surface en mm² mini	Surface en mm² maxi	Hauteur en mm mini	Hauteur en mm maxi
A	Montre-bracelet de petites dimensions	–	20	–	314	–	6,5
B	Montre-bracelet de dimensions courantes	20,1	30	317	707	–	8,5
C	Montre-bracelet de dimensions courantes, avec complications	20,1	36	317	1018	–	10
D	Montre-bracelet de grandes dimensions	30,1	–	712	–	–	10
E	Montre-bracelet de grandes dimensions, avec complications	36,1	–	1023	–	–	10
F	Montre de poche	–	50	–	1964	4,4	10
G	Montre de poche, extra-plate	–	50	–	1964	–	4,3
H	Montre de poche, avec complications	–	50	–	1964	–	15
J	Appareil horaire mécanique 8 jours, utilisé dans une seule position	–	–	–	–	–	–
K	Appareil horaire, utilisé dans une seule position, non compris dans l'un des genres précédents	–	–	–	–	–	–

3.6 **Tableau des limites** (Valeurs en secondes)

Nos	Critères	Genre A avec mention	Genre A sans mention	Genres B et C avec mention	Genres B et C sans mention	Genres D, E et F avec mention	Genres D, E et F sans mention	Genres G et H avec mention	Genres G et H sans mention
1	Marche diurne moyenne	−3 + 12	−3 + 12	−1 + 10	−3 + 12	−2 + 5	−3 + 8	−2 + 7	−3 + 10
2	Variation moyenne des marches	4	6	2,2	3,2	1,5	3	2	4
3	Plus grande variation	7	10	6	9	2,5	5	3	6
4	Différence du plat au pendu	± 10	± 14	± 8	± 12	± 4	± 7	± 5	± 9
5	Plus grande différence	16	12	12	18	7	12	9	15
6	Différence dans une période	–	–	–	–	–	–	–	–
7	Variation par degré centigrade	± 0,7	± 1	± 0,6	± 1,0	± 0,25	± 0,5	± 0,35	± 0,5
8	Erreur secondaire	–	–	–	–	± 4,5	± 9	± 5,5	± 11
9	Reprise de marche	± 7	± 10	± 5	± 9	± 2,5	± 5	± 4	± 8
10	Isochronisme	–	–						

Datenblatt Dugena Vacuum

Kaliber	**ETA 2832**
Chronometerprüfstelle	Biel (Bienne), Schweiz
Durchmesser (Linien)	11 ½'''
Produktionszeit	ca. 1973–1975
Hemmungsgruppe	Glucydur Unruh
Feinregulierung	Etachron
Stoßsicherung	Incabloc
Stückzahl	1.000 (limitiert)
Steine	27 (17 Saphire, 10 Rubine)
Halbschwingungen (A/h)	36.000
Besonderheiten	Schnellschwinger; Gravur „Chronometer" im Gehäuseboden

PASS ZU -O- VACUUM PRÄZISION

Mit Ihrem -O- Vacuum Chronometer haben Sie sich nicht nur eine außerordentlich präzise und zuverlässige Uhr der Luxusklasse erworben, sondern den einzigen persönlichen Zeitmesser, dessen feines Werk so geschützt ist, daß es über Jahre ein feines Werk bleibt!

Permanente Dichtung, dauernde «Luftleerheit» (Restluft 15 Millibar) bedeutet absolute Wasser-, Staub- und Gasdichtigkeit während vielen Jahren. Solche Weltall-Bedingungen verhindern, daß die Schmieröle in der Uhr durch den atmosphärischen Feuchtigkeitsgehalt emulgieren. Vacuum hebt zudem jeglichen Luftwiderstand in der Uhr auf: die Präzision bleibt stabil! Alle andern mechanischen und die meisten elektronischen Uhren werden von diesem Luftwiderstand, je nach Barometerschwankungen, unregelmäßig und vor allem negativ beeinflußt. Ihre durch die Anziehungskraft der Erde angetriebene -O- Vacuum Uhr wird deshalb maximale Genauigkeit während Jahren länger aufrechterhalten als herkömmliche feine Uhren.

Ihr -O- Vacuum Chronometer ist die ideale «allround»-Uhr und soll Sie überall hin begleiten, sogar in die Sauna! Sie schaut nic aus wie eine Taucheruhr, ist jedoch wasserdichter als jede: je tiefer Sie tauchen, desto dichter wird sie!

Der strahlende Glanz und die Schönheit sin langlebig und unverwüstlich, da die 77-karä Schale mit Diamant aus einem einzigen Stü Korund (Saphir, Rubin) herausgeschliffen wurde. Die -O- Vacuum Uhr ist die erste ur einzige Uhr der Welt, die mit einem solchen Gehäuse geliefert wird! (Auch in solidem 18-Karat-Gold, 14-Karat-Gold auf Stahl-, Hartmetall- und Edelstahlgehäuse). Den Pu auf dem «i» bildet das 17-karätige Saphirglas

Ermöglicht wird diese einzigartige Harmonie durch modernste Sintertechnik und mehrwöchige qualifizierte Diamantschleif- und Polierarbeit.

In der Tat ist Diamant der einzige Edelstein der diese Uhr zerkratzen kann! Warnung: wie alle Edelsteine, könnte Ihre Korund-Uhr splittern, wenn sie auf Marmor oder andere Steinböden fällt.

Auszug aus dem „Pass", der zur Dugena Vacuum aus Korund geliefert wurde

Eppo / Otero Epora

Otto Epple gründete im Krieg, im Jahr 1944, in Königsbach bei Pforzheim seine Uhrenfabrik und verbaute in den Armbanduhren stets Otero Kaliber, die in eigenen Gehäusen steckten. Auch die Produktionsstätte der Otero Kaliber firmierte in Königsbach unter dem Namen Otero – Uhrenrohwerke Otto Epple, Königsbach. Otero Werke stecken in vielen Uhren: Eppo, Sepo, Gama, Sappho, Beha, um nur einige zu nennen. Diese Firmen schlossen sich mit weiteren Unternehmen (Uhrenfabrik Ernst Wagner, Uhren- und Schmuckfabrik G.A. Müller, Bechthold & Härter, Epple & Co., Uhrenfabrik Mathias Seitz, Friedrich Wilhelm Wagner, Uhrenfabrik Otto Wiemer) zur Produktionsgemeinschaft Epora zusammen. Epple Co. wurden ab 1970 Bestandteil der Firma Pallas Deutsche Uhrencooperation, Pforzheim. Anfang der 1950er Jahre steigt auch Eppo in den allgemeinen Aufbruch der deutschen Hersteller hin zur Präzisionsuhr ein. Die Modelle der Reihe AKKURAT erschienen auf dem Markt. Die Uhrgehäuse haben oftmals noch feste Stege, als Werke kommen die hauseigenen Kaliber Otero 26 mit kleiner und Zentralsekunde zum Einsatz. Die möglicherweise für den Export vorgesehene Variante ACCURAT wird am 12.4.1957 registriert. Die Chronometer hingegen existieren in nur sehr geringer Stückzahl und werden durch das Automatikkaliber Otero 772 angetrieben. Ob diese jemals in den Handel kamen, ist zweifelhaft. Möglicherweise ging es der Epple KG mehr darum, ihr brandneues Kaliber mit geänderter Unruh und verbessertem Aufzug im Vergleich zum Kaliber 782 (die Vergabe der Kalibernummern wurde bei Otero nicht chronologisch vorgenommen) offiziell adeln zu lassen und so das Rohwerk besser verkaufen zu können. Auch in vielen durch die Dugena angebotenen Automatikuhren steckt das Otero 772, das von Dugena Kaliber 1043 genannt wurde.

Anhand der vorliegenden Korrespondenz zwischen der Firma Otero und dem LGA Baden-Württemberg lässt sich der Aufwand, bis das vom LGA geforderte standardisierte Testverfahren von den Firmen eingehalten wurde, gut erkennen. Die Abstimmung zwischen dem Amt und der Firma erstreckte sich über Jahre:

Im Mai 1961 schickte Otero fünf Uhren zur Gangprüfung und auch zur Feststellung der Gangreserve an die Prüfstelle in Stuttgart.

Im darauffolgenden Jahr wurden nochmals zehn Uhren mit gleichem Kaliber zur Chronometerprüfung eingereicht.

Die Prüfung wurde jedoch nicht durchgeführt, da alle Uhren dieselben Werks- und Gehäusenummern hatten und keine individuelle Werksnummer.

Eppo Akkurat mit Kaliber Otero 26

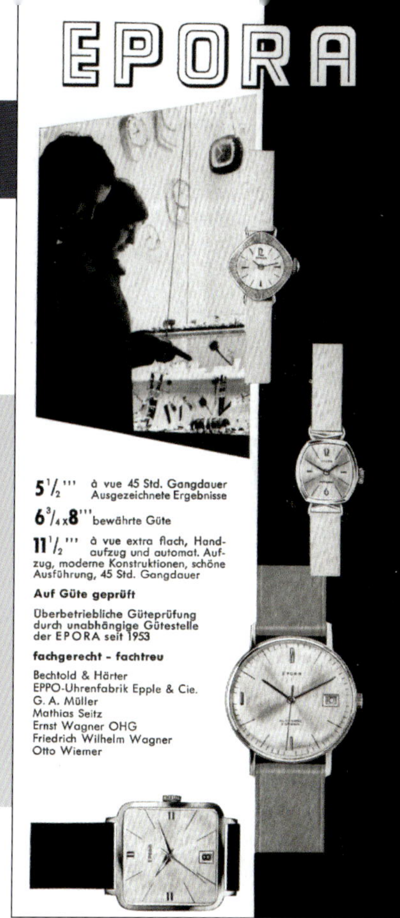

Werbung aus dem Jahr 1964 – Epora wirbt mit überbetrieblicher Güteprüfung seit 1953

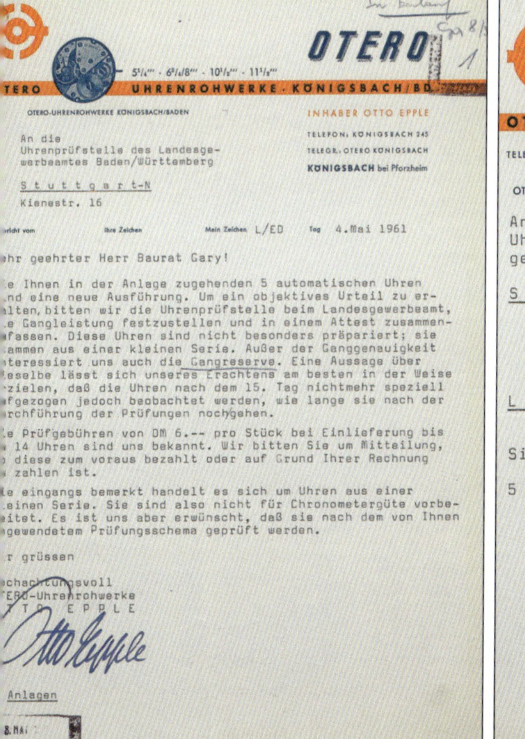

In Einlauf Ga 8/5 1

OTERO

5 1/4''' · 6 3/4/8''' · 10 1/2''' · 11 1/2'''

TERO UHRENROHWERKE · KÖNIGSBACH/BD.

OTERO-UHRENROHWERKE KÖNIGSBACH/BADEN

INHABER OTTO EPPLE
TELEFON: KÖNIGSBACH 245
TELEGR.: OTERO KÖNIGSBACH
KÖNIGSBACH bei Pforzheim

An die
Uhrenprüfstelle des Landesgewerbeamtes Baden/Württemberg

S t u t t g a r t-N
Kienestr. 16

...richt vom | Ihre Zeichen | Mein Zeichen L/ED | Tag 4.Mai 1961

...hr geehrter Herr Baurat Gary!

...e Ihnen in der Anlage zugehenden 5 automatischen Uhren ...nd eine neue Ausführung. Um ein objektives Urteil zu er...lten, bitten wir die Uhrenprüfstelle beim Landesgewerbeamt, ...e Gangleistung festzustellen und in einem Attest zusammen...fassen. Diese Uhren sind nicht besonders präpariert; sie ...ammen aus einer kleinen Serie. Außer der Ganggenauigkeit ...teressiert uns auch die Gangreserve. Eine Aussage über ...eselbe lässt sich unseres Erachtens am besten in der Weise ...zielen, daß die Uhren nach dem 15. Tag nichtmehr speziell ...fgezogen jedoch beobachtet werden, wie lange sie nach der ...rchführung der Prüfungen nochgehen.

...e Prüfgebühren von DM 6.-- pro Stück bei Einlieferung bis ... 14 Uhren sind uns bekannt. Wir bitten Sie um Mitteilung, ... diese zum voraus bezahlt oder auf Grund Ihrer Rechnung ... zahlen ist.

...e eingangs bemerkt handelt es sich um Uhren aus einer ...einen Serie. Sie sind also nicht für Chronometergüte vorbe...itet. Es ist uns aber erwünscht, daß sie nach dem von Ihnen ...gewendetem Prüfungsschema geprüft werden.

...r grüssen

...chachtungsvoll
...ERO-Uhrenrohwerke
...TTO EPPLE

Otto Epple

Anlagen

8. MAI
51.6-O 19/1

Badische Bank, Filiale Pforzheim Nr. 2784 und Öffentliche Verbands-Sparkasse Königsbach Nr. 72 · Postscheckkonto: Karlsruhe Nr. 80831

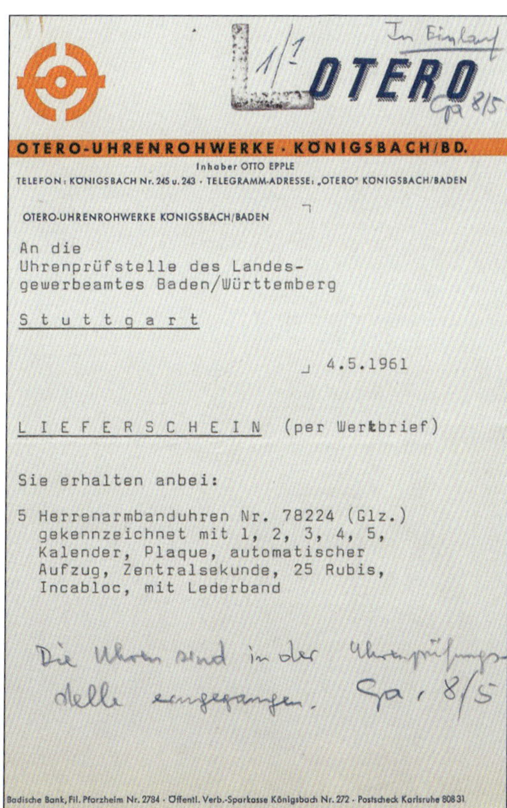

In Einlauf

1/1 OTERO Ga 8/5

OTERO-UHRENROHWERKE · KÖNIGSBACH/BD.

Inhaber OTTO EPPLE

TELEFON: KÖNIGSBACH Nr. 245 u. 243 · TELEGRAMM-ADRESSE: „OTERO" KÖNIGSBACH/BADEN

OTERO-UHRENROHWERKE KÖNIGSBACH/BADEN

An die
Uhrenprüfstelle des Landesgewerbeamtes Baden/Württemberg

S t u t t g a r t

4.5.1961

L I E F E R S C H E I N (per Wertbrief)

Sie erhalten anbei:

5 Herrenarmbanduhren Nr. 78224 (Glz.)
gekennzeichnet mit 1, 2, 3, 4, 5,
Kalender, Plaque, automatischer
Aufzug, Zentralsekunde, 25 Rubis,
Incabloc, mit Lederband

Die Uhren sind in der Uhrenprüfungsstelle eingegangen. Ga, 8/5

Badische Bank, Fil. Pforzheim Nr. 2784 · Öffentl. Verb.-Sparkasse Königsbach Nr. 272 · Postscheck Karlsruhe 80831

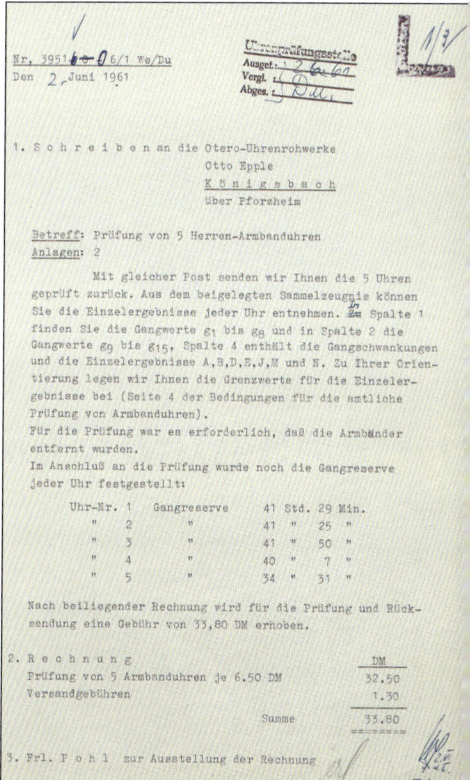

Nr. 3951 6/1 We/Du
Den 2. Juni 1961

Uhrenprüfungsstelle
Ausgef.: 2.6.61
Vergl.:
Abges.:

1/3

1. S c h r e i b e n an die Otero-Uhrenrohwerke
Otto Epple
K ö n i g s b a c h
über Pforzheim

Betreff: Prüfung von 5 Herren-Armbanduhren
Anlagen: 2

Mit gleicher Post senden wir Ihnen die 5 Uhren geprüft zurück. Aus dem beigelegten Sammelzeugnis können Sie die Einzelergebnisse jeder Uhr entnehmen. In Spalte 1 finden Sie die Gangwerte g_1 bis g_8 und in Spalte 2 die Gangwerte g_9 bis g_{15}, Spalte 4 enthält die Gangschwankungen und die Einzelergebnisse A,B,D,E,J,M und N. Zu Ihrer Orientierung legen wir Ihnen die Grenzwerte für die Einzelergebnisse bei (Seite 4 der Bedingungen für die amtliche Prüfung von Armbanduhren).
Für die Prüfung war es erforderlich, daß die Armbänder entfernt wurden.
Im Anschluß an die Prüfung wurde noch die Gangreserve jeder Uhr festgestellt:

Uhr-Nr.		Gangreserve				
Uhr-Nr.	1	Gangreserve	41	Std.	29	Min.
"	2	"	41	"	25	"
"	3	"	41	"	50	"
"	4	"	40	"	7	"
"	5	"	34	"	31	"

Nach beiliegender Rechnung wird für die Prüfung und Rücksendung eine Gebühr von 33,80 DM erhoben.

2. R e c h n u n g

	DM
Prüfung von 5 Armbanduhren je 6.50 DM	32.50
Versandgebühren	1.30
Summe	33.80

3. Frl. P o h l zur Ausstellung der Rechnung

4. z.d.A.

Korrespondenz zwischen Otero und dem LGA aus dem Jahr 1961;
Foto: Landesarchiv Baden-Württemberg, Abt. Staatsarchiv Ludwigsburg (39)

Zwei Uhren mit individueller Werksnummer schafften die Werte nicht, ein Gangzeugnis wurde nicht erteilt, eine belegte Uhr schaffte die Prüfung der Klasse I.
Das Landesgewerbeamt Stuttgart bemängelte auch die zu kurzen Sekundenzeiger: *„Der Sekundenzeiger muss mindestens mit seiner Spitze die Sekundenskala überstreichen. Um aber sicher zu gehen, daß Ihre Uhren dennoch mit der für die Chronometerprüfung erforderlichen Genauigkeit abgelesen werden können, haben wir Probeaufnahmen gemacht, die Ablesungen waren mit eben ausreichender Genauigkeit möglich.“*

Die von Otero über den Namen „EPORA Automat“ vertriebenen Uhren nutzten für die Antriebsregulierung eine Klinkenradkupplung, die OTERO-TEST genannt wurde. Die Werbung versprach, dass die Spannung der Aufzugfeder innerhalb von Grenzen konstant erhalten bliebe und dadurch hervorragende Gangergebnisse erzielt würden.
Die patentierte OTEROTEST-Klinkenradkupplung hatte aber nichts mit einer etwaigen Prüfung der Uhren in einem Institut zu tun.
Die Firma wurde im Jahr 2002 gelöscht. Das ehemalige Firmengebäude in der Redtenbacherstr. 5 in Pforzheim wurde Mitte 2020 abgerissen.

Datenblatt Otero

Kaliber	**Otero 26**
Chronometerprüfstelle	ohne
Durchmesser (Linien)	12'''
Produktionszeit	~ 1950
Hemmungsgruppe	Schraubenunruh; Nivaflex Spirale
Feinregulierung	einfacher Rückerzeiger
Stoßsicherung	Otex Stoßsicherung
Stückzahl	
Steine	16
Halbschwingungen (A/h)	18.000
Besonderheiten	auch mit kleiner Sekunde (15 Steine)

Kaliber	**Otero 772**
Chronometerprüfstelle	LGA
Durchmesser (Linien)	11 ½'''
Produktionszeit	1961–1964
Hemmungsgruppe	Nickel Ringunruh; Nivaflex Spirale
Feinregulierung	ohne Rückerzeiger
Stoßsicherung	Incabloc
Stückzahl	etwa 15
Steine	25
Halbschwingungen (A/h)	18.000
Besonderheiten	

Preziosa (Hausmarke des Versandhauses Bader, Pforzheim) mit dem Otero 772

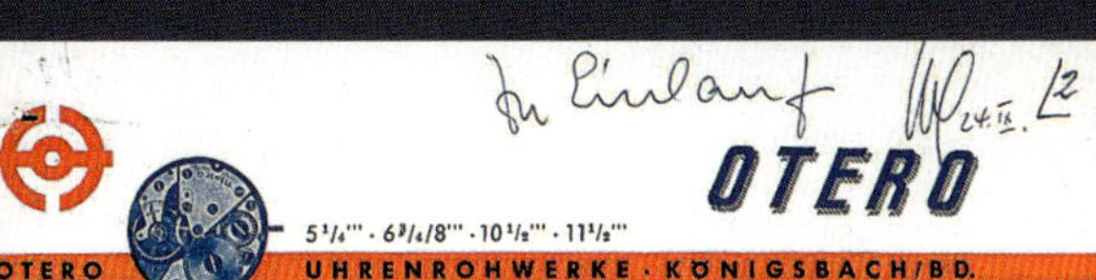

OTERO

5¼''' · 6¾/8''' · 10½''' · 11½'''

OTERO UHRENROHWERKE · KÖNIGSBACH/BD.

OTERO-UHRENROHWERKE KÖNIGSBACH/BADEN

INHABER OTTO EPPLE
TELEFON: KÖNIGSBACH 245 u. 243
TELEGR.: OTERO KÖNIGSBACH
KÖNIGSBACH über Pforzheim

An die
Uhren-Prüfstelle des Landes-
gewerbeamtes Baden/Württemberg

Stuttgart
Kienestr.

Ihre Nachricht vom — Ihre Zeichen — Mein Zeichen L/ED — Tag 20.9.1962

Betr.: Auftrag auf Prüfung von 10 Uhren in Plaquegehäusen, mit Stahlboden, mit automatisch aufgezogenem Ankerwerk, 25 Steinen, Zentralsekunde und Datumanzeige.

Wir übersenden Ihnen in der Anlage als Wertbrief

10 Herrenarmbanduhren, ohne Armband, Marke Eppo Automat, wie oben beschrieben, unser Werk Kal.772

mit der Bitte, um Durchführung der amtlichen Prüfung (beschrieben in Drucksache Nr. 3952/4). Wir erklären uns zur Tragung der Kosten der Prüfung laut Gebührenordnung im vornherein einverstanden und bitten um Mitteilung der derzeitigen gültigen Gebührensätze bzw. Übersendung einer Rechnung.

Es ist uns leider nicht möglich, den unter Punkt 25 erwähnten Einlieferungsschein auszufüllen, da uns ein Muster desselben nicht zur Verfügung steht. Wir bitten Sie höflich, den Prüfungsschein an unserer Stelle auszufüllen oder aber, falls das nicht möglich sein sollte, die Uhren zunächst ohne Einlieferungsschein in Bearbeitung zu nehmen und uns einen bzw. zwei solche zuzusenden, die wir umgehend ausgefüllt nachreichen werden. Zum besseren Verständnis des Werk-Kalibers senden wir einen Prospekt in doppelter Ausfertigung zu.

Wie Sie aus unserem Prospekt ersehen, verwenden wir keine sogenannten Schleppfedern bzw. Zugfedern mit Gleitzaum, vielmehr ist die Zugfeder fest an der Innenwand der Federhaustrommel befestigt. Man kann also die Uhr nicht unendlich oft aufziehen, sondern wie bei jeder gebräuchlichen Uhr, nur bis zum Anschlag. Wir ziehen vor, daß die Uhren mittels Aufziehgerät und nicht vor Hand aufgezogen werden. Nur ein solcher Aufzug entspricht den tatsächlichen Bedingungen beim Gebrauch. Es ist uns erwünscht, daß die geprüften Uhren nach Abschluß der Prüfung noch auf die Gangreserve beurteilt werden und auch darüber einen Atest ausgefüllt wird.

Landesgewerbeamt Baden-Württemberg
Eing.: 25. SEP. 1962
3951·6-06/2

-2-

Anlage (10 Herrenarmbanduhren) in der Uhrenprüfungsstelle

Badische Bank, Filiale Pforzheim Nr. 2784 und Öffentliche Verbands-Sparkasse Königsbach Nr. 272 · Postscheckkonto: Karlsruhe Nr. 80831

OTERO-UHRENROHWERKE OTTO EPPLE

Blatt 2 zu Brief vom 20.9.1962 an Uhren-Prüfstelle d.Landesgewerbeamtes,Stgt.

Diese Feststellungen werden am zweckmässigsten in der Form getroffen, daß nach dem letzten Aufzug die Uhr auf ihre Laufzeit hin beobachtet wird. Wir wollen Ihnen keine Vorschriften machen, aber doch einen Hinweis geben für den Fall, daß Sie noch kein Aufziehgerät für automatische Uhren dorthaben sollten. Die Firmen Martin Messner, Pforzheim, Zerrennerstraße 42, und Firma Leimgruber & Thor, Ravensburg, können solche Geräte rasch liefern bzw. zunächst einmal für beschränkte Zeit zur Verfügung stellen.

Unsere Bitte um Beobachtung der Gangreserve ist durch die Notwendigkeit etwas Objektives darüber gegenüber einem ausländischen Kunden aussagen zu müssen, begründet. Wir bitten Sie höflich, deshalb nach Möglichkeit derselben Rechnung tragen zu wollen.

Sollten die Uhren jedoch wider Erwarten mit der Hand aufgezogen werden, dann muss beachtet werden, daß sie gefühlvoll aufgezogen werden d.h. nicht mit einer Maschine, die die Feder "komprimiert" jedenfalls muss nach Handaufzug durch eine Bewegung dem Rotor Gelegenheit gegeben werden, die Spannung etwas zu lösen, sonst prellt die Uhr. Der Sperrkegel der normalerweise kurz [illegible] Erreichung der Höchstspannung zurückläuft, kann dies erst dann tun, wenn die Klinkenradkupplung auf Leerlauf gegangen ist, das ergibt sich nach der bereits erwähnten Bewegung des Rotors bzw. der Uhr. Im allgemeinen tritt diese Notwendigkeit an den Träger einer automatischen Uhr nicht heran, denn sie zieht sich ja am Handgelenk von selbst auf.

Mit freundlichen Grüssen
OTERO-Uhrenrohwerke
OTTO EPPLE
ppa.

Antrag aus dem Jahr 1962 auf Prüfung von zehn Uhren mit dem Kaliber Otero 772. Foto: Landesarchiv Baden-Württemberg, Abt. Staatsarchiv Ludwigsburg (40)

Preziosa mit zerlegtem Kaliber Otero 772

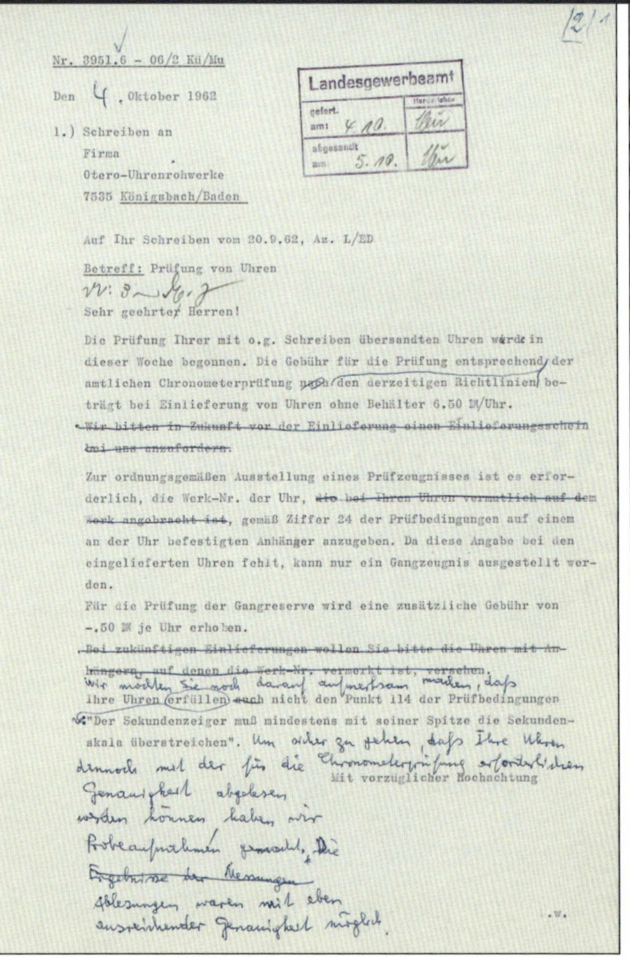

Nr. 3951.6 - 06/2 Kü/Mu

Landesgewerbeamt
gefert. am: 4.10.
abgesandt am: 5.10.

Den 4. Oktober 1962

1.) Schreiben an
Firma
Otero-Uhrenrohwerke
7535 Königsbach/Baden

Auf Ihr Schreiben vom 20.9.62, Az. L/ED

Betreff: Prüfung von Uhren

Sehr geehrte Herren!

Die Prüfung Ihrer mit o.g. Schreiben übersandten Uhren wurde in dieser Woche begonnen. Die Gebühr für die Prüfung entsprechend der amtlichen Chronometerprüfung nach den derzeitigen Richtlinien beträgt bei Einlieferung von Uhren ohne Behälter 6.50 DM/Uhr.
~~Wir bitten in Zukunft vor der Einlieferung einen Einlieferungsschein bei uns anzufordern.~~

Zur ordnungsgemäßen Ausstellung eines Prüfzeugnisses ist es erforderlich, die Werk-Nr. der Uhr, ~~die bei Ihren Uhren vermutlich auf dem Werk angebracht ist~~, gemäß Ziffer 24 der Prüfbedingungen auf einem an der Uhr befestigten Anhänger anzugeben. Da diese Angabe bei den eingelieferten Uhren fehlt, kann nur ein Gangzeugnis ausgestellt werden.
Für die Prüfung der Gangreserve wird eine zusätzliche Gebühr von -.50 DM je Uhr erhoben.
~~Bei zukünftigen Einlieferungen wollen Sie bitte die Uhren mit Anhängern, auf denen die Werk-Nr. vermerkt ist, versehen.~~
Wir möchten Sie noch darauf aufmerksam machen, daß Ihre Uhren erfüllen ~~auch~~ nicht den Punkt 114 der Prüfbedingungen "Der Sekundenzeiger muß mindestens mit seiner Spitze die Sekundenskala überstreichen". Um sicher zu gehen, daß Ihre Uhren dennoch mit der für die Chronometerprüfung erforderlichen Genauigkeit abgelesen werden können haben wir Probeaufnahmen gemacht. Die ~~Ergebnisse der Messungen~~ Ablesungen waren mit eben ausreichender Genauigkeit möglich.

Mit vorzüglicher Hochachtung

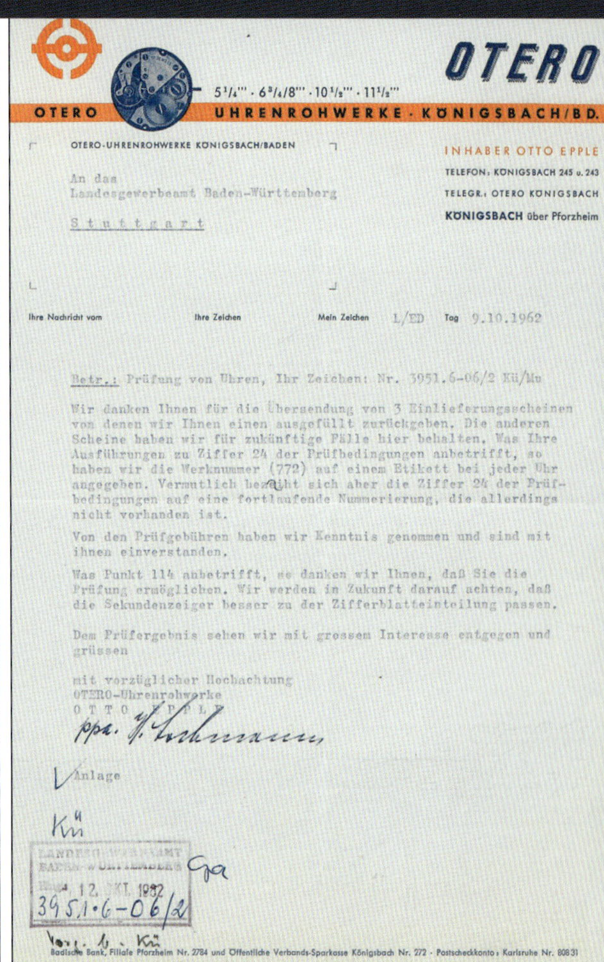

OTERO

5¼‴ · 6¾/8‴ · 10½‴ · 11½‴

OTERO UHRENROHWERKE · KÖNIGSBACH/BD.

OTERO-UHRENROHWERKE KÖNIGSBACH/BADEN

INHABER OTTO EPPLE
TELEFON: KÖNIGSBACH 245 u. 243
TELEGR.: OTERO KÖNIGSBACH
KÖNIGSBACH über Pforzheim

An das
Landesgewerbeamt Baden-Württemberg
Stuttgart

Ihre Nachricht vom | Ihre Zeichen | Mein Zeichen L/ED | Tag 9.10.1962

Betr.: Prüfung von Uhren, Ihr Zeichen: Nr. 3951.6-06/2 Kü/Mu

Wir danken Ihnen für die Übersendung von 3 Einlieferungsscheinen von denen wir Ihnen einen ausgefüllt zurückgeben. Die anderen Scheine haben wir für zukünftige Fälle hier behalten. Was Ihre Ausführungen zu Ziffer 24 der Prüfbedingungen anbetrifft, so haben wir die Werknummer (772) auf einem Etikett bei jeder Uhr angegeben. Vermutlich bezieht sich aber die Ziffer 24 der Prüfbedingungen auf eine fortlaufende Nummerierung, die allerdings nicht vorhanden ist.

Von den Prüfgebühren haben wir Kenntnis genommen und sind mit ihnen einverstanden.

Was Punkt 114 anbetrifft, so danken wir Ihnen, daß Sie die Prüfung ermöglichen. Wir werden in Zukunft darauf achten, daß die Sekundenzeiger besser zu der Zifferblatteinteilung passen.

Dem Prüfergebnis sehen wir mit grossem Interesse entgegen und grüssen

mit vorzüglicher Hochachtung
OTERO-Uhrenrohwerke
OTTO EPPLE
ppa.

Anlage

12. OKT. 1962
3951.6-06/2

Badische Bank, Filiale Pforzheim Nr. 2784 und Öffentliche Verbands-Sparkasse Königsbach Nr. 272 · Postscheckkonto: Karlsruhe Nr. 80831

Briefwechsel aus dem Jahr 1962 zwischen Epple/Otero und dem LGA. Foto: Landesarchiv Baden-Württemberg, Abt. Staatsarchiv Ludwigsburg (41)

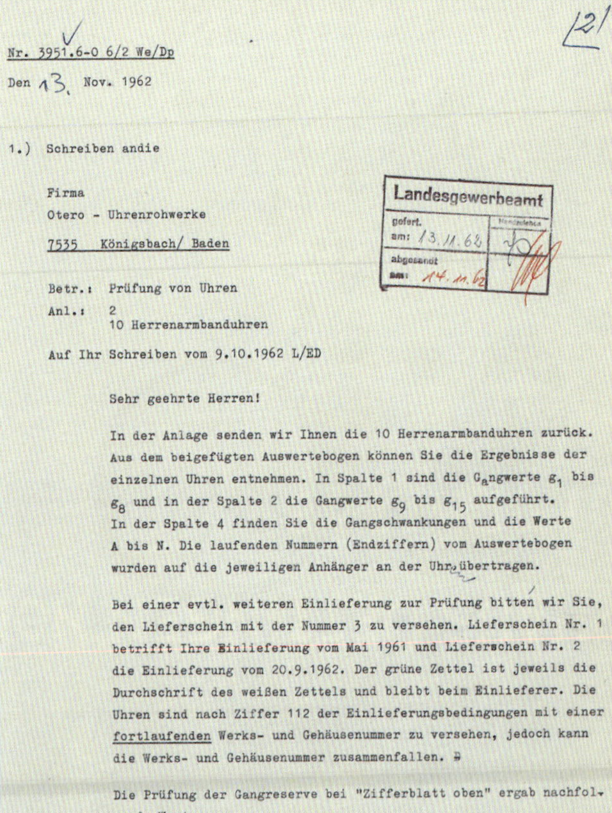

Nr. 3951.6-0 6/2 We/Dp

Den 13. Nov. 1962

1.) Schreiben an die

Firma
Otero - Uhrenrohwerke
7535 Königsbach/ Baden

Landesgewerbeamt
gefert. am: 13.11.62
abgesandt am: 14.11.62

Betr.: Prüfung von Uhren
Anl.: 2
10 Herrenarmbanduhren

Auf Ihr Schreiben vom 9.10.1962 L/ED

Sehr geehrte Herren!

In der Anlage senden wir Ihnen die 10 Herrenarmbanduhren zurück. Aus dem beigefügten Auswertebogen können Sie die Ergebnisse der einzelnen Uhren entnehmen. In Spalte 1 sind die Gangwerte g_1 bis g_8 und in der Spalte 2 die Gangwerte g_9 bis g_{15} aufgeführt. In der Spalte 4 finden Sie die Gangschwankungen und die Werte A bis N. Die laufenden Nummern (Endziffern) vom Auswertebogen wurden auf die jeweiligen Anhänger an der Uhr übertragen.

Bei einer evtl. weiteren Einlieferung zur Prüfung bitten wir Sie, den Lieferschein mit der Nummer 3 zu versehen. Lieferschein Nr. 1 betrifft Ihre Einlieferung vom Mai 1961 und Lieferschein Nr. 2 die Einlieferung vom 20.9.1962. Der grüne Zettel ist jeweils die Durchschrift des weißen Zettels und bleibt beim Einlieferer. Die Uhren sind nach Ziffer 112 der Einlieferungsbedingungen mit einer fortlaufenden Werks- und Gehäusenummer zu versehen, jedoch kann die Werks- und Gehäusenummer zusammenfallen.

Die Prüfung der Gangreserve bei "Zifferblatt oben" ergab nachfolgende Werte:

- 2 -

Uhr-Nr.		Gangreserve	Std.	Min.	Uhr Nr.	Gangreserve	Std.	
Uhr-Nr.	6	Gangreserve	44 Std.	56 Min.	11	Gangreserve	44 Std.	-
"	7	"	42 -	50	12		44	52
	8		45	32	13		45	59
	9		44	17	14		45	50
	10		44	48	15		44	17

Für die Prüfung und Rücksendung der Uhren wird nach beiliegend[er] Rechnung eine Gebühr von 71,50 DM erhoben.

Hochachtungsvoll
Im Auftrag

2.) Rechnung Nr. 15/69/177

13.11.62	Prüfung von 10 Armbanduhren je 6,50 DM	65,-- DM
	Prüfung der Gangreserve	5,-- DM
	Porto für Rücksendung	1,50 DM
		71,50 DM

3.) Zum Eintrag in die Soll-Liste und zum Ausstellen der Rechnung.

4.) z.d.A.

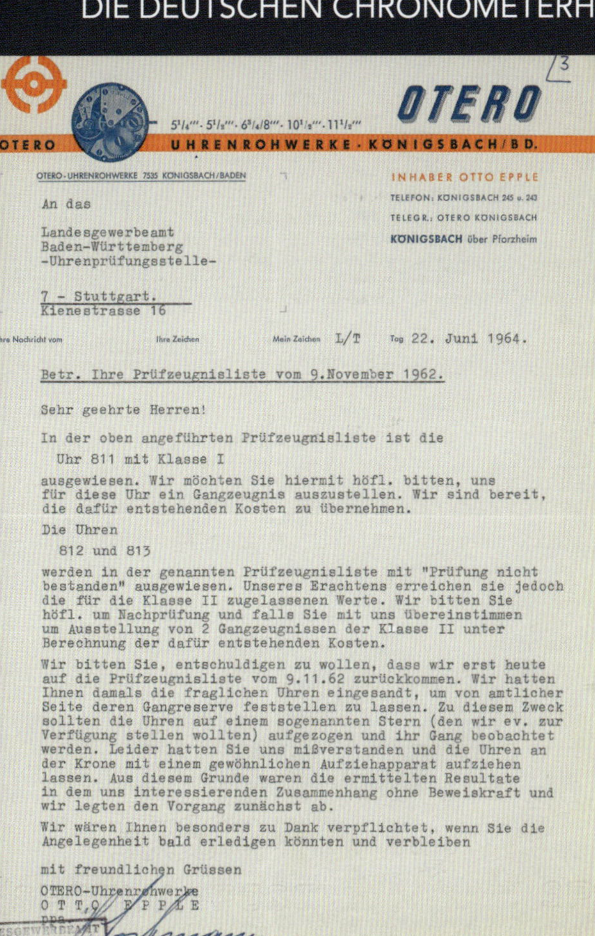

OTERO

$5^1/_4''' \cdot 5^1/_2''' \cdot 6^3/_4/8''' \cdot 10^1/_2''' \cdot 11^1/_2'''$

OTERO UHRENROHWERKE · KÖNIGSBACH/BD.

OTERO-UHRENROHWERKE 7535 KÖNIGSBACH/BADEN

INHABER OTTO EPPLE
TELEFON: KÖNIGSBACH 245 u. 243
TELEGR.: OTERO KÖNIGSBACH
KÖNIGSBACH über Pforzheim

An das

Landesgewerbeamt
Baden-Württemberg
-Uhrenprüfungsstelle-

7 - Stuttgart.
Kienestrasse 16

Ihre Nachricht vom | Ihre Zeichen | Mein Zeichen L/T | Tag 22. Juni 1964.

Betr. Ihre Prüfzeugnisliste vom 9.November 1962.

Sehr geehrte Herren!

In der oben angeführten Prüfzeugnisliste ist die

Uhr 811 mit Klasse I

ausgewiesen. Wir möchten Sie hiermit höfl. bitten, uns für diese Uhr ein Gangzeugnis auszustellen. Wir sind bereit, die dafür entstehenden Kosten zu übernehmen.

Die Uhren

812 und 813

werden in der genannten Prüfzeugnisliste mit "Prüfung nicht bestanden" ausgewiesen. Unseres Erachtens erreichen sie jedoch die für die Klasse II zugelassenen Werte. Wir bitten Sie höfl. um Nachprüfung und falls Sie mit uns übereinstimmen um Ausstellung von 2 Gangzeugnissen der Klasse II unter Berechnung der dafür entstehenden Kosten.

Wir bitten Sie, entschuldigen zu wollen, dass wir erst heute auf die Prüfzeugnisliste vom 9.11.62 zurückkommen. Wir hatten Ihnen damals die fraglichen Uhren eingesandt, um von amtlicher Seite deren Gangreserve feststellen zu lassen. Zu diesem Zweck sollten die Uhren auf einem sogenannten Stern (den wir ev. zur Verfügung stellen wollten) aufgezogen und ihr Gang beobachtet werden. Leider hatten Sie uns mißverstanden und die Uhren an der Krone mit einem gewöhnlichen Aufziehapparat aufziehen lassen. Aus diesem Grunde waren die ermittelten Resultate in dem uns interessierenden Zusammenhang ohne Beweiskraft und wir legten den Vorgang zunächst ab.

Wir wären Ihnen besonders zu Dank verpflichtet, wenn Sie die Angelegenheit bald erledigen könnten und verbleiben

mit freundlichen Grüssen
OTERO-Uhrenrohwerke
OTTO EPPLE
ppa.

24. JUNI 1964

...Pforzheim Nr. 2784 und Öffentliche Verbands-Sparkasse Königsbach Nr. 272 · Postscheckkonto: Karlsruhe Nr. 80631

- 2 -

..ie Uhren mit der laufenden Nummer 812 und 813 haben den zu-
..elassenen Grenzwert D überschritten, und zwar ist für den
..ert D -durchschnittlicher Gang in den 5 Lagen bei 20° C vor
..er Temperaturprüfung- der zugelassene Fehler -3,0 bis +12,0 s/d.
..ie Uhr Nr. 812 hat einen D-Wert von -6,2 s/d, und die Uhr
..r. 813 hat einen D-Wert von -7,1 s/d. Dem Ausstellung eines
..angzeugnisses kann hier ebenfalls nicht entsprochen werden.

Hochachtungsvoll
Im Auftrag

..d.A.

Nr. 3951.6-06/3 Wz/Ke

Den Juni 1964

1.) Schreiben an die

Landesgewerbeamt
gefert. am: 29.6.64 Ke
abgesandt am 30.6.64 Ke

/512

Firma
O t e r o
Uhrenrohwerke

7535 Königsbach/Baden

30. Juni 1964

Nr. 3951.6-06/3 Wz/Ke

Prüfung von Uhren

Sehr geehrte Herren!

Mit Ihrem Schreiben vom 20.9.1962 -L/ED- übersandten Sie uns 10 Herrenarmbanduhren EPPO-Automat, Werkkaliber 772, zur Durchführung der Chronometer-Prüfung. Die Bedingungen zur amtlichen Prüfung von Armbanduhren in der Uhrenprüfstelle des Landesgewerbeamts sind Ihnen bekannt. Nach Ziffer 112 der Bedingungen muß jede Uhr mit einer Werksnummer versehen sein. In Ihrem Lieferschein vom 29.9.1962 geben Sie für alle 10 eingelieferten Uhren dieselben Werks- und Gehäusenummern an.

Wie wir Ihnen in unserem Schreiben vom 13.11.1962 mitgeteilt haben, sind die Uhren mit einer fortlaufenden Werks- und Gehäusenummer zu versehen. Bei der Ausstellung eines Einzelgangzeugnisses wird diese Nummer mit aufgeführt, da sie ja die betreffende Uhr genau kennzeichnet. Bei der Ausstellung eines Gangzeugnisses mit der Werksnummer 772 und der Gehäusenummer 77224 könnte das Gangzeugnis für alle 10 Uhren je nach Wahl verwendet werden. Dem Ausstellung eines Einzelgangzeugnisses kann somit nicht entsprochen werden.

Briefwechsel aus dem Jahr 1964 zwischen Epple/Otero und dem LGA; Foto: Landesarchiv Baden-Württemberg, Abt. Staatsarchiv Ludwigsburg (42)

Exquisit/Weinmann

Hugo Weinmann gründete 1950 die Exquisit Uhrenfabrik Hugo Weinmann GmbH & Co. KG in Pforzheim, die bis 1986 eingetragen war. Die Firma fungierte als Handelsmarke und produzierte keine eigenen Werke, sondern nutzte unter anderem die Kaliber der Eidgenossen oder der Pforzheimer Werkehersteller, die in zeitloses Design mit häufig massiv goldenen Gehäusen verpackt wurden, und bot auch hochpreisige Schmuckuhren an, die damals Verkaufspreise bis zu 13.500,- DM erreichten. Unter den in den 1950er Jahren angebotenen Uhren finden sich auch einige Modelle mit dem PUW 60, das jedoch, im Gegensatz zu zahlreichen Mitbewerbern, nicht in der Standardversion, sondern ebenfalls mit vergoldeter Glucydur Unruh ausgestattet war und technisch weitgehend dem Porta Chronometer entsprach, sowie Automatikuhren mit PUW 54 mit Feinregulierung. Mit dem weiteren Anspruch der Exklusivität wuchs auch der Wunsch nach einem Chronometer. Das Einreichen von 100 Uhren im Jahr 1962 bei der Prüfstelle ist belegt.
Exquisit offerierte dem Kunden einen Chronometer mit dem ETA 2459 und einer Triostat Feinregulierung, aber ohne Sekundenstopp, einen Chronometer mit ETA 2472 und Datum bei der Sechs und später das Modell Space Master, die absolut chronometertauglich ausgestattet waren und das AS 1920 Chronospeedwerk mit 36.000 AH, AS 2 Feinreglage und Sekundenstopp beherbergten. Das AS 1920, das von 1970 bis 1974 in kleiner Stückzahl produziert wurde, war ein letztes Aufbäumen gegen die immer mehr aufkommende Quarzuhrentechnik.
Beworben wurde der Chronometer von Exquisit nur im Jahr 1963, die Uhren sind vermutlich nur drei Jahre lang in den Handel gekommen.
Weinmann griff mit dem Erscheinen der elektromechanischen Uhren auf das 1972 lancierte Kaliber PUW 2501 electronic zu, das mit einer Triovis Mikrometer-Reglage ausgestattet war, und vermutlich war ab dieser Zeit kaum noch eine Zukunft für die Chronometer unter Exquisit geplant.

Datenblatt Exquisit

Kaliber	**ETA 2459**
Chronometerprüfstelle	LGA
Durchmesser (Linien)	11 ½'''
Produktionszeit	um 1962
Hemmungsgruppe	Glucydur Unruh
Feinregulierung	Triostat Feinregulierung
Stoßsicherung	Incabloc
Stückzahl	unter 100
Steine	25
Halbschwingungen (A/h)	18.000
Besonderheiten	

Kaliber	**AS 1920 Space Master**
Chronometerprüfstelle	ohne Prüfung
Durchmesser (Linien)	12 ½'''
Produktionszeit	um 1972
Hemmungsgruppe	Glucydur Unruh
Feinregulierung	AS2-Reglage mit Hebeluntersetzung
Stoßsicherung	Incabloc
Stückzahl	unbekannt
Steine	25
Halbschwingungen (A/h)	36.000
Besonderheiten	Hochfrequenzwerk Sekundenstopp

Exquisit mit PUW 60

Exquisit Chronometer mit ETA 2459, Werknummer 1080, Gehäuse Nr. 1110

Exquisit Space Master mit dem Hochfrequenzwerk AS 1920, um 1972

Superflache Eleganz in 100% wasserdichtem Gehäuse, damit beweist EXQUISIT erneut seine Stellung an der Spitze des Fortschritts. Ob beim Schwimmen im Meer, beim Sport oder abends in einer exquisiten Gesellschaft, überall unterstreicht Ihre EXQUISIT-Automatic das Prestige Ihres individuellen Geschmacks.

Alle nachstehend aufgeführten Uhren besitzen ein 25-steiniges antimagnetisches und vollautomatisches Präzisionswerk, und sind mit einer Incabloc-Stoßsicherung und einer unzerbrechlichen Zugfeder ausgestattet. Der individuellen Bearbeitung jedes einzelnen Werkes und der sorgfältigen Nachkontrolle jedes einzelnen Arbeitsganges verdankt EXQUISIT seinen Ruf als Präzisionsuhr der Spitzenklasse. Das superflache 100% wasserdichte und kondenswasserfreie Gehäuse schützt das hochwertige Werk vor allen schädlichen äußeren Einflüssen.

212/507 D Repräsentative Eleganz, Gehäuse 18 Kt. Goldauflage, Stundenzeichen echt 18 Kt. Gold, echtes Krokodillederband . . . **DM 165.–**
mit Datumsangabe . . . **DM 175.–**

215/646 Außergewöhnlich flaches und formschönes Modell in
18 Kt. Goldauflage . . . **DM 139.–**
mit Datumsangabe . . . **DM 149.–**
in Edelstahl . . . **DM 150.–**
mit Datumsangabe . . . **DM 160.–**

233/2642 ungewöhnlich attraktives EXQUISIT-Modell
18 Kt. Goldauflage . . . **DM 118.–**
mit Datumsangabe . . . **DM 128.–**

703/803 100% wasserdichte Automatic, auch für die sportliche Dame in 18 Kt. Goldauflage . . . **DM 145.–**
mit Datumsangabe . . . **DM 155.–**

234/677 D Zeitloses Modell in klassischer Linienführung, 18 Kt. Goldauflage, geschliffenes Zifferblatt mit aufgeschweißten diamantgeschnittenen Stundenmarken. Echt Krokodilband . . . **DM 160.–**
mit Datumsangabe . . . **DM 170.–**
in 14 Kt. Gold . . . **DM 423.–**
in 14 Kt. Gold mit Datumsangabe . . . **DM 433.–**
in 18 Kt. Gold . . . **DM 545.–**
in 18 Kt. Gold mit Datumsangabe . . . **DM 555.–**
Als amtlich geprüfter Chronometer mit Gangschein kostet diese Uhr in 18 Kt. Goldauflage und in Stahl . . . **DM 235.–**
mit Datumsangabe . . . **DM 245.–**
in 18 Kt. Gold und Luxusetui aus Leder . . . **DM 685.–**
mit Datumsangabe . . . **DM 695.–**

Die exclusive Automatic-Uhr der Spitzenklasse

Exquisit

Die gute Uhr kauft man nur in anerkannten Fachgeschäften

Werbung aus dem Jahr 1963: Der Chronometer in 18 Kt. Vergoldung oder in Stahlgehäuse kostete damals 235,- DM, mit Datum 245,- DM.

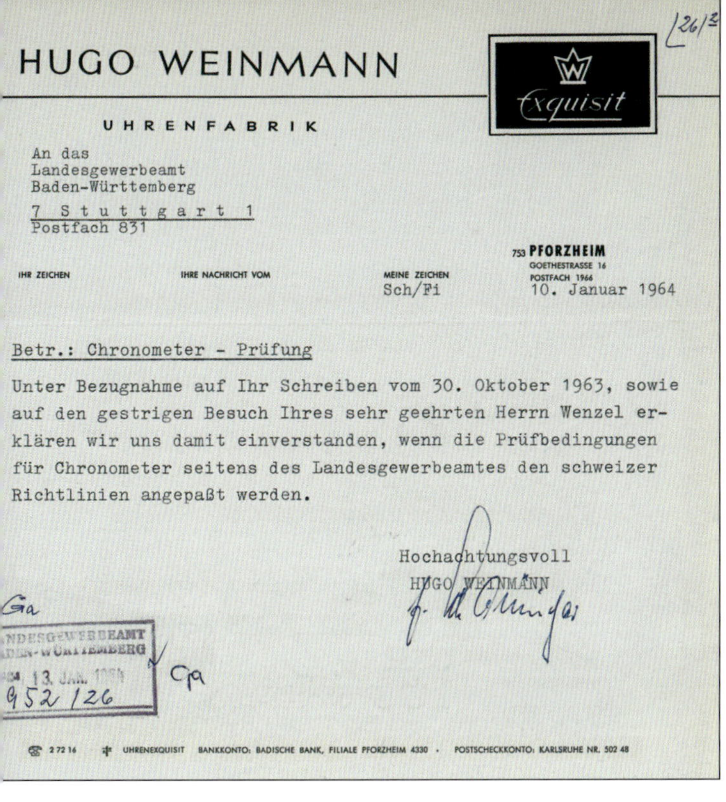

26/3

HUGO WEINMANN

Exquisit

UHRENFABRIK

An das
Landesgewerbeamt
Baden-Württemberg
7 Stuttgart 1
Postfach 831

753 PFORZHEIM
GOETHESTRASSE 16
POSTFACH 1966

IHR ZEICHEN	IHRE NACHRICHT VOM	MEINE ZEICHEN	
		Sch/Fi	10. Januar 1964

Betr.: Chronometer - Prüfung

Unter Bezugnahme auf Ihr Schreiben vom 30. Oktober 1963, sowie auf den gestrigen Besuch Ihres sehr geehrten Herrn Wenzel erklären wir uns damit einverstanden, wenn die Prüfbedingungen für Chronometer seitens des Landesgewerbeamtes den schweizer Richtlinien angepaßt werden.

Hochachtungsvoll
HUGO WEINMANN

Ga

...NDESGEWERBEAMT
...DEN-WÜRTTEMBERG
13. JAN. 1964
952/126

Ga

27216 · UHRENEXQUISIT · BANKKONTO: BADISCHE BANK, FILIALE PFORZHEIM 4330 · POSTSCHECKKONTO: KARLSRUHE NR. 502 48

Antwortschreiben vom 10. Januar 1964 der Firma Hugo Weinmann/Exquisit an das LGA über das Einverständnis zur Änderung der Prüfnormen. Foto: Landesarchiv Baden-Württemberg, Abt. Staatsarchiv Ludwigsburg (43)

AS 1920 vor der Reinigung

Isoma

Frieda Lacher, die Mitbegründerin von Laco, stieg um das Jahr 1932 wieder aus dem mit Ludwig Hummel gegründeten Unternehmen aus und gründete einen eigenen Betrieb für Uhrwerksteile in Pforzheim. 1936 stieg ihr Sohn Erich Lacher in die Firma ein, übernahm den operativen Geschäftsbetrieb und startete mit der Herstellung von Armbanduhren. Trotz der alten Firmenbande mit Laco/Durowe sind in Isoma Uhren die Werke einiger Pforzheimer Rohwerkehersteller zu finden, sehr häufig Hermann Becker (HB), aber keine von Durowe. Interessanterweise konnte Isoma als Nischenbetrieb und Mittelständler die Quarzkrise überleben und 1988 die Markenrechte von LACO von der erloschenen Firma Lacher + Co. übernehmen und weiterführen.

Ende der 1950er Jahre versucht man sich ebenfalls im Bereich der geprüften Uhren. Am 30. Januar 1958 werden bei der Uhrenprüfstelle des LGA Stuttgarts fünf Uhren zur Chronometerprüfung mit dem Markennamen Isoma eingereicht. In den Uhren tickt ein Werk der Firma Hermann Becker, das Kaliber HB 120. Allerdings sandte die Firma Gustav Stadler aus Schwenningen am Neckar am 09.10.1969 insgesamt 65 Uhren mit Durowe 451 im Auftrag der Firma Lacher an das LGA, laut Schreiben sollten sogar 1.100 Uhren getestet werden. Lacher lieferte Gehäuse und Zifferblätter an Stadler. Der Grund für den Umweg über Gustav Stadler könnten Animositäten zwischen Erich Lacher und Laco/Durowe gewesen sein. Gewünscht wurde jedenfalls kein „Einzel-Zertifikat“, sondern „ein allgemeines Gangzeugnis“.

Datenblatt Isoma

Kaliber	**HB 120 (Hermann Becker, Pforzheim)**
Chronometerprüfstelle	LGA
Durchmesser (Linien)	11 ½'''
Produktionszeit	1958
Hemmungsgruppe	Nickel Schraubenunruh
Feinregulierung	einfacher Rückerzeiger
Stoßsicherung	Incabloc
Stückzahl	vermutlich unter 10
Steine	23
Halbschwingungen (A/h)	18.000
Besonderheiten	

Kaliber	**Durowe 451**
Chronometerprüfstelle	LGA
Durchmesser (Linien)	10 ½'''
Produktionszeit	1968–1970
Hemmungsgruppe	Nickel Ringunruh
Feinregulierung	Triovis
Stoßsicherung	Incabloc
Stückzahl	65
Steine	17
Halbschwingungen (A/h)	21.600
Besonderheiten	

Isoma De Luxe mit Hermann Becker HB 120

Erich Lacher UHRENFABRIK

SPEZIALITÄT: Armbanduhren

BANKKONTO: VOLKSBANK PFORZHEIM E. G. M. B. H. PFORZHEIM · POSTSCHECKKONTO: 26758 KARLSRUHE · ZUR MESSE IN LEIPZIG: SPECKSHOF

Lieferschein
RECHNUNG

(17a) PFORZHEIM
WESTLICHE 63 · FERNSPRECHER 2157
TELEGRAMME: RULACHER

den 30.Januar 1958

für Titl. Landesgewerbeamt Uhrenprüfstelle, Stuttgart

ERFÜLLUNGSORT FÜR LIEFERUNG UND ZAHLUNG IST PFORZHEIM

Ihre Bestellung vom ... Porto und Verpackung ... Versicherung

ZUFOLGE meinem Schreiben erhalten Sie anbei per Einschreiben:

5 Jsoma - Chronometer Nr. 6819bs
wassergeschützt 2o Mikron,
11 1/2" Anker 23 Steine,
HB 120, Brückenwerk, Nivaroxspirale 1,
Jncabloc-Stoßsicherung, bruchsichere
Zugfeder, Sekunde Mitte , ohne Band
Nr.: 185,
195,
110,
125,
189,

mit der Bitte um Prüfung und Ausstellung
eines Gangzeugnises.
Jch bitte um Rückgabe möglichst bis 7.3.58

p.D.O.

Kontrolliert:
Nachgerechnet:
Verpackt:

Die Lieferung erfolgt mit Eigentumsvorbehalt für Rechnung und Gefahr des Empfängers unter Zugrundelegung meiner Verkaufs-, Lieferungs- und Zahlungsbedingungen.

Lieferschein aus dem Jahr 1958 – Erich Lacher lieferte 5 Isoma Uhren mit Hermann Becker HB 120 zur Chronometerprüfung. Foto: Landesarchiv Baden-Württemberg, Abt. Staatsarchiv Ludwigsburg (44)

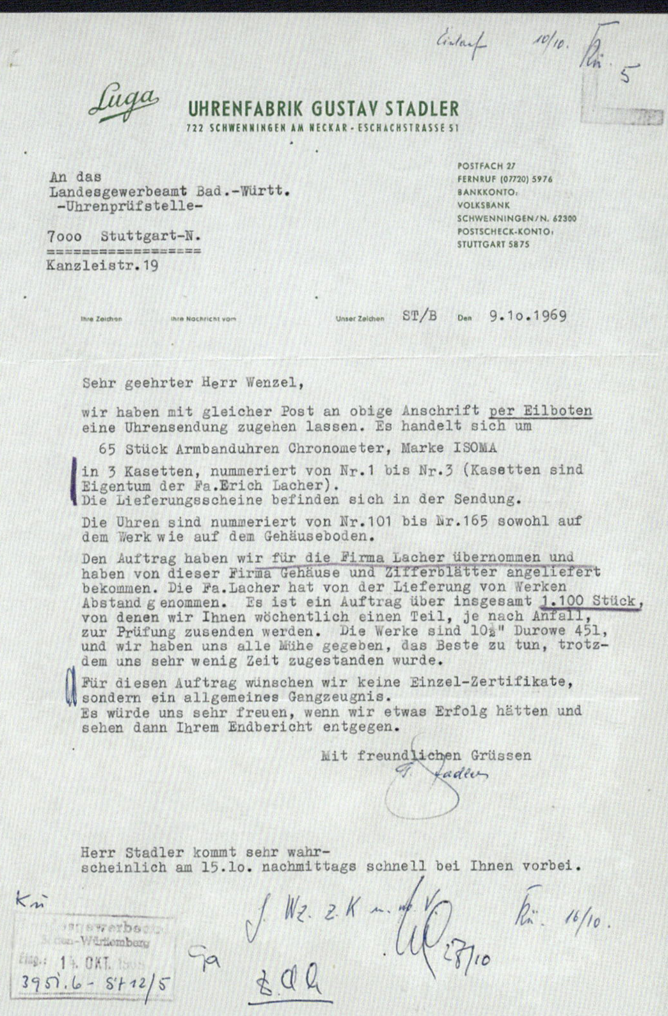

Luga UHRENFABRIK GUSTAV STADLER
722 SCHWENNINGEN AM NECKAR · ESCHACHSTRASSE 51

An das
Landesgewerbeamt Bad.-Württ.
-Uhrenprüfstelle-

7ooo Stuttgart-N.

Kanzleistr.19

POSTFACH 27
FERNRUF (07720) 5976
BANKKONTO:
VOLKSBANK
SCHWENNINGEN/N. 62300
POSTSCHECK-KONTO:
STUTTGART 5875

Ihre Zeichen · Ihre Nachricht vom · Unser Zeichen ST/B · Den 9.1o.1969

Sehr geehrter Herr Wenzel,

wir haben mit gleicher Post an obige Anschrift per Eilboten eine Uhrensendung zugehen lassen. Es handelt sich um

65 Stück Armbanduhren Chronometer, Marke ISOMA

in 3 Kasetten, nummeriert von Nr.1 bis Nr.3 (Kasetten sind Eigentum der Fa.Erich Lacher).
Die Lieferungsscheine befinden sich in der Sendung.

Die Uhren sind nummeriert von Nr.101 bis Nr.165 sowohl auf dem Werk wie auf dem Gehäuseboden.

Den Auftrag haben wir für die Firma Lacher übernommen und haben von dieser Firma Gehäuse und Zifferblätter angeliefert bekommen. Die Fa.Lacher hat von der Lieferung von Werken Abstand genommen. Es ist ein Auftrag über insgesamt 1.100 Stück, von denen wir Ihnen wöchentlich einen Teil, je nach Anfall, zur Prüfung zusenden werden. Die Werke sind 10½" Durowe 451, und wir haben uns alle Mühe gegeben, das Beste zu tun, trotzdem uns sehr wenig Zeit zugestanden wurde.

Für diesen Auftrag wünschen wir keine Einzel-Zertifikate, sondern ein allgemeines Gangzeugnis.
Es würde uns sehr freuen, wenn wir etwas Erfolg hätten und sehen dann Ihrem Endbericht entgegen.

Mit freundlichen Grüssen

Herr Stadler kommt sehr wahrscheinlich am 15.1o. nachmittags schnell bei Ihnen vorbei.

Schreiben der Firma Luga (Gustav Stadler) an das LGA aus dem Jahr 1969. Foto: Landesarchiv Baden-Württemberg, Abt. Staatsarchiv Ludwigsburg (45)

Isoma Chronometer mit Durowe 451, Werk- und Gehäusenummer 1056

Luga

Die Firma Luga, gegründet 1934 von Gustav Stadler in Konstanz-Allmannsdorf, machte 1939 eine Zwischenstation in Berlin-Schlachtensee und firmierte ab 1951 letztlich bis 1970 in Schwenningen am Neckar. Stadler verkaufte schon vor dem Krieg Uhren, in denen meist sehr hochwertige Kaliber steckten. Nach dem Krieg versuchten die Schwenninger sich wie viele Mitbewerber mit dem Begriff „Precision" auf den Zifferblättern abzuheben.

Die Uhren waren mit unterschiedlichen Kalibern ausgestattet: Mit dem AM 390 (A. Michel SA, Fabrique d'Ebauches aus Grenchen in der Schweiz, identisch mit Felsa 390), dem AM 394 (Felsa 394), dem AM 395, kurze Zeit auch mit dem ETA 1080, dem FHF 28 (Fabrique d'Horlogerie de Fontainemelon SA / Ebauches SA) aus der Schweiz mit einer seltenen Fonto Feinregulierung, oder dem Felsa 465N mit Gegendruckfeder Feinregulierung. Auch das FHF 72 in höchster Gütestufe mit Streifenschliff und spezieller Incastar Feinregulierung fand Verwendung. Die Werke wurden in Gehäuse der Pforzheimer Gehäusehersteller Rodi & Wienenberger, „RoWi" oder in die „super safe"-Gehäuse von Richard Pfisterer (RP) gesteckt.

Luga Precision mit Felsa 394

Luga Precision mit Felsa 395

Luga Precision mit ETA 1080

Luga Precision mit FHF 28

Luga Precision mit FHF 28 und Fonto Feinregulierung

Luga Precision mit feinreguliertem Felsa 465

Luga Precision mit FHF 72 und Incastar Feinregulierung

Luga 451 Chronometre mit Durowe 451 mit 21 Steinen und Triovis Feinregulierung

Stadler, der seine Uhren als Reisender in Deutschland, Österreich und der Schweiz auch selbst vertrieb, war wohl gut vernetzt, so wurde ihm wohl im Jahr 1969 der besagte Auftrag der Firma Erich Lacher (ISOMA) zuteil, bei dem er insgesamt 1.100 Uhren mit dem Werk Durowe 451 zur Prüfung im LGA vorbereiten sollte. Siehe Abb. (45): Brief der Uhrenfabrik Gustav Stadler an das LGA vom 09.10.1969.

Bei den eingereichten Uhren scheint es, dass die Aufzugswellen dem maschinellen Aufzug nicht standhielten, und nach Beschwerde Stadlers bei Durowe versuchte die Firma Durowe durch ein Schreiben vom 20.01.1970 eine Stellungnahme des LGA zu erreichen (46).

Stadler ging den Schritt, präzise Uhren zu verkaufen, konsequent weiter. Offenbar ging der Auftrag komplett an Stadler über, und die Chronometer mit dem Durowe 451 kamen unter der Marke Luga in den Handel, wohl aber nicht in der ursprünglich hohen Stückzahl, sonst würden die Uhren heute häufiger auftauchen. Möglicherweise blieb es bei den im Schreiben an das LGA erwähnten 65 Stück.

Ein größerer Posten der Werke wurde ungeprüft als „normale Uhr" ohne Feinregulierung verkauft. Das in den Luga Chronometern verbaute Werk ist das einzige deutsche Werk der Nachkriegszeit, das nicht in einer Manufakturuhr Verwendung fand. Obwohl auf der Räderwerksbrücke „17 Steine" eingeprägt steht, hat das Chronometerwerk 21 Steine und schlägt mit 21.600 Halbschwingungen in der Stunde. Als Feinregulierung dient die nicht häufig anzutreffende Triovis Feinreglage von Portescap, bei der über eine Stellschraube eine Sägeverzahnung am Spiralschlüssel hochfein verstellt werden kann. Das Durowe 451 wurde 1968 bis 1970 hergestellt. Gustav Stadler starb im Jahr 1972.

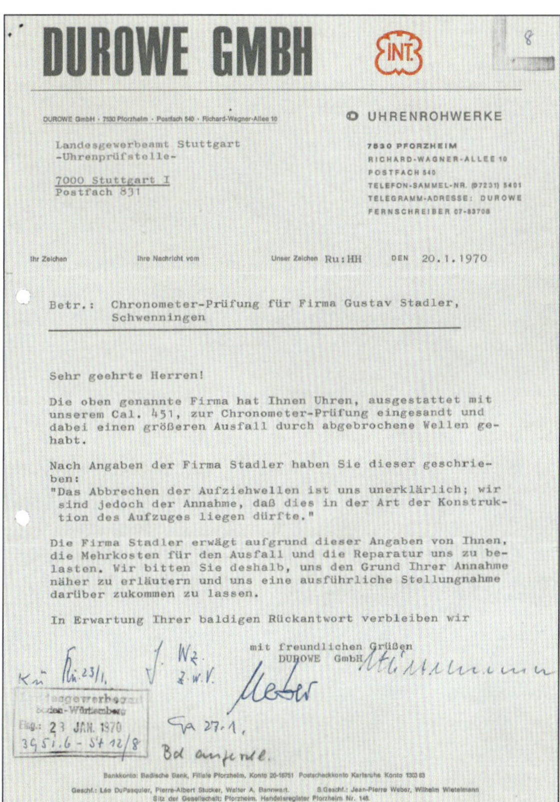
DUROWE GMBH

DUROWE GmbH · 7530 Pforzheim · Postfach 540 · Richard-Wagner-Allee 10

UHRENROHWERKE

7530 PFORZHEIM
RICHARD-WAGNER-ALLEE 10
POSTFACH 540
TELEFON-SAMMEL-NR. (07231) 5401
TELEGRAMM-ADRESSE: DUROWE
FERNSCHREIBER 07-83708

Landesgewerbeamt Stuttgart
-Uhrenprüfstelle-

7000 Stuttgart I
Postfach 831

Ihr Zeichen | Ihre Nachricht vom | Unser Zeichen Ru:HH | DEN 20.1.1970

Betr.: Chronometer-Prüfung für Firma Gustav Stadler, Schwenningen

Sehr geehrte Herren!

Die oben genannte Firma hat Ihnen Uhren, ausgestattet mit unserem Cal. 451, zur Chronometer-Prüfung eingesandt und dabei einen größeren Ausfall durch abgebrochene Wellen gehabt.

Nach Angaben der Firma Stadler haben Sie dieser geschrieben:
"Das Abbrechen der Aufziehwellen ist uns unerklärlich; wir sind jedoch der Annahme, daß dies in der Art der Konstruktion des Aufzuges liegen dürfte."

Die Firma Stadler erwägt aufgrund dieser Angaben von Ihnen, die Mehrkosten für den Ausfall und die Reparatur uns zu belasten. Wir bitten Sie deshalb, uns den Grund Ihrer Annahme näher zu erläutern und uns eine ausführliche Stellungnahme darüber zukommen zu lassen.

In Erwartung Ihrer baldigen Rückantwort verbleiben wir

mit freundlichen Grüßen
DUROWE GmbH

Eing.: 23 JAN. 1970
3951.6 - St 12/8

Bankkonto: Badische Bank, Filiale Pforzheim, Konto 20-16751 Postscheckkonto Karlsruhe Konto 1303 83
Geschf.: Léo DuPasquier, Pierre-Albert Stucker, Walter A. Bannwart. S.Geschf.: Jean-Pierre Weber, Wilhelm Wietelmann
Sitz der Gesellschaft: Pforzheim. Handelsregister Pforzheim Nr. 148

Schreiben der Firma DUROWE an das LGA vom 20.01.1970. Landesarchiv Baden-Württemberg, Abt. Staatsarchiv Ludwigsburg (46)

Datenblatt Luga

Kaliber	**Felsa 394 (AM 394); Felsa 395 (ohne Tragrand)**
Durchmesser (Linien)	12'''
Produktionszeit	Ende 1940er
Hemmungsgruppe	Nickel Schraubenunruh
Feinregulierung	einfacher Rückerzeiger
Stoßsicherung	ohne
Stückzahl	wenige Tausend
Steine	15
Halbschwingungen (A/h)	18.000
Besonderheiten	

Kaliber	**FHF 28**
Durchmesser (Linien)	10 ½'''
Produktionszeit	Mitte 1950er
Hemmungsgruppe	Nickel Schraubenunruh
Feinregulierung	Fonto Feinregulierung
Stoßsicherung	Incabloc
Stückzahl	wenige Tausend
Steine	16
Halbschwingungen (A/h)	18.000
Besonderheiten	

Luga 451 Chronometre mit Durowe 451 mit Triovis Feinregulierung

Datenblatt Luga

Kaliber	**FHF 72**
Durchmesser (Linien)	11 ½'''
Produktionszeit	Mitte 1950er
Hemmungsgruppe	Nickel Schraubenunruh auch Glucydur Ringunruh
Feinregulierung	Incastar und Triostat
Stoßsicherung	Incabloc
Stückzahl	wenige Tausend
Steine	21
Halbschwingungen (A/h)	18.000
Besonderheiten	Streifenschliff Ankerrad, Sekundenrad, Kleinbodenrad mit zusätzlicher Lagerung

Kaliber	**Felsa 465 N**
Durchmesser (Linien)	11 ½'''
Produktionszeit	Anfang 1960er
Hemmungsgruppe	Nickel Schraubenunruh
Feinregulierung	Schwanenhals- feinregulierung; quergezogen, ähnlich Spechthals
Stoßsicherung	Tri-Shock
Stückzahl	wenige Tausend
Steine	17
Halbschwingungen (A/h)	18.000
Besonderheiten	

Datenblatt Luga

Kaliber	**ETA 1080**
Durchmesser (Linien)	10 ½'''
Produktionszeit	Mitte 1950er
Hemmungsgruppe	Nickel Schraubenunruh
Feinregulierung	einfacher Rückerzeiger
Stoßsicherung	Incabloc
Stückzahl	wenige Hundert
Steine	16
Halbschwingungen (A/h)	18.000
Besonderheiten	

Kaliber	**Durowe 451**
Chronometerprüfstelle	LGA
Durchmesser (Linien)	10 ½'''
Produktionszeit	1968–1970
Hemmungsgruppe	Nickel Ringunruh
Feinregulierung	Triovis
Stoßsicherung	Incabloc
Stückzahl	wenige Hundert
Steine	17
Halbschwingungen (A/h)	21.600
Besonderheiten	

Mars

Am 28. November 1928 ließ Adolf Gengenbach die Firma Mars als Uhrenfabrik in Pforzheim eintragen. Die damals in der Luitgardstr. 4 ansässige Firma ist mittlerweile an die Jean-Marcel Uhren in Baden-Baden übergegangen. Im Staatsarchiv in Ludwigsburg findet sich ein Schreiben vom 17.08.1973, in dem die Firma Mars 50 Uhren zur Chronometerprüfung ankündigt. Ob es nur bei der Ankündigung blieb oder tatsächlich Uhren zur Prüfung eingereicht wurden, bleibt offen. Mars war ein Hersteller meist sehr hochwertig ausgestatteter Uhren mit wasserdichten Gehäusen aus deutscher Provenienz, aber oftmals Schweizer Werken von AS und ETA.

In den Mars Super Uhren finden sich hochqualitative Werke wie das Kaliber AS 1187, das auch in den STOWA Precision Verwendung fand, das ETA 1080 oder ETA 2370, jeweils mit einer Glucydur Unruh ausgestattet, und wie so oft das ETA 2390/91. In den Uhren mit automatischem Antrieb ticken meist die zu der Zeit aktuellen Kaliber von ETA oder AS.

Mars Super mit ETA 2370

Mars Super mit AS 1187

Datenblatt Mars

Kaliber	**ETA 2370**	**Kaliber**	**AS 1187**
Durchmesser (Linien)	11 ½'''	Durchmesser (Linien)	10 ½'''
Produktionszeit	~ 1955	Produktionszeit	~ 1955
Hemmungsgruppe	Beryllium-Bronze Schraubenunruh; Nivarox Spirale	Hemmungsgruppe	monometallische Schraubenunruh; Nivarox Spirale
Feinregulierung	einfacher Rückerzeiger	Feinregulierung	einfacher Rückerzeiger
Stoßsicherung	Incabloc	Stoßsicherung	Incabloc
Stückzahl		Stückzahl	
Steine	21	Steine	17
Halbschwingungen (A/h)	18.000	Halbschwingungen (A/h)	18.000
Besonderheiten		Besonderheiten	

Page

Der kleine Uhrenhersteller Page, hinter dem die Firma Paul Gärttner steckt, wurde im Jahr 1935 in Bad Säckingen gegründet und firmierte mit einem Zweigbetrieb in Pforzheim. Die wenigen bekannten Uhren wurden im DHI (Deutsches Hydrographisches Institut) in Hamburg geprüft, tragen auf dem Werk und auf dem Rückdeckel eine Seriennummer und auf dem Zifferblatt und Werk die Bezeichnung „Precisa“. Page hielt es wohl nicht für nötig, auch mit Hinblick auf die geringen Stückzahlen, eine entsprechende Kennzeichnung mit dem Begriff „Chronometer“ auf dem Zifferblatt zu präsentieren. Auch auf einem Werbeblatt, abgebildet in Fritz von Osterhausens Buch „Armbanduhren – Chronometer“, ist auf dem gezeigten Chronometer nur der Aufdruck

„Precisa“ zu erkennen. Da die Seriennummern der aus den fünfziger Jahren stammenden Uhren niedrig dreistellig sind, ist davon auszugehen, dass nur wenige Hundert Stück geprüft wurden. Das verbaute Werk ist ein ETA 1080, ohne jede offensichtliche chronometrische Sonderausstattung.

Auf den Uhren aus der Zeit vor 1945 ist auf dem Zifferblatt „Chronometre“ zu finden. Inwieweit sich das PUW 500 Formkaliber mit seinen 8 ¾ x 12 Linien wirklich zu chronometerfähigen Werten hat regulieren lassen, bleibt fraglich, bei dem ebenfalls verwendeten Durowe 410 wäre es eher denkbar.

Datenblatt Page

Page Chronometre	**Durowe 410**
Chronometerprüfung	vermutlich ohne
Durchmesser (Linien)	10 ½'''
Produktionszeit	Ende 1940er
Hemmungsgruppe	Schraubenunruh
Feinregulierung	einfacher Rückerzeiger
Stoßsicherung	ohne
Stückzahl	wenige Hundert
Steine	15
Halbschwingungen (A/h)	18.000
Besonderheiten	

Page Precisa	**ETA 1080**
Chronometerprüfung	DHI
Durchmesser (Linien)	11 ½'''
Produktionszeit	Anfang/Mitte 1950er
Hemmungsgruppe	Nickel Schraubenunruh
Feinregulierung	einfacher Rückerzeiger
Stoßsicherung	Incabloc
Stückzahl	wenige Hundert
Steine	17
Halbschwingungen (A/h)	18.000
Besonderheiten	

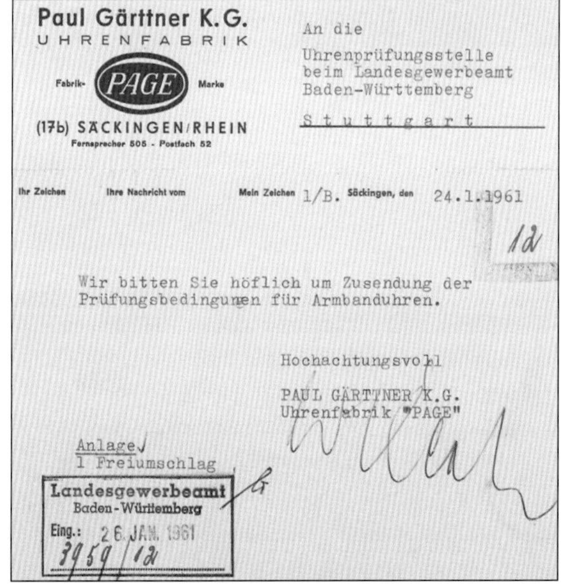

Paul Gärttner K.G.
UHRENFABRIK
Fabrik- PAGE Marke
(17b) SÄCKINGEN/RHEIN
Fernsprecher 505 - Postfach 52

An die
Uhrenprüfungsstelle
beim Landesgewerbeamt
Baden-Württemberg
Stuttgart

Ihr Zeichen | Ihre Nachricht vom | Mein Zeichen 1/B. | Säckingen, den 24.1.1961

12

Wir bitten Sie höflich um Zusendung der Prüfungsbedingungen für Armbanduhren.

Hochachtungsvoll

PAUL GÄRTTNER K.G.
Uhrenfabrik "PAGE"

Anlage
1 Freiumschlag

Landesgewerbeamt
Baden-Württemberg
Eing.: 26. JAN. 1961
3959/12

Die Firma Paul Gärttner zeigte 1961 Interesse an Prüfungsvorgaben. Foto: Landesarchiv Baden-Württemberg, Abt. Staatsarchiv Ludwigsburg (47)

Werbung Page 1951

Page Chronometre mit Durowe 410

Page Precisa mit Kaliber ETA 1080; Seriennummer 226 auf Rückdeckel und Werk

Provita

Franz Schnurr, der seine Uhrenfabrik bereits im Jahr 1922 in Pforzheim gründete, produzierte zwar keine eigenen Uhrwerke, sondern nutzte ab 1930 Werke anderer Hersteller, auch aus der Schweiz.

Bereits früh wurden Uhren produziert, bei denen Wert auf eine gehobene Ausstattung gelegt wurde, beispielsweise Uhren mit dem Hinweis „Extra Precision“ auf dem Zifferblatt, bei denen es sich um ein verbautes Kaliber Phenix 110 aus der zweiten Hälfte der 1930er Jahre handelt. In dem Werk mit 10 ½ Linien schwingt eine Beryllium Unruh (siehe Seite 61). In den 1950er Jahren erhielt das PUW 60 die Bezeichnung „Precision“ auf das Zifferblatt. Nachdem später weitere Modelle der Reihe „Provita Extra“ lanciert werden, verschwindet das „Precision“ wieder. Die Handaufzugmodelle beherbergen neben dem PUW 60 auch das ETA 1080, später das FHF 72 oder das ETA 2390. Die Automatikuhren werden durch das Durowe D1172, durch das Felsa 790, das ETA 2450 oder das 2472 angetrieben. In der

„Extra“-Linie werden auch Uhren mit kleiner Sekunde angeboten, in denen das Peseux 320 seinen Dienst tut.
Die Firma Franz Schnurr fragte im Jahr 1958 die Prüfbedingungen für Armbandchronometer ab. Um die gleiche Zeit dürfte dem Kunden die Uhrenserie „Chronotest“ offeriert worden sein und es scheint, man habe sich dann aber gegen offiziell geprüfte Uhren entschieden. Stattdessen wurden die Uhren der Reihe „Chronotest“ bei Schnurr im eigenen Haus getestet.
Als erstes erschien eine Provita Handaufzug-Chronotest mit dem 13-linigen, rotvergoldeten AS 1604 in Sonderausstattung mit Schwanenhalsfeinregulierung und 21 Steinen.
Später folgten nur noch Automatikmodelle mit Chronotest Schriftzug. Den Anfang machten Uhren mit dem Felsa 4000, das zwar sagenhafte 41 Steine aufwies, aber nicht alle waren funktionell. Den mit einer Feinregulierung ausgestatteten Werken folgten Uhren mit dem ETA 2472, und in den 1970ern schlossen sich die wohl chronometrisch ausgefeiltesten Automatikuhren mit dem ETA 2790 an, dessen Glucydur Unruh schnelle 28.800 Halbschwingungen in der Stunde macht. Die Werke besitzen einen Sekundenstopp.
Franz Schnurr starb im Jahr 1959. Anschließend wurde die Firma als GmbH weitergeführt, und fast zeitgleich entstand eine Tochterfirma in der Schweiz.
Eine weitere Reihe Uhren trug in den Siebzigern den Chronotest Schriftzug – und auch bei diesen hatte Franz Schnurr seine Finger im Spiel, denn die Marke Saxonia ging 1954/55 in den Besitz von Franz Schnurr über. Bis dahin war die Firma im Eigentum von Albrecht Költzsch, der Taschen-, Handaufzug- und Automatikuhren für Eisenbahner produzierte. In den Saxonia Uhren ist das automatische ETA 2782 mit 21.600 Halbschwingungen in der Stunde und Glucydur Unruh verbaut, auch das ETA 2790 fand Verwendung.

Datenblatt Provita Chronotest siehe Kienzle ETA 2472 Seite 113
Datenblatt Provita Extra mit Peseux 320 siehe Dugena Precision mit Dugena 599 (Peseux 320) Seite 201

Datenblatt Provita

Provita Chronotest Day-Date	**ETA 2790**
Chronotest	Herstellerprüfung in Lagen und Temperatur
Durchmesser (Linien)	11 ½'''
Produktionszeit	1970–1976
Hemmungsgruppe	Glucydur Unruh
Feinregulierung	Etachron
Stoßsicherung	Incabloc
Stückzahl	unbekannt
Steine	25
Halbschwingungen (A/h)	28.800
Besonderheiten	Automatik; Sekundenstopp; Tag- und Datum-Schnellschaltung

Provita Chronotest 41	**Felsa 4000**
Chronotest	Herstellerprüfung in Lagen und Temperatur
Durchmesser (Linien)	11 ½'''
Produktionszeit	~ 1955
Hemmungsgruppe	Nickel Schraubenunruh
Feinregulierung	Schwanenhals
Stoßsicherung	Incabloc
Stückzahl	unbekannt
Steine	25
Halbschwingungen (A/h)	18.000
Besonderheiten	Automatik

Provita Chronotest	**AS 1604**
Chronotest	Herstellerprüfung in Lagen und Temperatur
Durchmesser (Linien)	13'''
Produktionszeit	~ 1956
Hemmungsgruppe	Glucydur Schraubenunruh
Feinregulierung	Schwanenhals-feinregulierung
Stoßsicherung	Incabloc
Stückzahl	unbekannt
Steine	21
Halbschwingungen (A/h)	18.000
Besonderheiten	

Saxonia Chronotest	**ETA 2782**
Chronotest	Herstellerprüfung in Lagen und Temperatur
Durchmesser (Linien)	13'''
Produktionszeit	1970–1976
Hemmungsgruppe	Glucydur Unruh
Feinregulierung	einfacher Rückerzeiger
Stoßsicherung	Incabloc
Stückzahl	unbekannt
Steine	25
Halbschwingungen (A/h)	21.600
Besonderheiten	Datum-Schnellschaltung

Provita extra mit Peseux 320

Provita Chronotest mit AS 1604 mit Schwanenhalsfeinregulierung

Provita Chronotest 41 mit dem Felsa 4000 mit Schwanenhalsfeinregulierung

Provita Chronotest mit ETA 2472

Provita Chronotest Day-Date mit ETA 2790

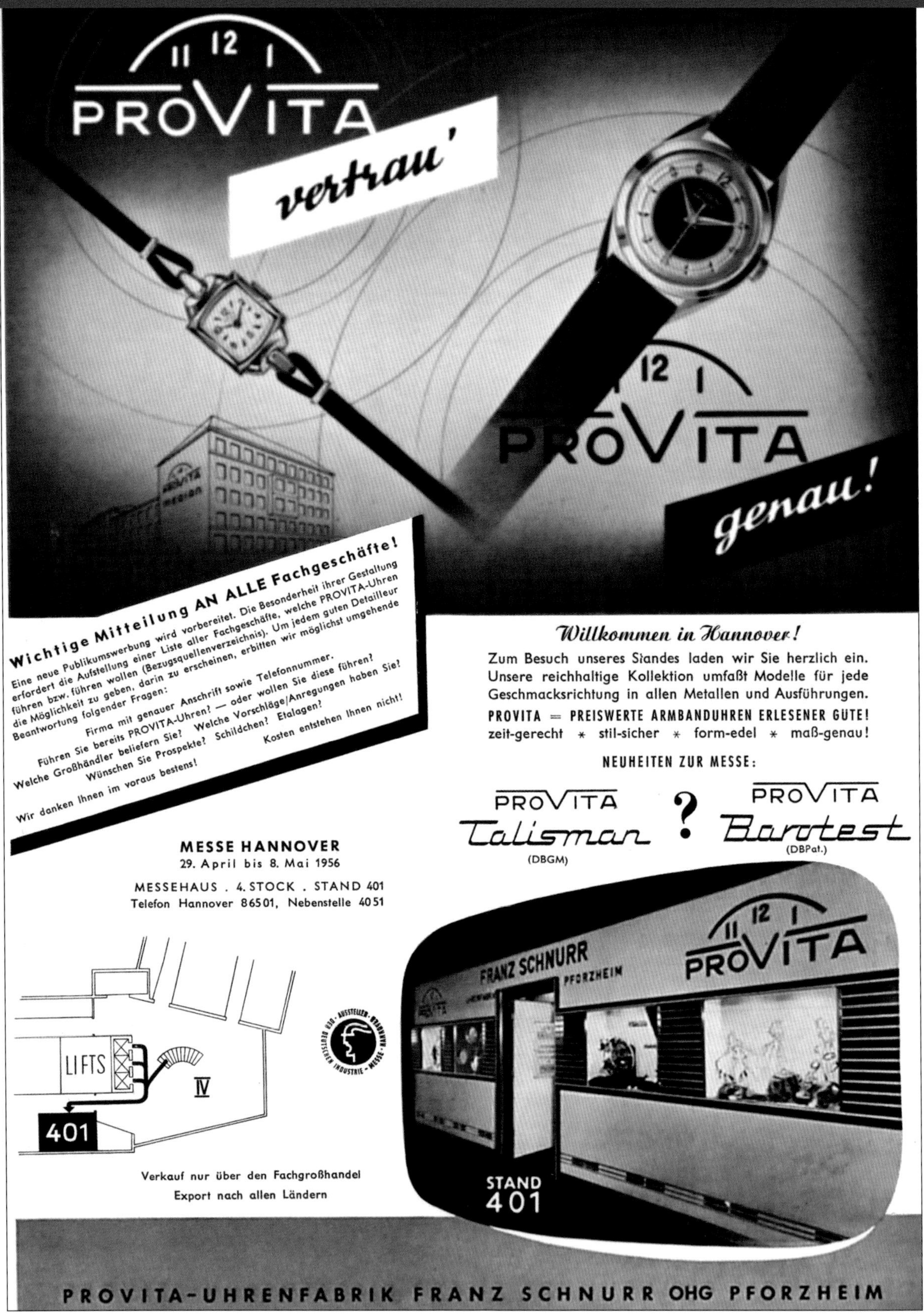

Provita Beilage 1956

Saxonia Chronotest mit ETA 2782

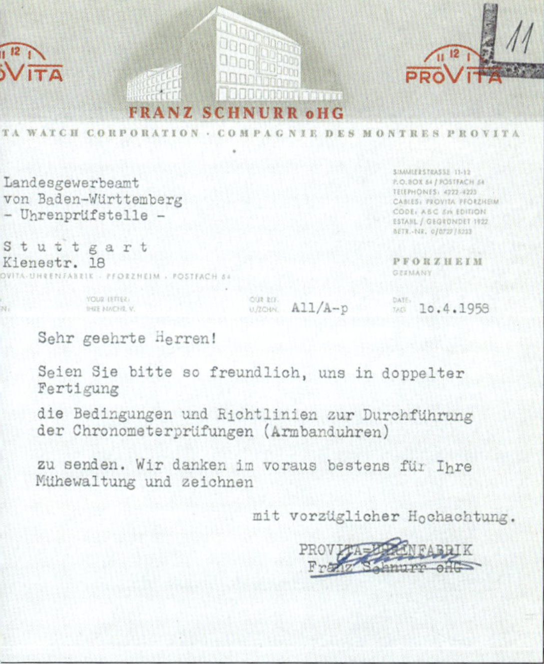

PROVITA
FRANZ SCHNURR oHG
TA WATCH CORPORATION · COMPAGNIE DES MONTRES PROVITA

SIMMLERSTRASSE 11-12
P.O.BOX 64 / POSTFACH 64
TELEPHONES: 4222-4223
CABLES: PROVITA PFORZHEIM
CODE: ABC 5th EDITION
ESTABL. / GEGRÜNDET 1922
BETR.-NR. 0/0727/5233

PFORZHEIM
GERMANY

Landesgewerbeamt
von Baden-Württemberg
- Uhrenprüfstelle -

Stuttgart
Kienestr. 18

OVITA-UHRENFABRIK · PFORZHEIM · POSTFACH 64

YOUR LETTER: IHRE NACHR. V.
OUR REF. U/ZCHN. All/A-p
DATE: TAG 1o.4.1958

Sehr geehrte Herren!

Seien Sie bitte so freundlich, uns in doppelter Fertigung

die Bedingungen und Richtlinien zur Durchführung der Chronometerprüfungen (Armbanduhren)

zu senden. Wir danken im voraus bestens für Ihre Mühewaltung und zeichnen

mit vorzüglicher Hochachtung.

PROVITA-UHRENFABRIK
Franz Schnurr oHG

Die Firma Franz Schnurr mit ihrer Uhrenmarke Provita fragte im Jahr 1958 die Prüfbedingungen für Armbandchronometer ab. Foto: Landesarchiv Baden-Württemberg, Abt. Staatsarchiv Ludwigsburg

Provita Chronotest mit AS 1604

10.8 | CHRONOGRAPH ≠ CHRONOMETER

Eine Uhrengattung landete nur bedingt in den offiziellen Prüfanstalten – die Chronographen. Einen reinrassigen chronometerzertifizierten Chronographen aus deutschen Werkshallen gab es in diesem Sinne nicht, dennoch wurden ein paar Chronographen harten Prüfungen unterzogen, die den Vorgaben der Prüfanstalten durchaus ebenbürtig waren.
Drei deutsche Hersteller produzierten Präzisionschronographen und das schon in der Vorkriegs- und der frühen Nachkriegszeit.
Diese wurden von der Uhrenfabrik AG Tutima aus Glashütte/Sa., von der Firma Hanhart aus Schwenningen am Neckar und von Junghans aus Schramberg geliefert. In der Tutima tickte das Kaliber UROFA 59 (Uhren-Rohwerke-Fabrik Glashütte AG) mit 15 Linien, in der Hanhart zunächst ab 1938 das Kaliber 40 (Eindrücker-Chronograph), dann das Kaliber 41 (asymmetrische Drücker), nach 1945 das Kaliber 42 (17 Steine, 15 ½ Linien). Die Werke waren die ersten deutschen Kaliber mit Breguet-Spirale und wurden vornehmlich in Dienstuhren für die deutsche Wehrmacht verbaut. Wenige Exemplare des Urofa 59 wurden kurz nach Kriegsende noch von Dr. Kurtz in Memmelsdorf mit den angeeigneten Maschinen und Rohwerken und teilen, in den sowjetischen Besatzungsmächten unterstehenden Glashütter Uhrenbetrieben gefertigt, jedoch nicht mehr für militärische Zwecke. Eine solche Nutzung wurde durch die Besatzungsmächte nicht mehr toleriert, und die Uhren trugen auf dem Zifferblatt weder ein Tutima-Markenzeichen noch den Hinweis auf Glashütte.
Auch die Entwicklung des Junghans J88, ebenfalls mit Breguet-Spirale, begann bereits 1942 im Krieg. Hanhart lieferte nach dem Krieg auch als Reparation Uhren unter dem Namen Vixa an die französische Luftwaffe.
Die Kaliber der drei Hersteller können sich mit Fug und Recht mit den vergleichbaren Konstruktionen eidgenössischer Provenienz messen und waren absolut hochwertig ausgestattet: Die Hanharts verfügten häufig über eine Incabloc Stoßsicherung, die Tutima Uhren waren in geringem Umfang mit Shock-Resist Stoßsicherungen ausgestattet. Die Dienstuhren der Wehrmacht hatten ein umfangreiches Lastenheft zu erfüllen und mussten eine Gangleistung von -3 bis +12 Sekunden/Tag bei -10 bis +40 Grad Celsius erreichen, was den damaligen Chronometerwerten gleichkommt.
Das Junghans J88 wurde in den Werkshallen in Schramberg reguliert und musste ab 1957 zusammen mit dem Hanhart 42 als Dienstuhr für die neue Bundeswehr zahlreiche Vorgaben erfüllen.
Die Zivilversionen des Hanhart 42 wurden ebenfalls ausführlich reguliert und mit der Bodengravur „six adjustments“ versehen, auch der in den 1950er Jahren auf Basis des UROFA 59 entstandene GUB 64 Chronograph wurde eingehend beim Hersteller reguliert, um die Gütebedingungen des Deutschen Amts für Mess-und Warenprüfung der DDR zu erfüllen.
In der *Dugena Precision* Reihe gab es einen vergoldeten zivilen Chronographen, der mit einem Valjoux 23 Schaltradkaliber ausgestattet wurde und mindestens so selten zu finden ist, wie der zivile Hanhart Chronograph mit Valjoux 23 Werk.
Spätestens Mitte der 1960er Jahre hatten zahlreiche deutsche Hersteller verschiedene Chronographen, anfangs meist mit Landeron, später mit Venus und Valjoux Werken, im Angebot. Auch der Hersteller Para führte in seiner Linie „Prominent“ einen Chronographen mit Valjoux 23.
Mit dem Buren 12 fand eines der ersten automatischen Chronographenwerke in mehreren deutschen Marken Verwendung, beispielsweise in der Junghans Olympic sowie Dugena und Provita Modellen.

Tutima Glashütte Urofa 59

Hanhart Kaliber 40 (Eindrücker-Chronograph) ohne Markenzeichen

Hanhart Kaliber 41 Tachy Tele

Hanhart mit Hanhart 42, der Rückdeckel weist auf die „Six Adjustments“

Hanhart mit Valjoux 23

Glashütter Uhrenbetrieb GUB 64

Para Prominent mit Valjoux 23 im Goldgehäuse

Junghans 688.13 olympic mit Kaliber Buren 12, Chronograph mit Mikrorotor für Automatikaufzug und zwei Exzenter Reglagen für Gang- und Abfall Feinstellung

Datenblatt Chronographen

Tutima Glashütte	**Urofa 59**
Durchmesser (Linien)	15'''
Produktionszeit	~ 1942
Hemmungsgruppe	Kompensationsunruh mit Schrauben; Breguet-Spirale
Feinregulierung	einfacher Rückerzeiger
Stoßsicherung	ohne
Stückzahl	etwa 15.000
Steine	17
Halbschwingungen (A/h)	18.000
Besonderheiten	Schaltrad-Chronograph; Werk körnig versilbert; Werknummer 8582; Deckelnummer 208582

Hanhart	**Hanhart 40**
Durchmesser (Linien)	15 ½'''
Produktionszeit	ab 1938
Hemmungsgruppe	Kompensationsunruh mit Schrauben; Breguet-Spirale
Feinregulierung	einfacher Rückerzeiger
Stoßsicherung	Incabloc
Stückzahl	
Steine	17
Halbschwingungen (A/h)	18.000
Besonderheiten	Eindrücker-Chronograph; Schaltrad-Chronograph; Nummer Boden 102560

Hanhart	**Hanhart 41**
Durchmesser (Linien)	15 ½'''
Produktionszeit	1939
Hemmungsgruppe	Kompensationsunruh mit Schrauben; Breguet-Spirale
Feinregulierung	einfacher Rückerzeiger
Stoßsicherung	Incabloc
Stückzahl	
Steine	17
Halbschwingungen (A/h)	18.000
Besonderheiten	Flyback; Tachymeterskala; asymmetrische Drücker; Schaltrad-Chronograph; Nummer Werk 14678

Hanhart	**Hanhart 42**
Durchmesser (Linien)	15 ½'''
Produktionszeit	ab 1957
Hemmungsgruppe	Schraubenunruh; Breguet-Spirale
Feinregulierung	einfacher Rückerzeiger
Stoßsicherung	Incabloc
Stückzahl	
Steine	17
Halbschwingungen (A/h)	18.000
Besonderheiten	Flyback; Zwei-Drücker; Schaltrad-Chronograph

GUB Glashütter Uhrenbetriebe	**GUB 64**
Durchmesser (Linien)	12 ½'''
Produktionszeit	1954–1961
Hemmungsgruppe	polierter Stahlanker; poliertes Stahlankerrad; Nivarox Spirale; monometallische Schraubenunruh; Flachspirale
Feinregulierung	einfacher Rückerzeiger
Stoßsicherung	ohne, ab 1956 Incabloc
Stückzahl	~ 12.500
Steine	17
Halbschwingungen (A/h)	18.000
Besonderheiten	Schaltrad-Chronograph, Anzeige von Stunde, Minute, Chronozentrumszeiger für 60 sec. Zählung, Totalisator bei 9 für kleine Sekunde, Totalisator bei 3 für 30 min. Zählung

Para Prominent	**Valjoux 23**
Durchmesser (Linien)	13'''
Produktionszeit	~ 1970
Hemmungsgruppe	Schraubenunruh
Feinregulierung	langer Rückerzeiger
Stoßsicherung	Incabloc
Stückzahl	
Steine	17
Halbschwingungen (A/h)	18.000
Besonderheiten	Flyback; Tachymeterskala; Schaltrad-Chronograph

Junghans 688.13 olympic	**Buren 12**
Durchmesser (Linien)	13 ¾'''
Produktionszeit	1971 – 972
Hemmungsgruppe	Glucydur Ringunruh
Feinregulierung	zwei Exzenter-Reglagen für Gang- und Abfallfeinstellung
Stoßsicherung	Incabloc
Stückzahl	
Steine	17
Halbschwingungen (A/h)	18.000
Besonderheiten	Chronograph; Mikrorotor für Automatikaufzug; Krone links, Drücker rechts; Datumsschnellschaltung zwischen 21:00 und 24:00 Uhr; Chronozentrumszeiger bis 60 sec; bei 3: bis 30 min; bei 9: bis 12 h

UNBEKANNTE CHRONOMETER-HERSTELLER UND MEISTERUHREN | 10.9

Hersteller unbekannt, „Anker“

AS 2063, Nummer auf dem Rotor 9929; Veröffentlichung mit freundlicher Genehmigung von Matthias Hoffmann

Hersteller unbekannt, Werk AS 2163

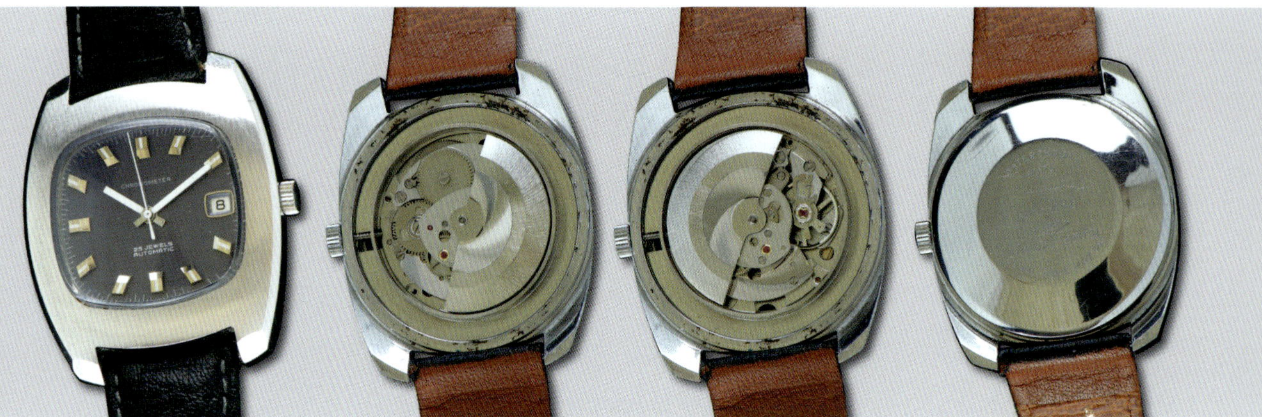

Hersteller unbekannt, Werk AS 2163, Gehäuse RP (Richard Pfisterer, Pforzheim); vermutlich Meisteruhr; 1970er Jahre

Datenblatt AS 2163

Kaliber	**AS 2163**
Chronometerprüfung	Deutschland, Institut unbekannt
Durchmesser (Linien)	11 ½'''
Produktionszeit	1972–1978
Hemmungsgruppe	Nickel Ringunruh
Feinregulierung	Feinreglage über zweiteiligen Rücker
Stoßsicherung	Incabloc
Stückzahl	vermutlich Einzelstück, evtl. Meisterstück
Steine	25
Halbschwingungen (A/h)	28.800
Besonderheiten	Automatik; Datumsschnellschaltung; Unruhstopp

Datenblatt AS 2063
siehe Condor 75 Chronometer mit AS 2063 auf Seite 129

Damen-Armbandchronometer

Eine chronometergeprüfte deutsche Damenarmbanduhr ist nicht bekannt. Die Schweizer Firma Eterna bringt 1954 ihre automatische Damenuhr der Reihe Eterna-Matic auf den Markt mit Eterna-typischem kugelgelagertem Rotor, die trotz einer Größe des Gehäuses von nur 22 x 26 mm die Anforderungen der offiziellen schweizerischen Kontrollstellen problemlos erfüllte und deren Ganggenauigkeit ohne Ausnahme mit dem offiziellen Gangschein erster Klasse für „Besonders gute Ergebnisse" belohnt wurde.
Der Chronometerprimus Rolex bediente sich anfangs an Werken von Aegler, die auch in dem Oyster-Modell der ersten Ärmelkanal-Durchschwimmerin (1927) Mercedes Gleitze verbaut war. Das 10 ½ Linien große Werk wurde in der Werbung entsprechend angepriesen: *The introduction of the Rolex marks an unique development in the forward stride of the chronmetric science, and perfect timekeeping under all conditions is at least a possibility*. Das Kaliber wurde unisex in Uhren für Damen und Herren verwendet.
Rolex baute ab 1957 die Officially Certified Chronometer Lady-Datejust.

Damenuhr Rolex Oyster Perpetual Date

ELEKTRONISCHE CHRONOMETER – PARADIGMENWECHSEL IN DER UHRENINDUSTRIE | 11

ELEKTROMECHANISCHE CHRONOMETER | 11.1

Die deutsche Armbanduhrenindustrie war geografisch mit Glashütte und Ruhla in Sachsen und Thüringen, sowie mit Pforzheim, Schwäbisch Gmünd, Schramberg und Schwenningen in Baden-Württemberg gelegen. Bis auf einige Firmen, nämlich Ruhla, Junghans, Bifora, Mauthe, Kienzle, Laco/Durowe und Porta/PUW, waren die Betriebe eher klein- und mittelständisch geprägt.
In der Zeit kurz vor und während des Zweiten Weltkriegs konnten, aufgrund von Erfordernissen der Wehrmacht, signifikante Fortschritte im Präzisionsuhren- und Chronographenbau gemacht werden, insgesamt wurde die technische und gestalterische Entwicklung jedoch eingeschränkt.
Die ersten deutschen Automatikwerke, die alle Anfang der 50er Jahre entstanden, wirkten im Vergleich zu den Topprodukten aus der Schweiz eher roh, grob und provisorisch. Es handelte sich stets um Modul-Aufbauten, die auf alte Handaufzugwerke aus der Vorkriegszeit montiert wurden. Lediglich Porta/PUW, Junghans und Laco/Durowe konnten 1956/57 hochwertige neue Werkskonstruktionen einführen, die den Anspruch hatten, den Schweizer Produkten die Stirn zu bieten. Doch auch diese Werke hatten große Werkshöhen und waren schon Anfang der 1960er Jahre nicht mehr zeitgemäß. Kurze Lichtblicke gab es von Laco zwar mit dem Planomat (Kaliber D600), mit dem die Firma im Jahr 1963 den Rekord für das flachste Automatikwerk der Welt einstreichen konnte, und für die Sachsen der GUB, die diesen Rekord 1965 für die Werke GUB 74 und GUB 75 beanspruchen konnten. Junghans war zu diesem Zeitpunkt bereits aus der Entwicklung hochwertiger Automatikwerke ausgestiegen und kaufte seine Rohwerke in der Schweiz bei ETA ein. Von PUW, Bifora, Förster, Henzi & Pfaff, Otero, Kasper, Hermann Becker und Durowe folgten noch einige Konstruktionen, die alle robust, verlässlich und ausreichend genau waren, aber nicht den Anspruch hatten, in hochfeinen Uhren ihren Dienst zu tun, son-

dern eher „Brot- und Butterwerke" waren. Vernünftige Uhren für Otto Normalverbraucher zu erschwinglichen Preisen. Neben diesen Automatikuhren versuchten sich die bekannten Uhrenhersteller ursprünglich mit Handaufzugschronometern in der oberen Riege auf dem Markt zu platzieren. Junghans ausgenommen, waren dies, aufgrund der geringen Stückzahlen, aber nur Prestigeprodukte und nützlich für die Werbung.
Schnell war den Verantwortlichen der Uhrenhersteller klar, wohin der nächste Zug abfahren und was damit auch die Ganggenauigkeit revolutionieren würde – in Richtung Uhren, die nicht aufgezogen werden mussten und somit konstantere Werte abliefern konnten.
Als Produkt der Zukunft waren ab Ende der 1950er Jahre die elektromechanischen Uhren auserkoren, neue Maßstäbe zu setzen. Weltweiter Vorreiter in der Entwicklung der elektromechanischen Uhr war Hamilton in den USA. Die Entwicklung startete 1946, und die Marktreife des berühmten Kalibers Hamilton 500 wurde im Januar 1957 erreicht.
Helmut Epperlein ließ die erste deutsche elektrische Armbanduhr 1957 patentieren, die aber in den USA von Hamilton gebaut wurde. Die Uhren von Epperlein aus seinen Vereinigten Uhrenfabriken Ersingen floppten in Deutschland, und die anderen deutschen Hersteller standen bereits in den Startlöchern.
Das Rennen war gestartet und Laco/Durowe stellte im Jahr 1958 auf der Hannover-Messe das elektromechanische Kaliber 860 vor und brachte kurz danach das serienreife Durowe 861 auf den Markt. Die frühen 861 zeigten noch das Laco-Signet auf der Platine, ab Februar 1959 ging Laco an den amerikanischen Uhrenhersteller US Time Corporation (Timex). Das ausgereifte elektromechanische Werk war ein klares Kaufargument für die Amerikaner.
Schon 1962 folgte die UMF mit dem noch anfälligen Kaliber 25-10, dessen Kinderkrankheiten aber mit dem 25-82 und den Folgemodellen geheilt waren. Ähnliche Probleme hatte Junghans mit dem etwas später entwickelten Junghans J100, und die Schramberger brachten 1967 mit dem weiterentwickelten Junghans 600.10 ein absolut alltagstaugliches elektromechanisches Armbanduhrwerk zur Serienreife. Keiner der Hersteller wollte zurückbleiben, und PUW stellte 1965 das PUW 1000 vor, Bifora konstruierte bis 1971 das B10, nachdem die Kaliber B8 und B9 aus dem Jahr 1967 nicht zur Serienreife gelangten.
Ab 1960 tauchte die Stimmgabel-Technologie von Bulova serienreif aus den USA auf. Die Schweizer ESA „Mosaba" Werke, die erst rund 10 Jahre später verfügbar waren, wurden dort auch in zahlreichen Uhren chronometergeprüft. Die deutschen Uhrenproduzenten sprangen auf diesen Zug nicht auf, und es gab nur Tischuhren, aber keine Produktion deutscher Stimmgabel-Armbanduhren.
Alle elektrischen Werke hatten eines gemeinsam und machten sie für den Kunden zu einer Besonderheit: Sie waren die technologischen Meilensteine der jeweiligen Hersteller und die Uhren mit der modernsten Technik auf dem Markt. Die Uhren besaßen eine im Schnitt einjährige Energieversorgung mit einer Batterie und die Genauigkeit wurde mit fortschreitender Technik elektronisch kontrolliert. Eine amtliche Chronometerprüfung schien nicht mehr nötig, obwohl beispielsweise die *PORTA elechron* mit dem Kaliber PUW 1000 (PUW 1001 mit Datum) mit seiner Triovis-Mikrometer Feinregulierung durchaus Chronometertauglichkeit besaß und in einem Fachtext aus den 1970ern auch so beschrieben wurde.
Einzig Junghans machte eine Ausnahme mit seinen Vollgoldmodellen und ließ den Junghans 600.12 Dato-Chron Chronometer in Serie in der Uhrenprüfstelle des LGA in Stuttgart prüfen.
Bereits im Jahr 1967 schickte Junghans 15 elektromechanische Chronometer zur Prüfung ein. Erste Serienmodelle als Chronometer wurden im Katalog von 1970 zum Kauf ange-

Kein Aspirant für das Bestehen einer Chronometerprüfung: Elektromechanisches Bifora B11-1

Frühes, ungereinigtes und doch funktionierendes Laco 861 mit LACO Signet auf der Werksbrücke

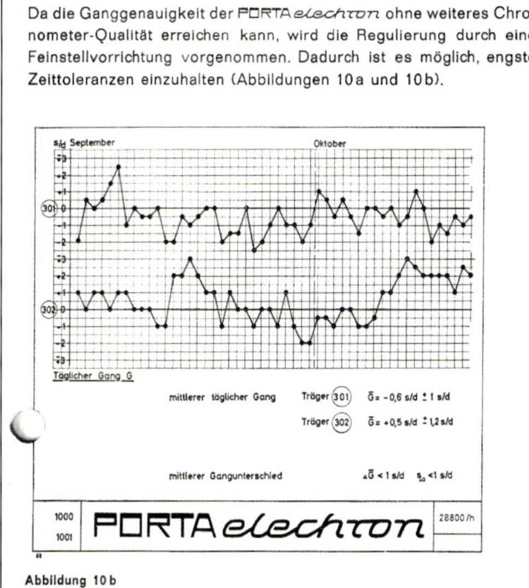

Da die Ganggenauigkeit der PORTA elechron ohne weiteres Chronometer-Qualität erreichen kann, wird die Regulierung durch eine Feinstellvorrichtung vorgenommen. Dadurch ist es möglich, engste Zeittoleranzen einzuhalten (Abbildungen 10a und 10b).

s/d September
Oktober
Täglicher Gang G

mittlerer täglicher Gang — Träger (301) $\bar{G}$ = −0,6 s/d ± 1 s/d

Träger (302) $\bar{G}$ = +0,5 s/d ± 1,2 s/d

mittlerer Gangunterschied — $\Delta\bar{G}$ < 1 s/d s_{Δ} < 1 s/d

1000
1001
PORTA elechron
28800/h

Abbildung 10 b

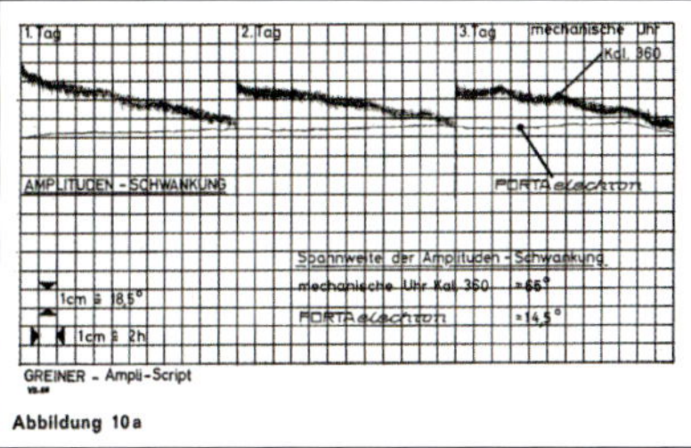

Details aus einer Fachinformation zur „Porta elechron"

„Porta elechron" mit PUW 1001 mit Triovis-Mikrometer Feinregulierung

Datenblatt Porta elechron

Kaliber	**PUW 1001**
Durchmesser (Linien)	12 ½'''
Produktionszeit	1969–1973
Hemmungsgruppe	
Feinregulierung	Triovis-Mikrometer; Feinregulierung;
Stoßsicherung	Incabloc
Stückzahl	
Steine	7
Halbschwingungen (A/h)	28.800
Besonderheiten	elektromechanisch; Datum

Datenblatt Junghans Dato-Chron Chronometer

Kaliber	**Junghans 600.12**
Durchmesser (Linien)	13 ½'''
Produktionszeit	1969–1974
Hemmungsgruppe	Unruh dient als transistorgesteuerter Antrieb
Feinregulierung	Exzenterschraube
Stoßsicherung	Star-Shock
Stückzahl	wenige Tausend
Steine	17
Halbschwingungen (A/h)	21.000
Besonderheiten	elektromechanisches Werk; elektrisch angetriebenes Unruhschwingsystem

boten. Die Uhren mit der Bezeichnung DATO-CHRON *Chronometer* sind mit dem 13 ½-linigen Kaliber 600.12, das manchmal auch als Inter-Chron Cal. SU 6012 bezeichnet wurde, ausgestattet – ein Werk, das eine Weiterentwicklung des Grundwerkes 600.00 ist und ein transistorgesteuertes, amplituden- und spannungsstabilisiertes Drehschwingsystem mit 21.600 Halbschwingungen in der Stunde aufweist. Der Antrieb erfolgt durch einen Drehschwinger, der das zeithaltende Organ des Werkes ist. Dieser erhält kontaktlos durch eine Transistorschaltung den Antriebsimpuls. Bei Normalamplitude lösen induktive Impulse in der Steuerspule Antriebsimpulse in der Arbeitsspule aus. Die Bewegung des Drehschwingers wird über einen umgekehrten Ankergang an das Räderwerk weitergeführt. Der Schaltanker steht mit dem Schaltrad in Eingriff und wird mit einem Rastmagnet in seinen Endlagern begrenzt.

Das Werk besitzt 17 Steine, und die hervorragende Ganggenauigkeit wurde nicht nur durch die elektronische Amplituden-Stabilisierung erreicht, sondern auch durch die verwendete Nivarox Spirale. Die Unruhzapfen sind in der bewährten Junghans Star-Shock Stoßsicherung federnd gelagert, eine Reglage ist über eine Exzenterfeinregulierung präzise durchführbar.

Die gesamte Elektronik ist in einer Baugruppe zusammengefasst. Die Laufzeit der Uhr liegt mit einer SR44-Batterie bei rund einem Jahr. Die Chronometervariante gibt es nur in massiv goldenen Gehäusen, auch das Zifferblatt und die Indexe sind aus Gold. Es gibt die Varianten sowohl in Gelb- als auch in Weißgold. Der Chronometer mit der Referenznummer 67/9754 erlangte im Jahr 1970 den if-Design-Award (if = Industrie Forum Design).

Junghans prüfte alle Dato-Chron Werke im Haus, die Werke mit besonders guten Werten wurden in Goldgehäusen eingeschalt und gingen dann zur Chronometerprüfung an die Uhrenprüfstelle des LGA.

Vermutlich hätten auch die elektromechanischen Uhren der Mitbewerber eine Chronometerprüfung nicht scheuen müssen.

Mit dem UMF 25 schafften es die Thüringer mit Umgehung von 16 internationalen Patenten, ein völlig neu konzipiertes und unkonventionelles Werk zu konstruieren. Das UMF 25 wurde von 1966 bis 1969 gebaut und hat 17 Steine, eine Zentralsekunde und Selbstanlauf.

Junghans DATO-CHRON Chronometer 600.12 mit Feinregulierung

Gruppe 67

13¹/₂''' Werk, kontaktlos, transistorgesteuert, selbstanlaufend, sekundengenau einstellbar, 17 Steine, stoßgeschützt, wasserdicht, magnetisch abgeschirmt. Bei der Chronometerprüfung wurden besonders gute Leistungen erzielt.
Laufzeit 1 Jahr mit handelsüblicher Miniaturbatterie, Mallory WH 3, 1,35 Volt.

Werbung Junghans Katalog 1969

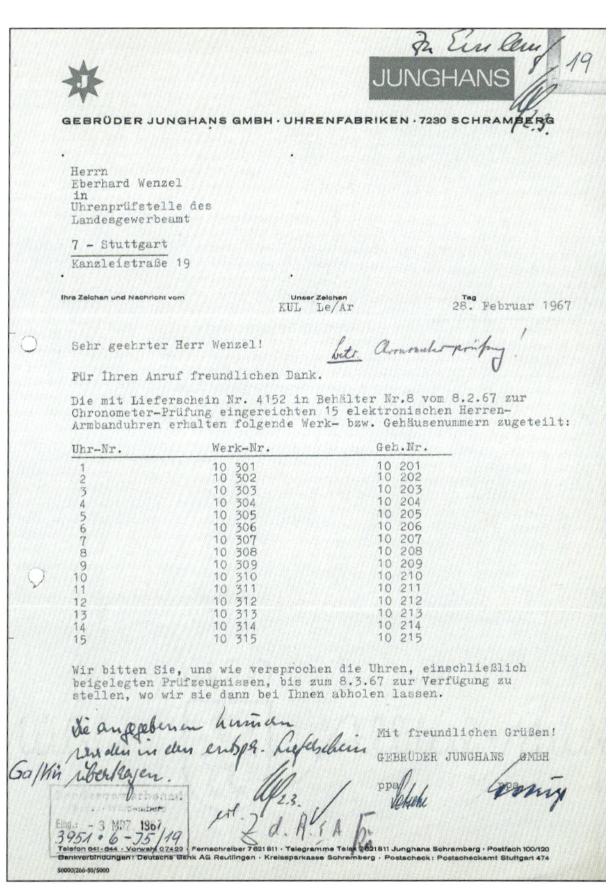

JUNGHANS

GEBRÜDER JUNGHANS GMBH · UHRENFABRIKEN · 7230 SCHRAMBERG

Herrn
Eberhard Wenzel
in
Uhrenprüfstelle des
Landesgewerbeamt

7 - Stuttgart

Kanzleistraße 19

Ihre Zeichen und Nachricht vom — Unser Zeichen: KUL Le/Ar — Tag: 28. Februar 1967

Sehr geehrter Herr Wenzel!

Für Ihren Anruf freundlichen Dank.

Die mit Lieferschein Nr. 4152 in Behälter Nr.8 vom 8.2.67 zur Chronometer-Prüfung eingereichten 15 elektronischen Herren-Armbanduhren erhalten folgende Werk- bzw. Gehäusenummern zugeteilt:

Uhr-Nr.	Werk-Nr.	Geh.Nr.
1	10 301	10 201
2	10 302	10 202
3	10 303	10 203
4	10 304	10 204
5	10 305	10 205
6	10 306	10 206
7	10 307	10 207
8	10 308	10 208
9	10 309	10 209
10	10 310	10 210
11	10 311	10 211
12	10 312	10 212
13	10 313	10 213
14	10 314	10 214
15	10 315	10 215

Wir bitten Sie, uns wie versprochen die Uhren, einschließlich beigelegten Prüfzeugnissen, bis zum 8.3.67 zur Verfügung zu stellen, wo wir sie dann bei Ihnen abholen lassen.

Mit freundlichen Grüßen!
GEBRÜDER JUNGHANS GMBH
ppa.

Eing.: - 3 MRZ. 1967
3951 · 6 - 75/19

Telefon 641-644 · Vorwahl 07422 · Fernschreiber 7 621 811 · Telegramme Telex 7 621 811 Junghans Schramberg · Postfach 100/120
Bankverbindungen: Deutsche Bank AG Reutlingen · Kreissparkasse Schramberg · Postscheck: Postscheckamt Stuttgart 474
50000/266-50/5000

Schreiben aus dem Jahr 1967 der Firma Junghans an die Uhrenprüfstelle des LGA über die Prüfung von 15 elektromechanischen Chronometern. Foto: Landesarchiv Baden-Württemberg, Abt. Staatsarchiv Ludwigsburg (49)

Junghans DATO-CHRON Chronometer 600.12, Referenz 67/9754

Laco electric mit Durowe 861

Unilectric mit UMF 25-12

QUARZ ARMBAND-CHRONOMETER | 12

Die elektromechanischen Uhren waren nur ein kurzes Intermezzo im Kampf um die beste und genaueste Antriebstechnologie der Uhren, und der Totengräber der mechanischen und elektromechanischen Uhren stand längst auf der Schwelle. Nachdem Seiko schon 1969 die weltweit erste Quarz Armbanduhr präsentierte und im Jahr 1971 Junghans mit der Astro-Quartz die erste deutsche Quarzuhr auf dem Markt lancierte, wurde damit die „Quarzkrise" eingeleitet. In Japan ist dieser Begriff unbekannt und wurde zukunftsahnend als „Quarzrevolution" bezeichnet. Die großen Uhrenhersteller Junghans, GUB/Ruhla und Bifora brachten folglich eigenentwickelte Quarzwerke auf den Markt. Eine solche Hochtechnologie-Forschung verschluckte Unmengen Kosten. Klein- und Mittelständler waren wirtschaftlich und entwicklungstechnisch von der neuen Technik überfordert. Eine faszinierende Ausnahme machte Arctos, mit damals 400 Mitarbeitern in verschiedenen Geschäftsfeldern. Bereits 1971 entwickelte und fertigte die Philipp Weber KG das Kaliber Arctos 375 selbst. Die Vorstellung der Vorserienmodelle fand am 11. Februar 1971 auf einer Pressekonferenz während der Hannover-Messe statt, und somit war man noch vor Junghans am Start. Auch Provita nutzte das Werk und bezeichnete die Uhren als „Chronoquartz", auch spätere Modelle mit Schweizer ESA Werken wurden so bezeichnet. Und nicht nur Provita nutzte eine vermutlich aus Marketingzwecken genutzte Ähnlichkeit durch die Verquickung der Begriffe

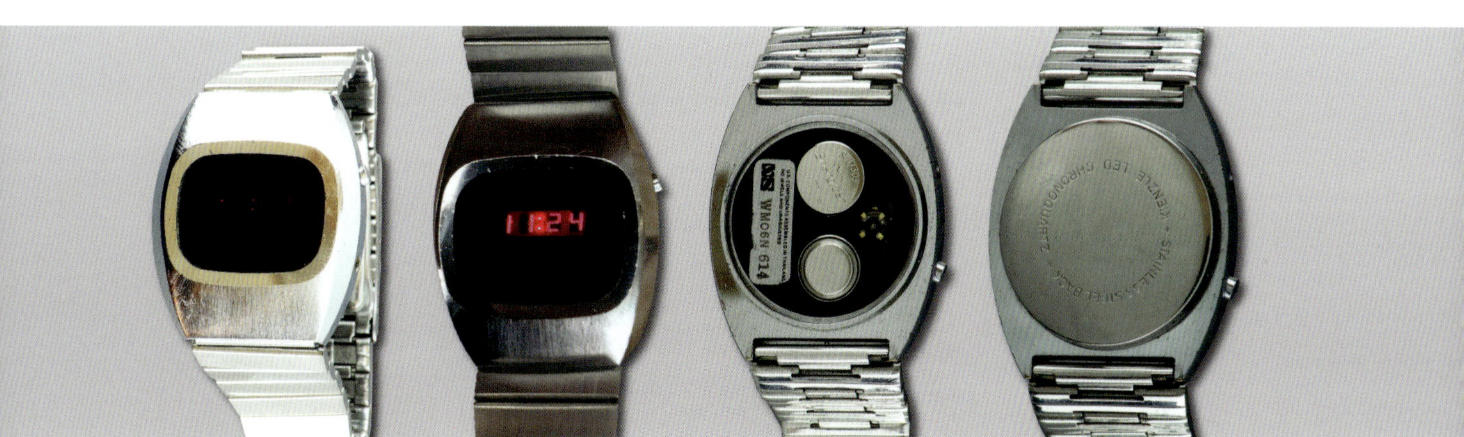

Kienzle Chronoquartz mit NSC WM06N

Bifora Unima Quartz 32 768 Hz Bifora B12 (Mikado)

Provita Chronoquartz mit ESA 9362

Prätina mit PUW 5002 mit Quarzsteuerung und Triovis-Mikrometer Feinregulierung

Provita Chronoquartz, Werbung 1972

„Chronometer“ und „Quartz“. Die Uhrenfirma Kienzle benannte so verschiedene Modelle, unter anderem die frühen Quarzuhren mit LED-Anzeige, aber auch Uhren mit diversen Kalibern aus der Schweiz und Deutschland.
In der Kienzle Chronoquartz mit LED-Anzeige arbeitet ein Quarzwerk aus dem Jahr 1973 von NSC (National Semiconductor) aus den USA. Offizielle Chronometerprüfungen dieser Uhren fanden nicht statt.
PUW hatte 1976 gemeinsam mit Junghans das J632 entwickelt. Ein weiteres flaches, nur 2,5 mm starkes Werk wurde konstruiert. Mit der Serienreife stieg Junghans allerdings aus dem gemeinsamen Projekt aus, und das PUW 900 war geboren. Zuvor hatte PUW im Jahr 1972 ein sehr interessantes „Zwitter“-Projekt auf den Markt gebracht: das quarzgesteuerte, jedoch mit Unruh versehene Kaliber PUW 5000. Das Werk wurde durch die kostenintensive, mechanische Bauweise aber nur in kleinen Stückzahlen produziert. 1973/74 folgte noch das technisch verbesserte PUW 5500, das aber nur in extrem geringen Stückzahlen gefertigt wurde.

Technische Daten des 12 ½-linigen PUW 5000:

- 7 Rubine
- 28.800 Halbschwingungen/Stunde (4 Hz)
- Quarzschwinger: Stab-Quarz von Motorola, durch elastischen Plastikpuffer geschützt Quarzfrequenz: seltene 65 kHz
- Elektronikblock servicefreundlich durch Schrauben mit dem mechanischen Grundkaliber verbunden
- IC: C-MOS-Technik; Motorola Complementary Metall Oxide Semiconductor; auf einer Fläche von 2 x 2 mm befinden sich unter anderem 312 Transistoren
- Der IC teilt die Quarzfrequenz von 65.536 Hz mittels 16 Binärteilerstufen in vier Sekundenimpulse
- Stoßsicherung: Rufa Anti-Shock
- DIN-Norm: Stoßgesichert und antimagnetisch nach DIN 8308 und DIN 8309
- Batterie: 313, internationale Bezeichnung MR 1154 SW

Das Kaliber 5000 hat keine Kalenderfunktion, das Kaliber 5001 zeigt den Tag, das 5002 den Wochentag und den Tag. Die Kalendereinstellung des Tages erfolgt durch Drücken der Krone, der Wochentag über die Zeigerstellung. Das weitere Fortschreiten der Quarzuhrenfertigung mit immer weiter sinkenden Preisen war durch Importe aus Fernost ausgelöst und bedeutete ab Mitte der 1970er Jahre das Ende der deutschen Armbanduhrenindustrie in ihrer bisherigen Form. PUW wurde schließlich 1989 von ETA übernommen, Durowe bereits 1966 von der Ebauche S.A. Durch die Fusionen gestärkt, versuchte man besseren Zugang zu den Märkten der Europäischen Wirtschaftsgemeinde (EWG) zu erreichen. Bifora ging nach Insolvenz 1977 an indische Besitzer, und zahlreiche Mittelständler suchten sich neue Geschäftsfelder. Junghans bildete eine Ausnahme und entwickelte weiter Quarzwerke, die auch an viele andere Hersteller geliefert wurden, bis hin zu einem amtlich geprüften Quarzchronometer.

Die Prüfung dieser Quarzchronometer fand am Forschungsinstitut der Forschungsanstalt für Uhren und Feingerätetechnik in Stuttgart statt, die Prüfzertifikate wurden vom LGA Baden-Württemberg ausgestellt. Ein Entwurf zu den Testvorgaben wurde als DIN 8319 im September 1977 vorgestellt, nachdem bekannt wurde, dass die Uhrenproduzenten planten, eine chronometertaugliche Quarzuhr zu produzieren.
Es gab nur einen einzigen Hersteller von Quarzchronometern: Wieder die Schramberger Firma Junghans, die ihren 4-MHz-Chronometer mit dem Junghans 667.22 im Jahr 1978 vorstellte.

DK 681.114.8.032.32-187.4 : 001.4 : 620.1 DEUTSCHE NORMEN *Entwurf* September 1977

	Armbandchronometer mit einer Frequenz des Schwingsystems > 1000 Hz Begriffe, Anforderungen, Prüfung	DIN 8319 Teil 2

Wrist chronometer with frequenz of oscillating system > 1000 Hz; designation, requirements, testing
Chronométres de bracelet avec fréquence de l'oscillateur > 1000 Hz; désignation, exigences, test

Einsprüche bis 31. Januar 1978

Dieser Norm-Entwurf, dessen Inhalt noch nicht die endgültige Fassung der beabsichtigten Norm darstellt und deshalb noch nicht für die Anwendung bestimmt ist, wird der Öffentlichkeit zur Prüfung und Stellungnahme vorgelegt, damit er erforderlichenfalls verbessert werden kann.
Soll dieser Norm-Entwurf ausnahmsweise im wirtschaftlichen Verkehr angewendet werden, so ist dies zwischen den Beteiligten, z. B. Auftraggeber und Auftragnehmer, zu vereinbaren.
Einsprüche und Änderungsvorschläge zu diesem Norm-Entwurf werden in zweifacher Ausfertigung erbeten an den Normenausschuß Uhren, Industriehaus Westliche 56, 7530 Pforzheim.

1 Geltungsbereich

Diese Norm gilt für Armbandchronometer mit piezoelektrischem Schwingsystem (PES).
Diese Norm gilt auch für Uhren von der Größe von Kleinuhren, die nicht zum Tragen am Arm vorgesehen sind und ein piezoelektrisches Schwingsystem besitzen.

2 Zweck

Zweck dieser Festlegungen sind einheitliche Anforderungen für Armbandchronometer mit einer Frequenz > 1000 Hz sowie deren Prüfung.

3 Mitgeltende Normen

DIN 8236	Zeitmeßtechnische Begriffe
DIN 8308	Stoßsicherheit bei Kleinuhren
DIN 8309	Antimagnetische Eigenschaften von Kleinuhren
DIN 40 880	Galvanische Primärelemente und -batterien; Rundzellen für Kleinuhren

4 Begriff

Ein Armbandchronometer mit PES ist eine Uhr, die unter definierten Bedingungen geprüft worden ist und die den Anforderungen nach Abschnitt 6 dieser Norm genügt. Die an einem amtlichen Prüfinstitut festgestellte Übereinstimmung der Prüfwerte mit dieser Norm wird durch ein offizielles Prüfzeugnis bestätigt, das zur Bezeichnung der Uhr mit dem Wort „Chronometer" berechtigt.
Das Schwingsystem des Chronometers kann durch einen Zusatz näher bezeichnet werden, z. B. „Quarz-Chronometer".

5 Zeitmeßtechnische Begriffe
(siehe auch DIN 8236 Teil 1 bis 4)

5.1 Gang G_N

Der Gang G_N ist der bei einer Kurzzeitmessung ermittelte Gang bei der Nennbetriebsspannung U_N der Uhr, bei der Temperatur $\vartheta_0 = (23 \pm 1)$ °C und einer relativen Luftfeuchte $\leq 60\%$. G_N wird in der Einheit s/d angegeben.

5.2 Gang G_d

Der Gang G_d ist der über die Anzeige der zu prüfenden Uhr über 24 h ermittelte Gang.
Bedingungen nach Abschnitt 5.1
G_d wird in der Einheit s/d angegeben.

5.3 Gänge G_{di}

Die Gänge G_{di} (i = 1, 2, . . . , 12) sind die entweder nach Abschnitt 5.1 jeweils in 24stündigem Abstand mit zusätzlicher täglicher Berücksichtigung eines möglichen Schrittfehlers der Anzeige oder nach Abschnitt 5.2 ermittelten Gänge.

5.4 Mittelwert $\overline{G}_d$

Der Mittelwert $\overline{G}_d$ ergibt sich aus

$$\overline{G}_d = \frac{1}{n} \sum_{i=1}^{n} G_{di} \text{ mit } n = 12$$

$\overline{G}_d$ wird in der Einheit s/d angegeben.

5.5 Standardabweichung des täglichen Ganges s_G

$$s_G = \sqrt{\frac{1}{n-1} \sum_{i=1}^{n} (G_{di} - \overline{G}_d)^2} \text{ mit } n = 12$$

s_G wird in der Einheit s/d angegeben.

5.6 Gangänderungsrate A

Die Gangänderungsrate A ergibt sich aus

$$A = \frac{\overline{G}_{d11,\,d12} - G_{d1,\,d2}}{t_{n14} - t_{n2}}; \; t_{n14} - t_{n2} = 12 \text{ d}$$

A wird in der Einheit s/d² angegeben.

5.7 Temperaturkoeffizienten C_1 und C_2

Die Temperaturkoeffizienten C_1, C_2 des Ganges ergeben sich aus:

$$C_1 = \frac{G_8 - G_N}{\vartheta_1 - \vartheta_0}; \quad C_2 = \frac{G_{38} - G_N}{\vartheta_2 - \vartheta_0}$$

C_1, C_2 werden in der Einheit s/(d · K) angegeben.

Fortsetzung Seite 2 und 3

Normenausschuß Uhren im DIN Deutsches Institut für Normung e.V.

Alleinverkauf der Normen durch Beuth Verlag GmbH, Berlin 30 und Köln 1
09.77

Entwurf DIN 8319 Teil 2 Sep 1977 Preisgr. 4
Vertr.-Nr. 0004

Entwurf aus dem Jahr 1977 zur Quarzchronometerprüfung von Armbanduhren. Foto: Landesarchiv Baden-Württemberg, Abt. Staatsarchiv Ludwigsburg (50)

2 Entwurf DIN 8319 Teil 2

Gänge G_8, G_{38}, G_{50}, G_{-5}

Gänge G_8, G_{38}, G_{50} und G_{-5} werden bei Bedingungen Abschnitt 5.1 jedoch bei der Temperatur (8 ± 1) °C; ϑ_2 = (38 ± 1) °C; ϑ_3 = (50 ± 1) °C; (−5 ± 1) °C ermittelt. G_8, G_{38}, G_{50} und G_{-5} en in der Einheit s/d angegeben.

Gang G_F

Gang G_F ist der nach Abschnitt 5.1 bei einer Tempe- von (38 ± 1) °C und einer Luftfeuchte von (90^{+2}_{-3}) % ssene Gang.

Uhren werden nach den Bedingungen von Ab- tt 5.1 und bei geöffnetem Gehäuse geprüft.

Gang $G_{F\,38}$

Feuchtigkeitseinfluß errechnet sich aus:

$G_{F\,38} = G_F - G_{38}$

wird in der Einheit s/d angegeben.

Magnetfeldabhängigkeit G_M

Uhren werden hinsichtlich des Magnetfeldeinflusses DIN 8309, Ausgabe Januar 1971, Abschnitt 4 geprüft.

Gang G_n

Gang G_n ist der bei der Entspannung der vom Her- r empfohlenen Batterie sowie bei einem Innenwider- der Spannungsquelle von R_i = 20 Ω und bei Bedingun- ach Abschnitt 5.1 ermittelte Gang.

ie verschiedenen Rundzellen gelten die in DIN 40 880 ebenen Nenn- und Endspannungen.

rd in der Einheit s/d angegeben.

5.13 Elektrischer Spannungskoeffizient C_U

Der elektrische Spannungskoeffizient C_U ergibt sich aus

$$C_U = \frac{G_N - G_n}{U_N - U_n}$$

C_U wird in der Einheit s/(d · V) angegeben.

5.14 Laufdauer L

Die Laufdauer ist die bei Bedingungen nach Abschnitt 5.1 ermittelte Laufdauer L in der Einheit a (Jahr) und ergibt sich aus

$$L = \frac{Q}{I};\ \text{es gilt}\ \frac{L}{a} = \frac{\frac{Q}{\text{mAh}} - \frac{Q_B}{\text{mAh}}}{\frac{\overline{I}}{\mu\text{A}}} \cdot 0{,}1;\ \frac{Q_B}{\text{mAh}} = \frac{I_B}{\text{mA}} \cdot \frac{2}{\text{h}}$$

Q Ladungsmenge der Batterie

Q_B ist die Ladungsmenge, die eine Zusatzeinrichtung (z. B. Beleuchtung) benötigt, wenn sie ≈ 20 s am Tage in Betrieb ist.

$\overline{I}$ ist der mittlere Betriebsstrom ohne Zusatzeinrichtung.

I_B ist der Strom der Zusatzeinrichtung, die aus derselben Batterie gespeist wird.

Es wurden für das Jahr 10 000 Stunden eingesetzt.

5.15 Stoßabhängigkeit

Die Uhren werden hinsichtlich der Stoßsicherheit nach DIN 8308, Ausgabe Oktober 1973, Abschnitt 4 geprüft.

nforderungen

Tabelle 1 und 2 angegebenen Anforderungen umfassen die Zulassungsprüfung. Tabelle 1 enthält die Anforderungen inzelprüfung.

le 1.

Größe			Anforderung	siehe Abschnitt
Benennung	Kurzzeichen	Einheit		
elwert des täglichen Ganges	$\overline{G}_d$	s/d	+0,1 −0,3	5.4
dardabweichung des täglichen ges	s_G	s/d	±0,05	5.5
gänderungsrate	A	s/d²	0,003	5.6
peraturkoeffizient C_1	C_1	s/d · K	+0,13 −0,04	5.7
peraturkoeffizient C_2	C_2	s/d · K	+0,04 −0,06	5.7

Entwurf DIN 8319 Teil 2 Seite 3

Tabelle 2.

Größe			Anforderung	siehe Abschnitt
Benennung	Kurzzeichen	Einheit		
Gang bei der Temperatur − 5 °C	G_{-5}	s/d	Prüfling darf nicht stehenbleiben	5.8
Gang bei der Temperatur + 50 °C	G_{50}	s/d	Prüfling darf nicht stehenbleiben	5.8
Feuchtigkeitseinfluß 38 °C	$G_{F\,38}$	s/d	± 0,3	5.10
Magnetfeldeinfluß 60 Oe	G_M	s/d	± 0,05 Prüfling darf während der Prüfung nicht stehenbleiben	5.11
Elektrischer Spannungskoeffizient	C_U	s/(d · V)	± 2	5.13
Laufdauer	L	a	> 1	5.14
Stoßabhängigkeit	G_{St}	s/d	1,0	5.15

7 Prüfung

7.1 Allgemeines

Für die Ausstellung eines Prüfzeugnisses muß eine eindeutige Zuordnung des Prüfzeugnisses zum geprüften Werk und Gehäuse bestehen.

7.2 Messung

Das Meßsignal muß nach der Reguliereinrichtung abgenommen werden. Die Meßunsicherheit des Ganges muß besser als 10^{-7} sein.

7.3 Vorbereitung der zu prüfenden Uhr

Vor Beginn der Prüfung muß die Uhr mindestens 24 h gelaufen sein.

Die zu prüfende Uhr muß mindestens 2 Stunden vor und während der jeweiligen Prüfung unter den angegebenen Bedingungen betrieben werden.

7.4 Prüflagen

Die zu prüfende Uhr wird in der Prüflage Zifferblatt oben (Kurzzeichen CH) geprüft, sofern keine andere Lage vorgeschrieben ist.

7.5 Zulassungsprüfung, Einzelprüfung

Die Zulassungsprüfung (Typprüfung, Bauartprüfung) umfaßt die Ermittlung aller Größen.

Die Einzelprüfung beschränkt sich auf die Ermittlung der Größen G_d, s_G, A, C_1 und C_2 jeder einzelnen Uhr.

7.6 Ablauf der Prüfung

(siehe Tabelle 3)

8 Kennzeichnung

Quarz-Chronometer im Sinne dieser Norm, die den Anforderungen in Abschnitt 6 entsprechen, dürfen mit dem DIN-Prüf- und Überwachungszeichen gekennzeichnet werden.

Anträge auf Erteilung der Berechtigung zur Kennzeichnung mit dem DIN-Prüf- und Überwachungszeichen sind an den Normenausschuß Uhren, Westliche 56, 7530 Pforzheim, zu richten. Für die Erteilung der Berechtigung gelten die Richtlinien für die Erteilung des DIN-Prüf- und Überwachungszeichens der „Deutschen Gesellschaft für Warenkennzeichnung" sowie die ergänzenden Bestimmungen für die Erteilung der Registriernummer durch den Normenausschuß Uhren.

Tabelle 3.

Prüfungstage (Wochentage)	Temperatur °C ± 1	Zu ermittelnde Größe
1. bis 10. (Fr bis Mo)	23	G_{d1} bis G_{d10}
11. (Mo/Di)	8	G_8
12. (Di/Mi)	38	G_{38}
13. (Mi/Do)	23	G_{d11}
14. (Do/Fr)	23	G_{d12}
15.	23	G_N, G_M, G_n, $\overline{I}$, G_N
16.	−5	G_{-5}
16.	50	G_{50}
17.	38	G_{38}
17.	38	G_F
17.	23	–

Entwurf aus dem Jahr 1977 zur Quarzchronometerprüfung von Armbanduhren. Foto: Landesarchiv Baden-Württemberg, Abt. Staatsarchiv Ludwigsburg (50)

QUARZCHRONOMETER – DER GRIFF NACH DEN STERNEN | 12.1

Das Kaliber Junghans 667.26 ist die Antwort der Junghansingenieure auf die Frage nach weitestgehender Genauigkeit am Handgelenk. Die Uhr wurde im Frühjahr 1978 auf der Basler Mustermesse vorgestellt, vermutlich wurden erste Stückzahlen bereits 1977 produziert, die nach der Messe dem technikbegeisterten und solventen Kunden offeriert wurden. Die mit einer „Quarzstimmgabel" (Werbetext Junghans) versehenen Uhren wurden so einreguliert, dass diese mit einer Genauigkeit von 0,05 bis 0,08 s/d das Werk verließen. In der Praxis hat sich gezeigt, dass sich das Kaliber trotz fehlender Temperaturkompensation auf eine Ganggenauigkeit von +/- 10 sek pro Jahr einregulieren lässt. Die Mechanik baut exakt auf dem 32 Khz Basiskaliber Junghans 667.20 auf, mit Änderungen des von Eurosil stammenden Elektronikbauteils mit CMOS-Technik und des mit 4 Mhz schwingenden Stabquarzes mit den abgewandelten Maßen 6,5 x 2,2 x 0,4 mm. Die Werksnummern starten mit der Nummer 5000 und sind auf der Werksbrücke eingraviert. Es wurden im Zeitraum vom 1.9.1978 bis zum 16.03.1981 insgesamt 1.185 Quarzchronometer geprüft, die Auflage war ursprünglich limitiert und es sollten 2.000 Stück hergestellt werden. Die Uhr war ab einem Preis von 898,- DM zu erhalten.

Daten zum Kaliber Junghans 667.26:

- Quarz: 4,194-Megahertz
- 7 Rubine
- Antrieb: Zweipoliger Lavet-Typ, Sekunden-Schrittschaltmotor
- Sekundensprung
- Schnellkorrektor Datum
- Sekundenstopp
- Reset
- Trimmbereich des keramischen Scheibenkondensators 1,5 sec

Modell 7000: Goldplaque-Gehäuse
Modell 4900: Stahlgehäuse mit Stahlband
Modell 4880: Stahlgehäuse mit Lederband

Durch die sehr genau gehenden Quarzuhren wurden Chronometerprüfungen für mechanische Chronometer schnell obsolet, da schon wenig nach den ersten Entwicklungen selbst die günstigsten massenproduzierten Quarzuhren genauer gingen als jede mechanische Uhr, und die Hersteller wollten die teuren Gebühren für die Prüfung eines Quarzchronometers von 20,- DM im Jahr 1975 vermutlich nicht aufbringen.

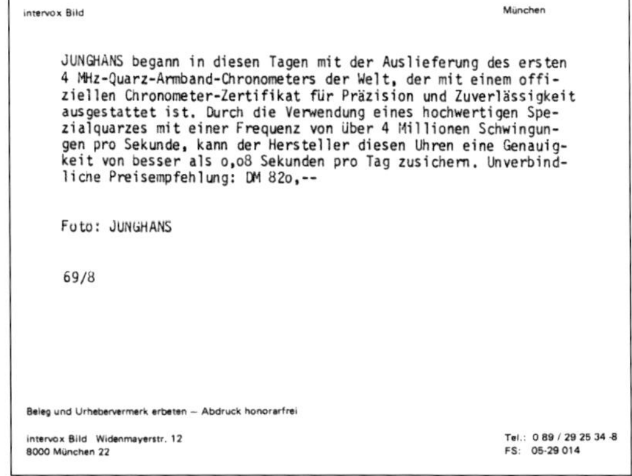

intervox Bild | München

JUNGHANS begann in diesen Tagen mit der Auslieferung des ersten 4 MHz-Quarz-Armband-Chronometers der Welt, der mit einem offiziellen Chronometer-Zertifikat für Präzision und Zuverlässigkeit ausgestattet ist. Durch die Verwendung eines hochwertigen Spezialquarzes mit einer Frequenz von über 4 Millionen Schwingungen pro Sekunde, kann der Hersteller diesen Uhren eine Genauigkeit von besser als o,o8 Sekunden pro Tag zusichern. Unverbindliche Preisempfehlung: DM 82o,--

Foto: JUNGHANS

69/8

Beleg und Urhebervermerk erbeten – Abdruck honorarfrei

intervox Bild Widenmayerstr. 12
8000 München 22

Tel.: 0 89 / 29 25 34 -8
FS: 05-29 014

Pressemeldung über den Verkaufsstart des Quarzchronometers

In und auf der Verkaufsbox ist das Symbol für die Umlaufbahnen von Planeten zu sehen – Junghans greift nach den Sternen.

Junghans 667.26 Quartz-Chronometer

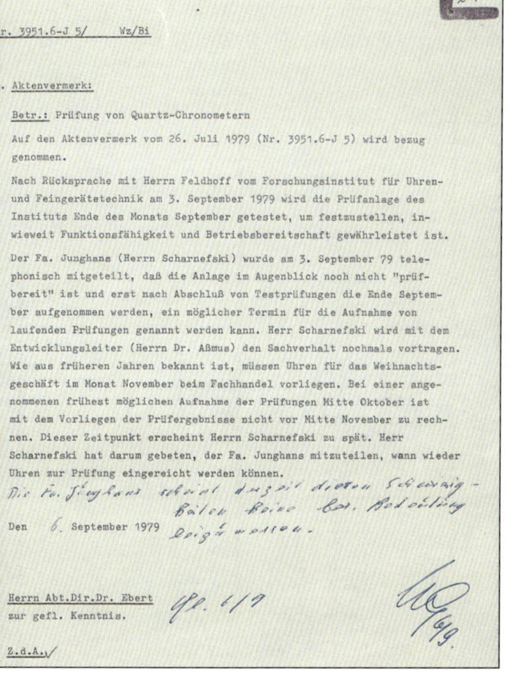

24

Nr. 3951.6-J 5/ Wz/Bi

1. Aktenvermerk:

Betr.: Prüfung von Quartz-Chronometern

Auf den Aktenvermerk vom 26. Juli 1979 (Nr. 3951.6-J 5) wird bezug genommen.

Nach Rücksprache mit Herrn Feldhoff vom Forschungsinstitut für Uhren- und Feingerätetechnik am 3. September 1979 wird die Prüfanlage des Instituts Ende des Monats September getestet, um festzustellen, inwieweit Funktionsfähigkeit und Betriebsbereitschaft gewährleistet ist.

Der Fa. Junghans (Herrn Scharnefski) wurde am 3. September 79 telephonisch mitgeteilt, daß die Anlage im Augenblick noch nicht "prüfbereit" ist und erst nach Abschluß von Testprüfungen die Ende September aufgenommen werden, ein möglicher Termin für die Aufnahme von laufenden Prüfungen genannt werden kann. Herr Scharnefski wird mit dem Entwicklungsleiter (Herrn Dr. Aßmus) den Sachverhalt nochmals vortragen. Wie aus früheren Jahren bekannt ist, müssen Uhren für das Weihnachtsgeschäft im Monat November beim Fachhandel vorliegen. Bei einer angenommenen frühest möglichen Aufnahme der Prüfungen Mitte Oktober ist mit dem Vorliegen der Prüfergebnisse nicht vor Mitte November zu rechnen. Dieser Zeitpunkt erscheint Herrn Scharnefski zu spät. Herr Scharnefski hat darum gebeten, der Fa. Junghans mitzuteilen, wann wieder Uhren zur Prüfung eingereicht werden können.

Den 6. September 1979

Herrn Abt.Dir.Dr. Ebert
zur gefl. Kenntnis.

Z.d.A.

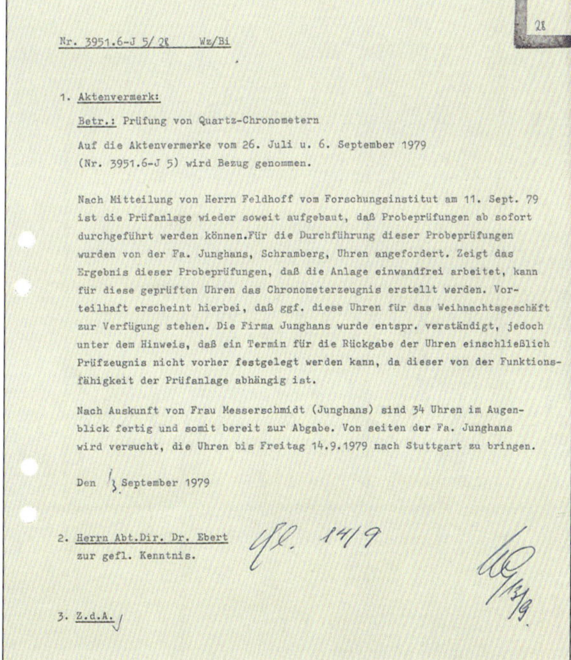

28

Nr. 3951.6-J 5/ 28 Wz/Bi

1. Aktenvermerk:

Betr.: Prüfung von Quartz-Chronometern

Auf die Aktenvermerke vom 26. Juli u. 6. September 1979 (Nr. 3951.6-J 5) wird Bezug genommen.

Nach Mitteilung von Herrn Feldhoff vom Forschungsinstitut am 11. Sept. 79 ist die Prüfanlage wieder soweit aufgebaut, daß Probeprüfungen ab sofort durchgeführt werden können.Für die Durchführung dieser Probeprüfungen wurden von der Fa. Junghans, Schramberg, Uhren angefordert. Zeigt das Ergebnis dieser Probeprüfungen, daß die Anlage einwandfrei arbeitet, kann für diese geprüften Uhren das Chronometerzeugnis erstellt werden. Vorteilhaft erscheint hierbei, daß ggf. diese Uhren für das Weihnachtsgeschäft zur Verfügung stehen. Die Firma Junghans wurde entspr. verständigt, jedoch unter dem Hinweis, daß ein Termin für die Rückgabe der Uhren einschließlich Prüfzeugnis nicht vorher festgelegt werden kann, da dieser von der Funktionsfähigkeit der Prüfanlage abhängig ist.

Nach Auskunft von Frau Messerschmidt (Junghans) sind 34 Uhren im Augenblick fertig und somit bereit zur Abgabe. Von seiten der Fa. Junghans wird versucht, die Uhren bis Freitag 14.9.1979 nach Stuttgart zu bringen.

Den 13. September 1979

2. Herrn Abt.Dir. Dr. Ebert
zur gefl. Kenntnis.

3. Z.d.A.

Aktenvermerke des LGA Stuttgart aus dem September 1979 über die Betriebsbereitschaft der Anlage zur Prüfung von Armbandquarzchronometern. Foto: Landesarchiv Baden-Württemberg, Abt. Staatsarchiv Ludwigsburg (51)

Prüfkriterien Quarz Armbandchronometer

Prüfkriterium	Abkürzung	Toleranz
Mittelwert des täglichen Gangs	G(d)	-0,3 bis 0,1 s/Tag
Standardabweichung des täglichen Ganges	S(G)	max. 0,3 s/Tag
Gangänderungsrate	A	-0,003 bis 0,003 s/Tag^2
Differenz zwischen horizontalen und vertikalen Lagen	C(1)	-0,04 bis 0,13 s/(Tag K)
Größte Streubreite der Gänge	C(2)	-0,06 bis 0,04 s/(Tag K)

13 ZEITLEISTE ARMBANDCHRONOMETER

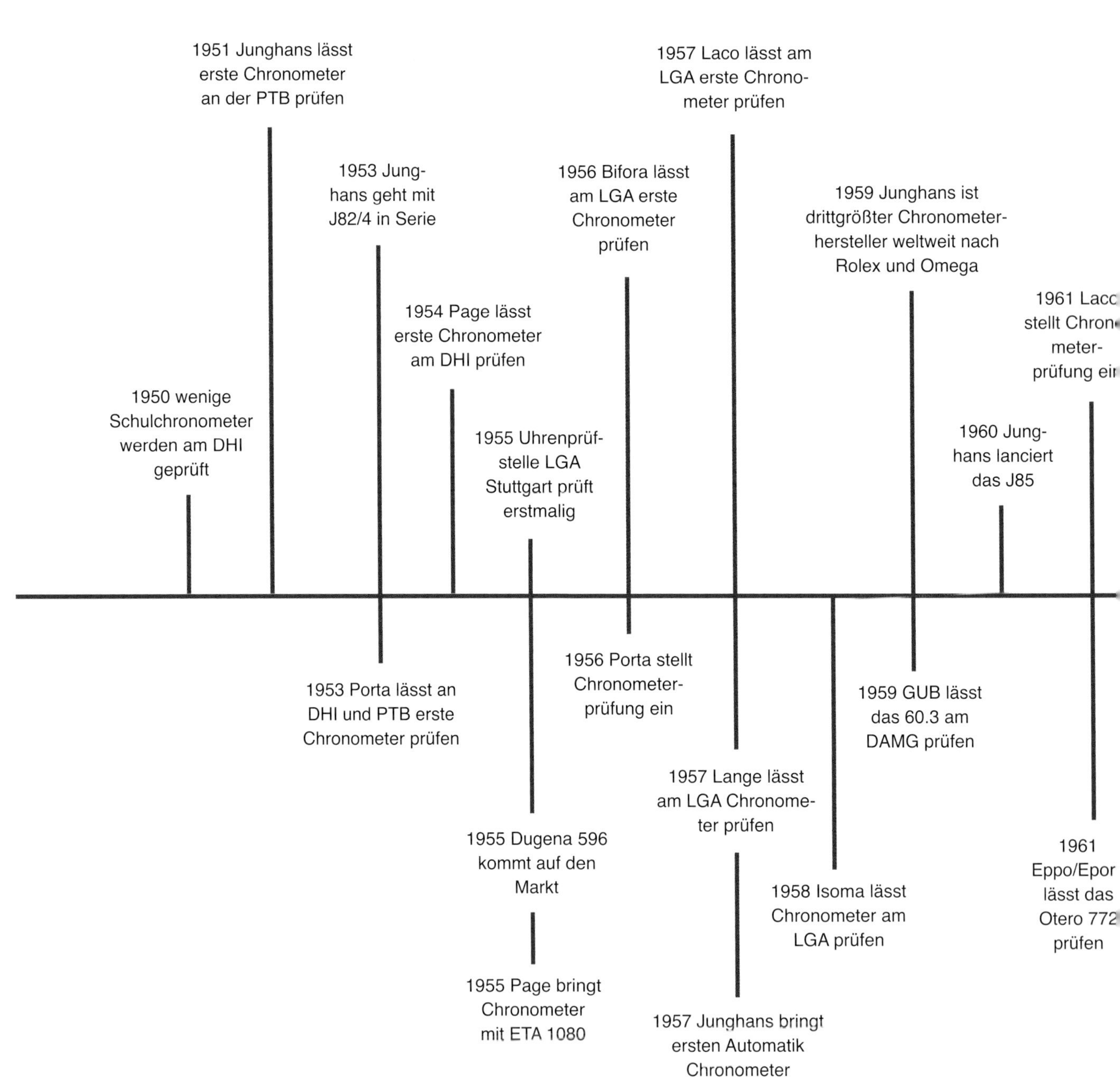

ZEITLEISTE ARMBANDCHRONOMETER

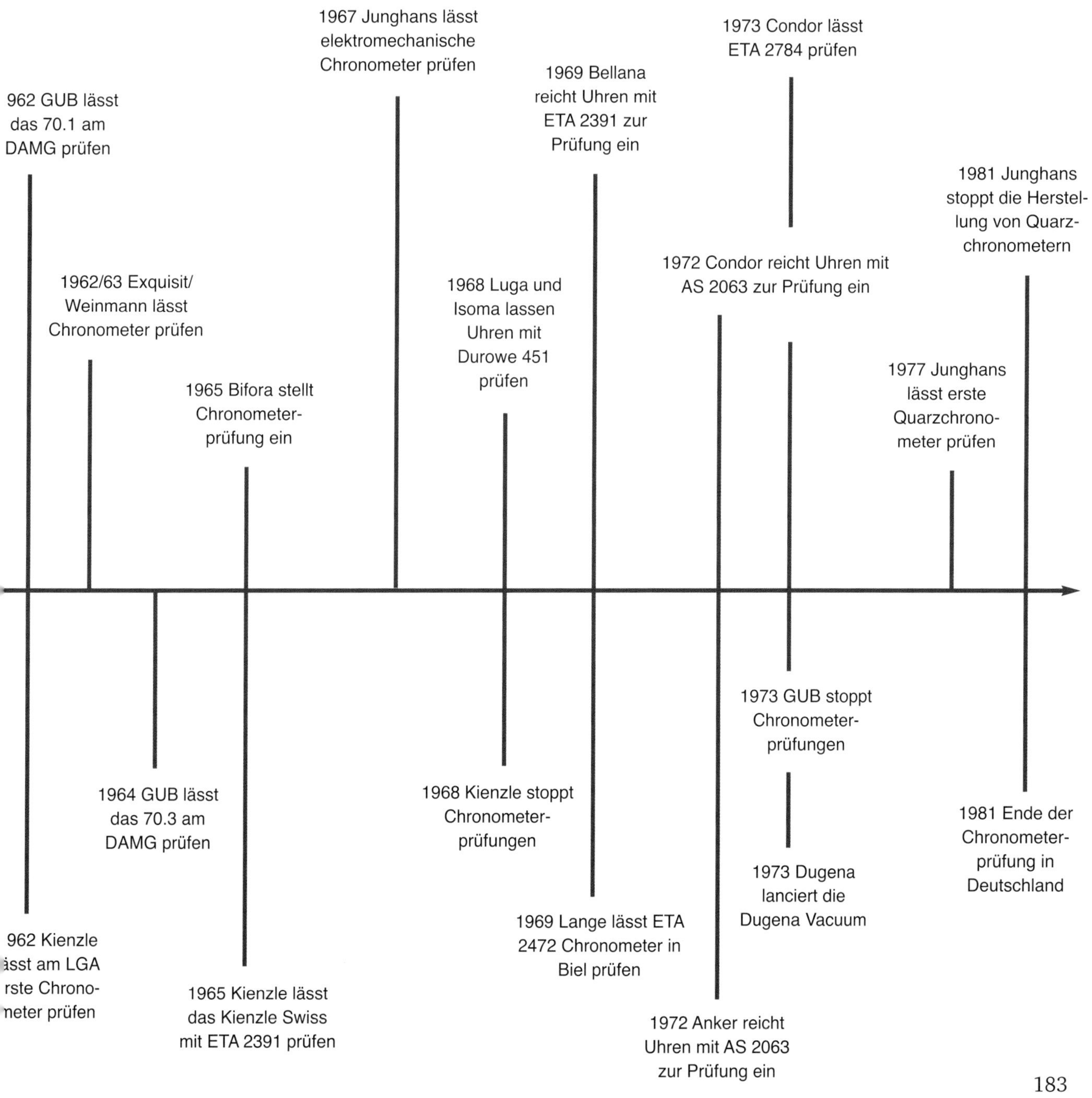

14 PRÄZISIONSZEIT-MESSER AM ARM: AUF DER CHRONO-METERWELLE REITEN!

Präzision, seit jeher das oberste Ziel aller Uhrmacher!
Die Präzision der Uhrwerke war in den Anfangsjahren in der Herstellung der deutschen und auch internationalen Armbandchronometer immer noch das entscheidende Qualitätsmerkmal einer Uhr, noch weit vor Gehäusematerial und Image. Allerdings waren die amtliche Prüfung und die Vorbereitung mit Aufwand und zusätzlichen Kosten verbunden, die nicht jeder Hersteller tragen wollte, denn knapp gerechnet wurde in der Industrie schon immer.

Etliche deutsche Hersteller nutzten Bezeichnungen auf den Zifferblättern unterschiedlichster Uhren, die eine ähnliche Güte wie ein Chronometer assoziieren sollten. Eine der häufigsten dürften Uhren mit dem Aufdruck „Precision" sein. Auch Begriffe von Uhrenlinien wie Accurat, Präzisa, Extra, Super, Q1, Zeitmeister, Unima oder Primus sollten Ähnliches bewirken.
Junghans nutzte (und nutzt) geschickt den Begriff Meister, um Assoziationen mit Attributen wie Perfektion, Handwerk, Präzision oder

Ehr Primus mit Durowe 446

Tradition zu wecken, die durch die Schaffung des Meistertitels in den Zünften der Handwerker bereits im Mittelalter ihre Gründung fand. Nach den zwei Entwicklungsstufen Lehrling und Geselle konnte mit Schaffen eines „Meisterstückes" mit zusätzlicher Prüfung die Aufnahme als Meister in die Zunft erlangt werden. Damit verknüpft waren volle Zunft- und Bürgerrechte und die Möglichkeit, selbstständig tätig zu sein. Die Träger des Meistertitels durften und dürfen Lehrlinge und Gesellen ausbilden und sind maßgebend verantwortlich für die höchste Qualifizierung und Spezialisierung im Beruf. Heute wird der Meistertitel alternativ ersetzt mit dem Titel *me.* oder der akademischen Bezeichnung Bachelor Professional.
Der Hersteller Eppo versuchte nur wenig später ebenfalls mit der Komtur Serie eine sicherlich gewollte Ähnlichkeit zu anderen Berufs- oder Standestiteln.

Eppo Komtur mit Otero 44

Datenblatt Ehr Primus

Kaliber	**Durowe 446**
Durchmesser (Linien)	10 ½'''
Produktionszeit	~ 1956
Hemmungsgruppe	Schraubenunruh
Feinregulierung	
Stoßsicherung	Incabloc
Stückzahl	unbekannt
Steine	17
Halbschwingungen (A/h)	18.000
Besonderheiten	

Datenblatt Eppo Komtur

Kaliber	**Otero 44**
Durchmesser (Linien)	10 ½'''
Produktionszeit	~ 1957
Hemmungsgruppe	Schraubenunruh
Feinregulierung	einfacher Rückerzeiger
Stoßsicherung	Monorex
Stückzahl	unbekannt
Steine	17
Halbschwingungen (A/h)	18.000
Besonderheiten	

14.1 | ANKER EXTRAPRECISION

Nicht immer muss drinstecken, was draufsteht – der Zusatz „Extraprecision" ist hochgegriffen, und diese mit Anker beschriftete Uhr trägt zwar immerhin das PUW 60 mit Super-Shock-Resist Stoßsicherung, ist aber sonst in Standardausführung ausgelegt. Wer hinter der Markenbezeichnung Anker steckt, ist unklar. Das Standard PUW 60 gefiel auch anderen Firmen, die mit besonderer Qualität warben: Provita nutzte es in Uhren der Reihe „Extra", Blumus in Modellen der „de Luxe" Serie.

Anker Extraprecision mit PUW 60 in Standardausführung

Datenblatt PUW 60 siehe Porta Seite 103

14.2 | ARCTOS ELITE

„Diese Kollektion spricht gezielt den anspruchsvollen Kunden an und konkurrierte bald als deutsche Uhr in höchster Qualität mit Schweizer Marken in führenden Fachgeschäften", so die Arctos Werbung.
Die bereits 1923 gegründete Firma Philipp Weber Uhrenfabrik GmbH & Co. KG firmierte ab 1947 unter Arctos Uhrenfabrik Philipp Weber KG in Pforzheim und war vor dem Zweiten Weltkrieg bereits zu 20 % an der UROFA-AG in Glashütte beteiligt und nutzte deren Werke für ihre Elite Reihe.
Das dürfte der Grund sein, dass man nach dem Krieg zunächst auf Werke von Dr. Kurtz für Arctos Elite Uhren setzte. Das Kaliber Kurtz 251 war das erste deutsche 3-Zeiger-Werk, das mit einer Breguet-Spirale ausgestattet und im Werk aufwendig in fünf Lagen reguliert wurde.

Es folgten verschiedene Modelle mit verschiedenen Rohwerken: Es gab Elite mit ETA 1080, Durowe 1032, Hermann Becker 115, Hermann Becker 111, FHF 72 und natürlich das ETA 2390. Alles Werke, die wohl mit Anstrengungen auch zur Chronometerprüfung getaugt hätten, aber in dieser Richtung wurde man bei der Philipp Weber KG nicht tätig. Auch bei den Automatikuhren setzte man im Hause Arctos zunächst auf höchste Qualität – die ersten Arctos Automatics waren mit rotvergoldeten Felsa 790 Werken mit Schwanenhalsfeinregulierung ausgestattet.

Als spätestens Anfang 1960 innerhalb des LGA ersichtlich wurde, dass Überkapazitäten im Prüfbetrieb entstanden, schrieb das LGA verschiedene Hersteller an, sowohl Firmen, die bereits Uhren zur Prüfung einreichten, aber auch größere Hersteller, die dies noch nie vollzogen hatten. Das LGA versuchte dadurch eine bessere Planung der Kapazitäten und des Personals zu schaffen. Arctos antwortete am 10.5.1960, auch zukünftig keine Chronometer herstellen zu wollen, mit der Begründung, der Markt wolle das nicht.

Datenblatt Arctos

Arctos Elite	**Durowe 1032**
Durchmesser (Linien)	10 ½'''
Produktionszeit	~ 1955
Hemmungsgruppe	Schraubenunruh
Feinregulierung	einfacher Rückerzeiger
Stoßsicherung	Duroswing
Stückzahl	unbekannt
Steine	21
Halbschwingungen (A/h)	18.000
Besonderheiten	

Arctos Automatic	**Felsa 790 Bidynator**
Durchmesser (Linien)	11 ½'''
Produktionszeit	~ 1958
Hemmungsgruppe	Schraubenunruh
Feinregulierung	Schwanenhals-feinregulierung
Stoßsicherung	Incabloc
Stückzahl	unbekannt
Steine	22 oder 25
Halbschwingungen (A/h)	18.000
Besonderheiten	

Datenblatt Hermann Becker 115 siehe Badenia Precision Seite 189

Arctos Elite mit Durowe 1032

Arctos Elite mit Hermann Becker 115

Arctos Automatic mit Felsa 790 Bidynator mit Schwanenhalsfeinregulierung

14.3 | BADENIA PRECISION

Die 1951 von Otto Heinrich Jaissle in Pforzheim gegründete, nach seinem Tod 1960 in Badenia Jaissle & Co. umbenannte Firma, stellte eigene Automatikmodule her, die ab 1956 mit zugekauften Basiswerken von August Hohl aus Pforzheim (AHO 1121) zu den Kalibern RA 126 und RA 127 (1958) vervollständigt wurden. Auf Basis des Hermann Becker Werkes HB 111 wurde um 1960 das Kaliber 1128 montiert.

Dieses und das RA 127 wurden mit dem Zusatz „Precision" angeboten. Auch Handaufzugmodelle mit dem 11 ½-linigen Hermann Becker Kaliber HB 115 und dem Nachfolgewerk HB 111, das auch als Kaliber 1128 bezeichnet wurde und noch den Zusatz Superflat erhielt, durften sich „Precision" nennen.

Datenblatt Badenia Precision

Kaliber	**Hermann Becker HB 111**
Durchmesser (Linien)	11 ½'''
Produktionszeit	1958–1960
Hemmungsgruppe	monometallische Ringunruh; Nivarox Spirale
Feinregulierung	
Stoßsicherung	Rufa-Anti-Shock
Stückzahl	
Steine	21
Halbschwingungen (A/h)	18.000
Besonderheiten	

Kaliber	**Hermann Becker HB 115**
Durchmesser (Linien)	11 ½'''
Produktionszeit	~ 1955
Hemmungsgruppe	monometallische Schraubenunruh; Nivarox Spirale
Feinregulierung	hier ohne Rückerzeiger
Stoßsicherung	Super-Shock-Resist
Stückzahl	
Steine	17
Halbschwingungen (A/h)	18.000
Besonderheiten	

Automatic Precision	**RA 127 (Basis AHO 1121)** **RA 1128 (Basis HB 111)**
Durchmesser (Linien)	11 ½'''
Produktionszeit	~ 1960
Hemmungsgruppe	Ringunruh; Nivarox Spirale
Feinregulierung	
Stoßsicherung	Ruby-Shock
Stückzahl	
Steine	17, 25, 30
Halbschwingungen (A/h)	18.000
Besonderheiten	Automatik

Badenia Precision Superflat mit Badenia 1128 (Basis Hermann Becker HB 111)

Badenia Precision mit HB 115 (Hermann Becker)

Badenia Precision Automatik mit kugelgelagertem Badenia RA127 (Basis AHO 1121, August Hohl)

14.4 | BERG UND BERGANA

Es gab auch Produzenten, die keinen Hinweis auf die Güte der verbauten Uhrwerke auf dem Blatt preisgaben, wie die heute noch existierende Uhrenfabrik Wilhelm Beutter. Diese wurde 1909 in Pforzheim von Wilhelm Beutter sen. gegründet und ist noch immer unter anderem Namen und in anderen Geschäftsfeldern tätig.
Uhren mit den Firmennamen Berg oder Bergana waren auf gehobene Qualität ausgerichtet und mit Schweizer und Pforzheimer Werken versehen, in den 1930er Jahren wurde auch das Urofa 58 aus Glashütte verbaut.
Relative Bekanntheit erreichte die Marke in den 70er und 80er Jahren durch die Uhren für die Deutsche Fernsehlotterie „Ein Platz an der Sonne".
Die Firma Berg/Bergana bot viele Golduhren an, in denen sich vereinzelt auch ETA 2390 mit Triostat Feinregulierung finden. Entgegen der zahlreichen Mitbewerber verzichtete Beutter jedoch auf ein besonderes Marketing und wollte wohl die Qualität all seiner Erzeugnisse für sich sprechen lassen.
Eine kleine Ausnahme bildet die mit „Wehrmacht" signierte Uhr, deren Aufdruck nichts mit der Deutschen Wehrmacht zu tun hat. Uhren dieser Art wurden noch bis in die siebziger Jahre von verschiedenen Herstellern, meist mit unverzierten Werken in Standardqualität, angeboten. Dugena nannte seine Modelle Troupier, Arctos bemühte die NATO.
Ursprünglich entsprachen diese Werke den Anforderungen, die das Militär in den 30er und 40er Jahren an Uhrwerke stellte. Diese sollten 13 Linien (29,33 mm) Durchmesser haben und waren damit für damalige Werke verhältnismäßig groß, um eine bessere Ganggenauigkeit und Robustheit zu gewährleisten. Zusätzlich mussten die Maße für den Einbau in das Gehäuse und das Zifferblatt gleich sein, das heißt der Einbaudurchmesser, die Tigehöhe, die Tragrandhöhe und die Positionen der Zifferblattfüße mussten gleich sein. Häufig wurden das AS 1130, das Unitas 6300 oder 6325 verbaut.
Im ursprünglichen Sinne bezeichnete der Begriff „Wehrmacht" die Streitkräfte eines Landes und wurde auch in anderen deutschsprachigen Ländern genutzt. Bei der Bezeichnung des Uhrwerkes als „Wehrmachtswerk" wurde versucht, ein Qualitätsmerkmal hervorzuheben; dies hat nichts mit der deutschen Wehrmacht zu tun.
Die Bergana mit einem rotvergoldeten AS 1560, das mit einem Kombifutter für das Räderwerk und mit einer Triostat Feinregulierung ausgestattet ist und in einem R&W (Firma Rodi & Wienenberger, ROWI) Edelstahlgehäuse tickt, stellt wohl eine Topversion einer „Wehrmachtsuhr" dar.

Berg Parat Automatik mit AS 1700

Berg Aquarex mit AHO 1021 mit 21 Steinen und Kif-Trior Stoßsicherung

Bergana mit ETA 2391 und Triostat Feinregulierung

Bergana „Wehrmacht“ mit AS 1560 und Triostat Feinregulierung

Datenblatt Berg/Bergana

Berg Parat Automatik	**AS 1700**
Durchmesser (Linien)	11 ½'''
Produktionszeit	~ 1963
Hemmungsgruppe	Schraubenunruh
Feinregulierung	
Stoßsicherung	Incabloc
Stückzahl	unbekannt
Steine	25
Halbschwingungen (A/h)	18.000
Besonderheiten	Automatik

Berg Aquarex	**AHO 1021**
Durchmesser (Linien)	10 ½'''
Produktionszeit	~ 1960
Hemmungsgruppe	Schraubenunruh
Feinregulierung	einfacher Rückerzeiger
Stoßsicherung	Kif Trior (alt)
Stückzahl	unbekannt
Steine	21
Halbschwingungen (A/h)	18.000
Besonderheiten	

Bergana „Wehrmacht“	**AS 1560**
Durchmesser (Linien)	13'''
Produktionszeit	~ 1969
Hemmungsgruppe	Schraubenunruh
Feinregulierung	Triostat Feinregulierung
Stoßsicherung	Incabloc
Stückzahl	unbekannt
Steine	21
Halbschwingungen (A/h)	18.000
Besonderheiten	Räderwerk mit Duofix-Kombifutter

Datenblatt Bergana mit ETA 2391

siehe ETA 2390 Blumus Seite 126

DELCONA PRECISION UND HELMA | 14.5

Ursprünglich wurde der Markenname Delcona und Delcona Precision von der „Lange & Söhne"-Tochterfirma in Genf registriert und auch genutzt, jedoch weder von Dauer noch mit Erfolg. Späterer Markeninhaber von Delcona war die am 22.9.1932 in Pforzheim registrierte Helma Uhrenfabrik der Oskar Steinbiss KG und von Burkhardt & Cie. Uhren dieses Herstellers haben nichts mit Lange & Söhne zu tun.
Bereits in den 1930er Jahren entstanden erste Precision Uhren, ähnlich der beschriebenen Provita Extra Precision, die mit 3 Adjustments versehen wurden. Die gezeigte Delcona Precision stammt noch aus der Frühzeit der deutschen Qualitätsuhrengeschichte und ist mit einem ETA 1080 mit vergoldeter Schraubenunruh und noch ohne Stoßsicherung ausgeführt. Das Zifferblatt verweist mit „Fab Suisse" auf ihr Schweizer Herz. Das sehr hochwertig gefertigte Edelstahlgehäuse ist auf der Rückseite mit der Gravur „Remanit" versehen. „Remanit" ist ein Markenname der Edelstahl Witten-Krefeld GmbH für rostfreien Edelstahl. Erstaunlicherweise trägt sie keine Gravur, die auf besondere Reguliermaßnahmen hinweist, während andere Nachkriegsmodelle von Delcona mit identischem Werk zwar keinen Schriftzug „Precision" tragen, durchaus aber die Gravur „3 Adjustments" auf der Werksplatine haben. Es gibt in drei Lagen regulierte Delcona Uhren, die keinen sonstigen Hinweis auf ihre Güte auf dem Zifferblatt preisgeben, ausgestattet beispielsweise mit dem Felsa 465 N. Ebenfalls ohne Hinweis ist eine kleine regulierte Damenuhr im Stahlgehäuse mit dem ETA 1201, und auch eine in zwei Lagen regulierte Delcona mit dem 17-steinigen Peseux 180, noch ohne Stoßsicherung, lässt sich finden.

Die Oskar Steinbiss KG, mit ihrer in Sammlerkreisen eher für ihre Wehrmachtsdienstuhren bekannten Marke Helma, hatte Golduhren im Programm mit dem zusätzlichen Zifferblattaufdruck „Precision". Verbaut war in diesen Uhren ein AS 1604 Handaufzugwerk, allerdings in Standardausführung, im Gegensatz zur Provita Chronotest auf Seite 158.

Datenblatt ETA 1080 siehe Page Precisa mit ETA 1080 Seite 155
Datenblatt Felsa 465 N siehe Luga mit Felsa 465 N Seite 152

Datenblatt Delcona

Kaliber	**Peseux 180**
Durchmesser (Linien)	10 ½'''
Produktionszeit	~ 1938
Hemmungsgruppe	Schraubenunruh
Feinregulierung	einfacher Rückerzeiger
Stoßsicherung	ohne
Stückzahl	
Steine	17
Halbschwingungen (A/h)	18.000
Besonderheiten	2 Positions, kleine Sekunde

Kaliber	**ETA 1201**
Durchmesser (Linien)	5 ¾ x 8 ½'''
Produktionszeit	~ 1948
Hemmungsgruppe	Schraubenunruh
Feinregulierung	einfacher Rückerzeiger
Stoßsicherung	ohne
Stückzahl	
Steine	16
Halbschwingungen (A/h)	18.000
Besonderheiten	Adjustments

Delcona mit ETA 1080, reguliert in drei Lagen

Delcona mit Felsa 465 N, reguliert in drei Lagen

Delcona Precision mit einem ETA 1080 im Stahlgehäuse

Ein von Delcona verwendetes Peseux 180, reguliert in zwei Lagen

„Regulierte" Delcona-Damenuhr mit ETA 1201 und einem Stahlgehäuse von B&Co (Burkhardt & Cie.)

DUGENA PRECISION | 14.6

Auch wenn die DUGENA (Deutsche Uhrmacher-Genossenschaft Alpina) mit dem Helvetia 64 Chronometer (siehe Seite 131) sehr halbherzig ins Chronometergeschäft startete, wollte die Uhrmacher-Einkaufsgenossenschaft das Thema Präzisionsarmbanduhr nicht links liegen lassen und positionierte sich deutlich mit seiner eigenen Reihe „Dugena Precision". Damit wurden die an den damaligen Verkaufspreisen gemessenen erheblichen Prüfungsgebühren vermieden.

Den Anfang, noch vor dem H64 Chronometer, bildete ein Modell, das aus deutschen Landen bezogen wurde. Bifora lieferte die ersten Dugena Precision mit dem Kaliber B111 an die Dugena. Kurz darauf bezog man vom Schweizer Hersteller Helvetia Werke mit kleiner Sekunde, die dem H64 Chronometer entsprachen und auch in größerer Stückzahl auf den Markt kamen. Die später produzierten Uhren mit Zentralsekunde waren mit dem Helvetia 830 ausgestattet, gefolgt von Zeitmessern mit Helvetia 831 und 834 (Datum). Handaufzugmodelle mit dem AS 1803, ETA 2390 und ETA 2600 rundeten die Palette ab, sowie Zweizeiger Uhren mit dem Buren 280, Peseux 320 und dem AS 1525, später als AS 1758 mit 21.600 Hs/h.

Nur ein Dugena Chronograph durfte sich in die Precision Serie einreihen, obwohl viele andere durchaus ähnlich hochwertig ausgestattet waren, wie der Precision Chronograph, in dem das Handaufzugskaliber Valjoux 22 tickte.

Auf dem Sektor der Uhren mit automatischem Antrieb blieben die Precision Einkäufer der Dugena nicht untätig. Die erste Precision Automatik war Ende der 1950er Jahre mit einem 27-steinigen Helvetia 845 ausgestattet, das auch mit Datum verfügbar war. Zudem hatte Dugena mit den Microrotor Werken Dugena (Buren) 1000, 1001 und 1280 und 1320 in der Reihe „Super" noch besondere Automatikmodelle im Köcher. Es folgten Modelle mit AS 1739 oder 1740, ETA 2520 oder 2522, 2620 oder 2622 und natürlich auch das ETA 2783 oder 2788. Einen Exoten gab es zum Ende der Precision-Ära auch noch, eine deutsche Precision Automatik in Edelstahlgehäuse und Stahlband, in dem ein Durowe 7526/1 INT seine Arbeit verrichtet. Dann war offenbar Schluss mit der Precision Reihe, die obere Qualitätslinie bildete die Geneve- und die Automatica Linie, unter denen sich der Schnellschwinger Chronometer und auch Uhren mit dem heute noch bekannten ETA 2824 einreihen. Und da klotzte die Dugena, denn teilweise gab es sogar die Top- oder Chronometre-Ausführung des Werks, mit Glucydur Unruh, Triovisfeinregulierung und Sekundenstopp.

Dugena Precision mit Dugena 280 (Buren 280)

Dugena Precision mit Dugena 596 mit dem 13-linigen Helvetia 64

Dugena Precision mit Dugena 599 (Peseux 320)

Dugena Precision mit Dugena 978 (Bifora 111)

Dugena Precision mit Dugena 996 (Helvetia 830), auf dem Rückdeckel innenseitig eine Individualnummer

Dugena Precision 585er Goldgehäuse mit Dugena 996 (Helvetia 830)

Dugena Precision mit Dugena 997 (Helvetia 831), zifferblattseitig eine Individualnummer

Dugena Precision Automatic mit Dugena 1024 (Helvetia 845)

Dugena Precision Automatic mit Dugena 1027 (Helvetia 847, Basis AS 1740)

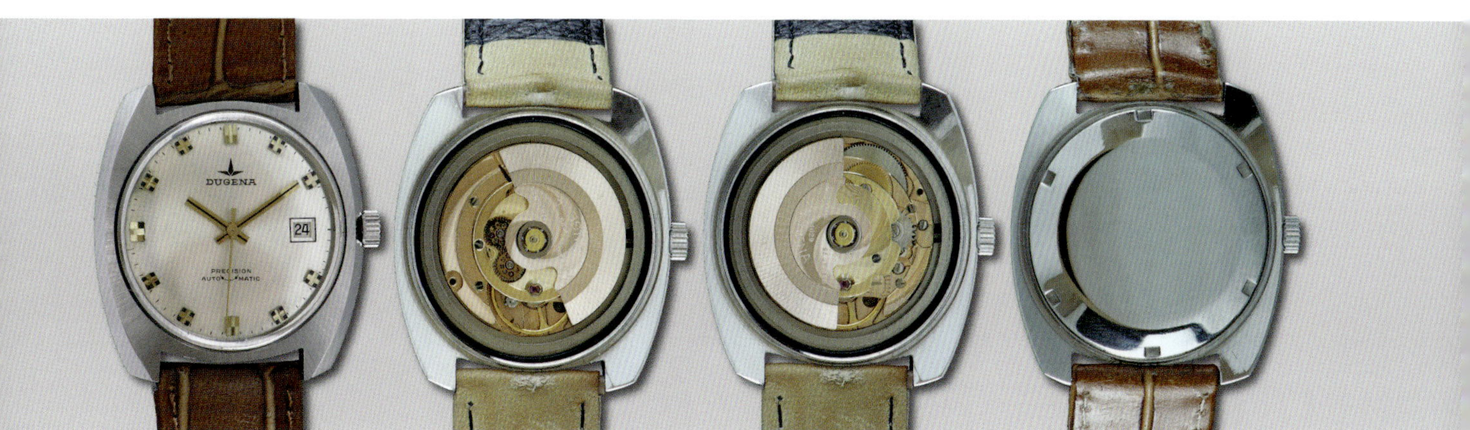

Dugena Precision Automatic mit Dugena 1029 (Helvetia 861, Basis ETA 2522 R)

Dugena Precision mit dem seltenen Dugena 1074 (ETA 2600)

Dugena Precision Day Date mit Dugena 2124 (Durowe 7526/1)

Dugena Geneve Automatic mit Dugena 3352 (ETA 2824) mit Triovis Feinregulierung

Datenblatt Dugena Precision

Dugena 280	**Buren 280**
Durchmesser (Linien)	10 ½'''
Produktionszeit	~ 1965
Hemmungsgruppe	Beryllium-Bronze Schraubenunruh; Nivarox Spirale
Feinregulierung	kurzer Rückerzeiger
Stoßsicherung	Incabloc
Stückzahl	
Steine	17
Halbschwingungen (A/h)	18.000
Besonderheiten	

Dugena 596	**Helvetia 64**
Durchmesser (Linien)	13 ½'''
Produktionszeit	~ 1955
Hemmungsgruppe	Beryllium-Bronze Schraubenunruh; Nivarox Spirale
Feinregulierung	einfacher Rückerzeiger
Stoßsicherung	Incabloc
Stückzahl	
Steine	17
Halbschwingungen (A/h)	18.000
Besonderheiten	Kif-Duofix-Kombifutter für Ankerrad; geänderte Brückenform

Dugena 599	**Peseux 320**
Durchmesser (Linien)	10 ½'''
Produktionszeit	~ 1970
Hemmungsgruppe	hier Nickelunruh
Feinregulierung	hier ohne Rückerzeiger
Stoßsicherung	Incabloc
Stückzahl	
Steine	17
Halbschwingungen (A/h)	18.000
Besonderheiten	Handaufzug; kleine Sekunde

Dugena 978	**Bifora 111**
Durchmesser (Linien)	11 ½'''
Produktionszeit	~ 1953–1955
Hemmungsgruppe	Schraubenunruh; Nivarox Spirale
Feinregulierung	einfacher Rückerzeiger
Stoßsicherung	Incabloc
Stückzahl	wenige Tausend
Steine	17
Halbschwingungen (A/h)	18.000
Besonderheiten	

Dugena 996	**Helvetia 830**
Durchmesser (Linien)	11 ½'''
Produktionszeit	~ 1955
Hemmungsgruppe	Glucydur Schraubenunruh; Nivarox Spirale
Feinregulierung	
Stoßsicherung	Incabloc
Stückzahl	
Steine	21
Halbschwingungen (A/h)	18.000
Besonderheiten	

Dugena 997	**Helvetia 831**
Durchmesser (Linien)	11 ½'''
Produktionszeit	~ 1963
Hemmungsgruppe	Glucydur Ringunruh; Nivarox Spirale
Feinregulierung	einfacher Rückerzeiger
Stoßsicherung	Incabloc
Stückzahl	
Steine	21
Halbschwingungen (A/h)	18.000
Besonderheiten	Girocap-Kombifutter für Ankerrad

Dugena 1024	**Helvetia 845**
Durchmesser (Linien)	11 ½'''
Produktionszeit	~ 1963
Hemmungsgruppe	Glucydur Unruh
Feinregulierung	ohne
Stoßsicherung	Incabloc
Stückzahl	
Steine	27
Halbschwingungen (A/h)	18.000
Besonderheiten	Automatik

Dugena 1027	**Helvetia 847, Basis AS 1740**
Durchmesser (Linien)	11 ½'''
Produktionszeit	~ 1968
Hemmungsgruppe	Glucydur Unruh; Nivarox Spirale
Feinregulierung	
Stoßsicherung	Incabloc
Stückzahl	
Steine	25
Halbschwingungen (A/h)	18.000
Besonderheiten	Automatik; Datum; entkoppelter Handaufzug

Dugena 1029	**Helvetia 861, Basis ETA 2522**
Durchmesser (Linien)	13'''
Produktionszeit	~ 1970
Hemmungsgruppe	Glucydur Unruh; Nivarox Spirale
Feinregulierung	einfacher Rückerzeiger
Stoßsicherung	Incabloc
Stückzahl	
Steine	25
Halbschwingungen (A/h)	18.000
Besonderheiten	Automatik; Datum

Dugena 1074	**ETA 2600**
Durchmesser (Linien)	11 ½'''
Produktionszeit	~ 1970
Hemmungsgruppe	Glucydur Unruh; Nivarox Spirale
Feinregulierung	einfacher Rückerzeiger
Stoßsicherung	Incabloc
Stückzahl	
Steine	17
Halbschwingungen (A/h)	18.000
Besonderheiten	

Dugena 2124	**Durowe 7526/1 INT**
Durchmesser (Linien)	10 ½'''
Produktionszeit	~ 1975
Hemmungsgruppe	Ringunruh; Nivarox Spirale
Feinregulierung	ohne
Stoßsicherung	Incabloc
Stückzahl	
Steine	25
Halbschwingungen (A/h)	21.600
Besonderheiten	Automatik; Taganzeige; Datum: Schnellschaltung

Dugena Geneve Automatic mit Dugena 3352	**ETA 2824**
Durchmesser (Linien)	11 ½'''
Produktionszeit	~ 1975
Hemmungsgruppe	Glucydur Unruh
Feinregulierung	Triovis
Stoßsicherung	Incabloc
Stückzahl	
Steine	25
Halbschwingungen (A/h)	28.800
Besonderheiten	Automatik; Datum: Schnellschaltung

GRUEN WATCH CO. | 14.7

Die amerikanisch-schweizerische Marke Gruen mit ihren teildeutschen Wurzeln, hatte ebenfalls eine bedeutende Linie an Precision Armbanduhren über Jahrzehnte im Programm. Interessanterweise gab es hier mindestens ein Modell mit deutschem Hermann Becker (HB) 115 Kaliber.

HENZI UND PFAFF (H&P ODER HPP) | 14.8

Die 1920 von Robert Pfaff in Pforzheim gegründete Firma wandelte sich nach dem Zweiten Weltkrieg durch den Einstieg von Robert Henzi als Mitgesellschafter in Henzi und Pfaff.
Etwa mit Beginn der Währungsreform 1948 startete dann die Produktion eigener Werke mit dem Kaliber 101, etwas später die Kaliber 102 und 103.
Von diesen 13-linigen Werken wurden bis 1957 bereits eine Million Stück verkauft. Die deutsch-österreichische Bergsteigerexpedition zum Nanga Parbat wurde werbewirksam und sehr erfolgreich 1953 mit Armbanduhren der Marke Hercules, hinter der sich H&P verbirgt, ausgestattet. H&P entwickelte auch eigene Stoßsicherungen, bezeichnet als Shockproof HPP und Super Shockproof HPP.
Um 1960 begann die Entwicklung und Produktion von Werken mit automatischem Aufzug.
Ab diesem Zeitpunkt schied die Familie Pfaff aus der Firma aus, und Henzi war alleiniger Inhaber, 1966 musste nach einer finanziellen Krise ein Vergleich angemeldet werden, nach kurzfristiger Erholung wurde die Firma jedoch 1972 geschlossen.
In der zweiten Hälfte der 1950er Jahre wurde in Hercules Uhren, neben normalen Versionen der Kaliber 126 und 127, auch die Topversion genutzt, die in drei Lagen reguliert und mit vergoldeter Unruh und entsprechender Gravur ausgestattet war. Besonders interessant sind die Nachfolgeversionen der Werke mit Feinreglage, die an die von Zenith erinnert. Das Kaliber H&P 106 mit kleiner Sekunde, die Zentralsekundenkaliber H&P 128 und das H&P 129 (Datum) wurden damit ausgestattet und unter anderem in mit „Anker“, „Goldwyn“ oder auch „Mora“ bezeichneten Uhren und natürlich in der H&P- eigenen Marke Hercules verbaut. Ein wenig verwirrend: Bei den Werken von H&P ist häufig nur die Kalibernummer des Basiswerks eingeschlagen, und nicht zwingend die Kalibernummer der Varianten.

Goldwyn mit H&P 106 und Feinregulierung

Hercules mit H&P 127

Anker mit Henzi & Pfaff H&P 128; mit freundlicher Genehmigung von Matthias Hoffmann

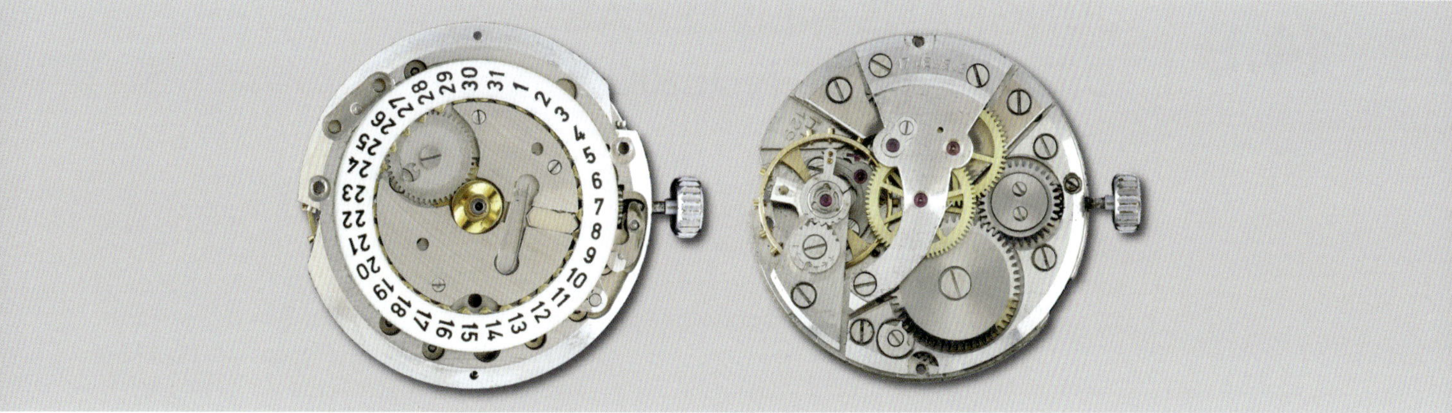

Henzi & Pfaff H&P 129 mit 17 Steinen und Feinregulierung

Datenblatt Henzi & Pfaff

Kaliber	**H & P 106 (kleine Sekunde)** **H & P 128 (Zentralsekunde)** **H & P 129 (Zentralsekunde, Datum)**
Durchmesser (Linien)	13'''
Produktionszeit	~ 1957
Hemmungsgruppe	Nivarox Spirale; Glucydur Schraubenunruh
Feinregulierung	Feinregulierung
Stoßsicherung	Super Shockproof HPP
Stückzahl	unbekannt
Steine	17/21
Halbschwingungen (A/h)	18.000
Besonderheiten	Befestigung der Brücken durch Buchsen; olivierte Loch- und Decksteine für das Ankerrad

---

Kaliber	**H & P 127**
Durchmesser (Linien)	12 ¾ '''
Produktionszeit	~ 1957
Hemmungsgruppe	Nivarox Spirale; Glucydur Schraubenunruh
Feinregulierung	einfacher Rückerzeiger
Stoßsicherung	Super Shockproof HPP
Stückzahl	unbekannt
Steine	17
Halbschwingungen (A/h)	18.000
Besonderheiten	

14.9 JUNGHANS MEISTER AB 1951 – DIE UHREN-SONDERKLASSE

„Am Werke erkennt man den Meister", so bewirbt Junghans 2006 seine Meister Serie mit einem Ausspruch von Jean de la Fontaine.

Obwohl der Branchenprimus Junghans ab 1953 seine ersten Serienchronometer mit dem Kaliber Junghans J82 auf den Markt brachte, hielten die Schramberger an ihrer Meisterlinie, die sie „die Uhren-Sonderklasse" nannten, fest und präsentierten nach dem J80 Meister auch das Junghans J82 Meister. Das wohl schönste Werk, das in der Meister Serie lanciert wurde, dürfte das Junghans J82/5 sein. Es wurde von 1954 bis 1958 angeboten und besitzt stets eine Zentralsekunde, ein J82 mit kleiner Sekunde gibt es mit dem Prädikat „Meister" nicht. Zum Ende der J82 Meisteruhren wurden allerdings noch einige wenige Uhren mit den für die Chronometer vorgesehenen Werken mit Sekundenstopp und mit Sektorverzahnung, einer Feinregulierung aus eigener Entwicklung, ausgestattet. Scheinbar war es an der Zeit, die letzten Werke mit dem 12 ½ Linien großen J82 zu verkaufen, denn die Kataloge priesen ab 1959 das neue Kaliber J84, das mit 11 ¼ Linien kleiner und niedriger in die von der Kundschaft geforderten flacheren Gehäuse passte. Das J84 hätte vermutlich auch das Zeug zum Chronometer gehabt und trotzdem musste es die zweite Geige spielen, obwohl die Meister Serie des J84 bestens gerüstet war: Eine Schwanenhalsfeinregulierung und eine Glucydur Unruh zierte das vergoldete Werk, das Anfang der 1960er Jahre auch in der Max Bill Serie Verwendung fand. Die meisten Varianten der Meister lassen sich mit dem J84 finden: Junghans J84/S, Junghans J84/S3, Junghans J84S10, und diese Werke auch noch in unterschiedlichsten Versionen, mit höherem Zeigerwerk (für Uhren mit gewölbtem, breiterem Zifferblatt), mit und ohne Datum oder mit einer Kif-Duofix Stoßsicherung beim J84S10.

Auch die Max Bill Uhren der 1960er Jahre waren meisterlich: Junghans J84S3; Junghans 684.76; Referenznummer 84/3961

Immerhin gelangte die Weiterentwicklung des J84 zu höheren Weihen, denn das Nachfolgekaliber J85 wurde chronometergeprüft.
Obwohl Junghans seine Uhrwerke komplett herstellte, fanden drei Werke anderer Hersteller ihren Weg in Meisteruhren: Das AS 1525, Junghans-intern als Kaliber J50 (ab 1962 Kaliber 650) bezeichnet, das den besonders feinen Zweizeiger Uhren vorbehalten war, und das Automatikkaliber ETA 2472 (Junghans 651.02). Beide Werke wurden in den 1960er Jahren genutzt. Das Junghans 651.02 war der einzige automatische Antrieb in einer Meisteruhr. Nur eine Damenuhr gab es in der Meisterversion im Jahr 1962 mit dem 17-steinigen und 5 ½ x 6 ¾ Linien großen Junghans J70 (Peseux 340).
Die höchste Qualitätsstufe, die eine Junghansuhr erreichte, wurde erst durch das Erscheinen der Uhren mit Chronometerprüfung im Jahr 1952 abgelöst. Doch die Schramberger hielten neben den Chronometern weiterhin konsequent an der Meisterlinie fest, oft auch parallel, wie beim J82. Im Jahr 1998 ließ Junghans die Meister Serie als Repliken wieder aufleben.

Kaliberliste Junghans Meister

Kaliberbezeichnung vor 1962/63	nach 1962/63	Steine	Fertigung	Besonderheiten
Junghans J80	Junghans 680.70	15	1935–1950	kleine Sekunde; nicht stoßgesichert; separater Ankerradkolben
Junghans J80/2	Junghans 680.70	15	1949–1950	Zentralsekunde; nicht stoßgesichert
Junghans J80/2	Junghans 680.72	17	1951–1953	Zentralsekunde; stoßgesichert
Junghans J80/4	Junghans 680.72	16	1935–1949	kleine Sekunde; nicht stoßgesichert; einteilige Räderwerksbrücke; Meister
Junghans J80 S		17	1946–1950	indirekte Zentralsekunde
Junghans J81M	Junghans 681.70	15	1936–1939	kleine Sekunde
Junghans J86	Junghans 686.70	16	1938	Incabloc Stoßsicherung fraglich, ob je gebaut
Junghans J82/5	Junghans 682.75	17	1951–1960	Zentralsekunde

Kaliberbezeichnung vor 1962/63	nach 1962/63	Steine	Fertigung	Besonderheiten
Junghans J84/S		17	1958	je eine horizontalen Abgleichschraube pro Unruhschenkel
Junghans J84/S3	Junghans 684.71	17	1955–1967	Schwanenhalsreglage
Junghans J84/S3	Junghans 684.76	17	1955–1967	Schwanenhalsreglage, hohes Zeigerwerk
Junghans J84/S3	Junghans 684.77	17	1955–1967	Schwanenhalsreglage, Datum
Junghans J84S10	Junghans 684.10	17	1955–1967	Schwanenhalsreglage, Kif-Duofix Ankerradstoßsicherung
Junghans J84S10	Junghans 684.11	17	1955–1967	Schwanenhalsreglage, Kif-Duofix Ankerradstoßsicherung, hohes Zeigerwerk
Junghans J84S10	Junghans 684.75	17	1955–1967	Schwanenhalsreglage, Kif-Duofix Ankerradstoßsicherung, hohes Zeigerwerk, Datum
Junghans J84S10	Junghans 684.10	17	1962–1967	Schwanenhalsreglage, Kif-Duofix Ankerradstoßsicherung
	Junghans 684.11	17	1962–1967	Schwanenhalsreglage, Kif-Duofix Ankerradstoßsicherung, hohes Zeigerwerk
	Junghans 684.12	17	1962–1967	Schwanenhalsreglage, Kif-Duofix Ankerradstoßsicherung, Datum
	Junghans 685.00		1967–1969	Schwanenhalsreglage, Kif-Duofix Ankerradstoßsicherung ohne Ausgleichsschrauben

Von Junghans verbaute Fremdkaliber in Meisteruhren:

Junghans J50	Junghans 650.00; AS 1525	17	1960–1969	Kif-Flector Stoßsicherung
	Junghans 651.02; ETA 2472	21	1963–1971	Ruby-Shock Stoßsicherung, Automatik, Datum
Junghans J70	Peseux 340	17	1962	Damenuhr

PARA | 14.10

Die auch heute noch in Familienbesitz befindliche Raff GmbH & Co. KG, Para Uhrenfabrik, in der Durlacher Straße 69 in Pforzheim, kann mittlerweile auf eine über hundertjährige Firmengeschichte zurückblicken. Nach ersten Anfängen als Schmuck- und Gehäusehersteller wurden ab 1927 eigene Armbanduhren hergestellt.
Neben zahlreichen Rohwerken aus den Pforzheimer Uhrwerkschmieden kamen auch das Raumnutzwerk 58 und 552 der UROFA aus Glashütte zum Einsatz. Der von Paul Raff abgeleitete Markenname PARA wurde am 03.06.1929 eingetragen und geschützt. Im Laufe der 1930er Jahre erschienen die Markenreihen „Klasse", die wasserdichte „Neptun" und die stoßgesicherte „Prominent".
Nach dem Krieg führte Para seine Reihen „Klasse" und „Neptun" kontinuierlich fort, mit oftmals hochwertigen Rohwerken aus eidgenössischer Herstellung, wie das ETA 1080 und das ETA 2391. Auch bei automatischen Uhren wurde häufig auf Antriebe aus der Schweiz gesetzt.

Anfang 1960 wurde die Para 41 beworben, eine Automatikuhr, die im Werk in 5 Lagen reguliert wurde und in der das mit 41 Rubis und einer Schwanenhalsfeinregulierung ausgestattete Felsa 4000 zum Einsatz kommt.

Datenblatt PARA mit ETA 2391

siehe Blumus mit ETA 2391 Seite 126

Datenblatt Para

Kaliber	**Urofa 58**
Durchmesser (Linien)	9 x 13'''
Produktionszeit	ca. 1936
Hemmungsgruppe	Schraubenunruh mit Flachspirale
Feinregulierung	Rückerzeiger
Stoßsicherung	ohne
Stückzahl	unbekannt
Steine	15
Halbschwingungen (A/h)	18.000
Besonderheiten	Werk vergoldet

Para Klasse mit ETA 2391

Eine absolut vergleichbare Uhr existiert von Provita als Chronotest auf dem Markt. Weitere Versuche in der Herstellung von geprüften Präzisionsuhren wurden nicht unternommen.

PARA mit Raumnutzwerk UROFA 58, ca. 1936

Keine leeren Worte
Keine leeren Zahlen

Der Fachmann will Tatsachen wissen:

Die **PARA-41** ist eine „PARA-KLASSE"-Herrenu
von höchster Ganggenauigkeit.
Das Automaticwerk mit **41 Funktions-Steine**
besitzt eine **Feinregulierungseinrichtung,** der
Wert und Bedeutung keiner Erklärung beda
Die weitere Ausstattung mit NIVAROX I-Spira
NIVAFLEX-Gehwerksfeder und INCABLO
Stoßsicherung entspricht der Klasse der Uhr, d
in der Fabrik in 5 Lagen reguliert ist.
Der Ausdruck **„41 Funktions-Steine"** besagt, d
alle 41 Steine des Werkes eine tatsächliche, leistung
steigernde Funktion ausüben und nicht eine lee
Zahl als Reklametrick zu faszinieren versucht.
An den wesentlichen Laufwerks-Lagern sind b
sondere staubgeschützte **Ölkammern** mit axia
Drucksicherung der Zapfenkuppen (Chatons r
abgefederten Decksteinen). Diese Kammern dien
der staubgeschützten Haltung größerer Ölmenge
die länger wirksamen Ölschutz zur Sicherung d
Ganggenauigkeit garantieren.
Das Automatic-Werk erreicht beim Tragen ei
40 stündige Gangreserve. Das moderne, flac
Gehäuse ist staub- und wassergeschützt.

Dies sind Tatsachen, die der Fachmann wi
sen will, und darum heißt es auch mit Rech

PARA 41 bietet mehr

Die Automatic-Uhr mit
41 Funktions-Steinen,
Feinregulierungseinrichtung
und numerierter Fabrik-
Gangbescheinigung

PAUL RAFF · PARA-UHRENFABRIK
PFORZHEIM

mer 2 ★ UHREN-JOURNAL ★ Februar 1960 49

Uhren-Journal 1960, Werbung PARA 41

14.11 | PRIMATO

Primato Super mit ETA 2750

Der Uhrenhersteller Primato, hinter dem die in Pforzheim ansässige Ewald Fleck & Co. KG steckte, produzierte ab den 1950er Jahren bis in die 1980er Jahre Uhren mit den Bezeichnungen „Primato Super" und „Super-Automatic". Die optisch ansprechenden und meist mit sehr guten deutschen Gehäusen versehenen Uhren wurden in größeren Stückzahlen, auch über diverse Kaufhäuser, vertrieben. Die verbauten Uhrwerke stammten zu großen Teilen aus Pforzheimer Produktion und glänzten gerne mit zusätzlichen Decksteinplättchen, um eine höhere Steinzahl zu erreichen, boten aber vorwiegend nur gut regulierte Standardwerke von Durowe, Förster und PUW, in den 1970er Jahren fanden auch Kaliber von ETA Verwendung.

Datenblatt Primato

Primato Super	**ETA 2750**
Durchmesser (Linien)	11 ½'''
Produktionszeit	~ 1970
Hemmungsgruppe	Ringunruh
Feinregulierung	
Stoßsicherung	Incabloc
Stückzahl	unbekannt
Steine	17
Halbschwingungen (A/h)	21.600
Besonderheiten	

Primato Tropenfest	**PUW 1461**
Durchmesser (Linien)	11 ½'''
Produktionszeit	~ 1970
Hemmungsgruppe	Ringunruh
Feinregulierung	
Stoßsicherung	Incabloc
Stückzahl	unbekannt
Steine	25
Halbschwingungen (A/h)	18.000
Besonderheiten	Automatik

Primato Tropenfest mit PUW 1461

14.12 | STOWA

Die Firma STOWA wurde von Walter Storz (daher der Name: STOrz WAlter) in Hornberg im Kinzigtal 1927 gegründet, ab 1935 war die Firma in Pforzheim ansässig. Bereits der Vater von Walter Storz betrieb eine Großuhrenfabrikation in Hornberg. Im Zweiten Weltkrieg war STOWA einer der fünf Lieferanten von B-Uhren der Wehrmacht. Schon früh brachte die Firma Armbanduhren mit hochqualitativen Werken auf den Markt, beispielsweise mit dem nicht stoßgesicherten, 12-linigen Kaliber Recta G1, das mit einer Schwanenhalsfeinregulierung ausgestattet ist und aus den frühen 1940er Jahren stammen dürfte.

Nach dem Krieg errichtete STOWA 1951 in Rheinfelden ein neues Fabrikationsgebäude, nachdem der Pforzheimer Sitz 1945 völlig vernichtet wurde. Parallel dazu wurde auch der zerstörte Betrieb wieder aufgebaut, und die Marke STOWA wurde ein leistungsfähiger, mit breitem Produktsortiment ausgestatteter Hersteller, dessen Ausstoß nahezu zur Hälfte in den Export in rund 80 Länder der Erde ging. Bei den Uhrwerken griff man auf Pforzheimer und Schweizer Rohwerke zu. Eigene Kaliber wurden nicht produziert. Mit der Rufa Stoßsicherung stellte STOWA allerdings Uhrenteile her, die nicht nur selbst genutzt, sondern auch an andere Uhrenhersteller verkauft wurden. Die Pforzheimer vertrieben beispielsweise eine seltene Serie, die sie „Special“ nannten, in denen aber Werke wie das Osco 65 in Standardausführung arbeiteten.

Die Erfahrung mit der Montage der B-Uhren dürfte den Antrieb zur 1951 lancierten Precision Reihe gegeben haben. Es gab nur eine Precision Version mit Stahlgehäuse, in dem das AS 1187 tickte. Das Werk war zwar nicht mit einer Feinregulierung ausgestattet, allerdings wurde auf dem Zifferblatt mit der Nutzung der neuen Nivaflex Zugfeder geworben.

STOWA selbst beschreibt die Uhr im Werksmuseum folgendermaßen: *„STOWA hat besonders ganggenaue Uhren immer mit dem Zusatz „Preci-*

Datenblatt STOWA Precision mit AS 1187 siehe Mars Seite 154

Datenblatt Stowa

Stowa	**Recta G1 (MV* G1), Muller & Vaucher**
Durchmesser (Linien)	12'''
Produktionszeit	~ 1942
Hemmungsgruppe	große Beryllium-Bronze Schraubenunruh mit Breguet-Spirale
Feinregulierung	Schwanenhalsfeinregulierung
Stoßsicherung	ohne
Stückzahl	unbekannt
Steine	17
Halbschwingungen (A/h)	18.000
Besonderheiten	Breguet-Spirale

STOWA mit dem sehr seltenen Recta G1 (MV G1, Muller & Vaucher) mit Schwanenhalsfeinregulierung und Breguet-Spirale*

STOWA Precision mit AS 1187, im Bodeninneren steht: ALL STEEL WATERPROOF TROPICALICED SHOCKPROOF

sion" unter dem Logo bezeichnet. Sie dokumentieren also die Verwendung besonders guter Uhrwerke unter Einbeziehung der modernsten Technik oder Materialität. (im Kontext der Zeit!) Der Name „Nivaflex" benennt eine neue Legierung für die Aufzugsfeder des Uhrwerkes. Diese ist für eine ganggenaue Uhr sehr wichtig."

Mit einem Schreiben vom 22.4.1960 antworteten die Verantwortlichen bei STOWA auf eine Anfrage des LGA, dass man auch in Zukunft nicht die Absicht habe, geprüfte Armbandchronometer herzustellen. Daraus lässt sich schließen, dass STOWA keine Armbandchronometer herstellte.

STOWA Werbung Mai 1956

14.13 VORTMANN PRÉCISION UND MECKENSTOCK PRÉCISION

Stellvertretend für sicherlich viele weitere „Private Label“ Uhren stehen die Vortmann und Meckenstock Précision für Uhren, die von Juwelieren, Uhrmachern oder Juwelierketten mit dem eigenen Firmennamen auf dem Zifferblatt versehen wurden.

Die Vortmann scheint mit ihrem Zifferblatt eher aus den 1950er Jahren zu stammen. Als Geschenk zum 25-jährigen Dienstjubiläum der Klöckner Bergbau-AG wurde sie jedoch erst im April 1968 überreicht, und auch das verbaute Werk, ein AS 1746/47, verweist eher in die 1960er Jahre und fand auch bei STOWA Verwendung. Frühere Modelle tickten mit dem AS 1686.

Die Meckenstock, auf dem Zifferblatt Mecken-Stock geschrieben, hat ein moderner gestaltetes Design und bietet ein wasserdichtes RP-

Vortmann Précision mit AS 1746/47

Discu-safe-Gehäuse aus Stahl. Auf dem Zifferblatt findet sich der Aufdruck „21 Rubis", und „triostat", und man könnte vermuten, dass ein ETA 2391 mit Triostat Feinregulierung im Gehäuse arbeitet, ähnlich der Verwendung bei Bellana, Bergana oder Blumus. Zum Vorschein kommt jedoch ein 17-steiniges FHF 72 ohne Feinregulierung. Das Werk verfügt zwar über eine Glucydur Unruh und berechtigt so den Anspruch auf den Zusatz „Precision", die auf dem Zifferblatt versprochenen Attribute kann das Werk allerdings nicht bieten. Wie oft bei den unbekannteren Marken dürfte Pragmatismus, Kostendenken und Verfügbarkeit von Werken, Zifferblättern und Gehäusen eine Rolle gespielt haben. Nicht selten finden sich auch Uhren, bei denen die Anzahl der tatsächlich im Werk verwendeten Steine zur Angabe auf dem Zifferblatt differieren.
Häufig sind die Werksplatinen der Meckenstock Précision Uhren mit FHF 28 und FHF 72 mit einer Gravur der Firma Luga versehen. Es liegt nahe, dass auch die gezeigte Uhr bei Gustav Stadler entstanden sein dürfte.

Meckenstock Précision mit FHF 72

Datenblatt Meckenstock mit FHF 72
siehe Seite 152 bei Luga Precision mit FHF 72

Datenblatt Vortmann Précision

Vortmann Précision	**AS 1746/47**
Durchmesser (Linien)	11 ½'''
Produktionszeit	~ 1960
Hemmungsgruppe	Glucydur Unruh
Feinregulierung	Rückerzeiger
Stoßsicherung	Incabloc
Stückzahl	
Steine	17
Halbschwingungen (A/h)	18.000
Besonderheiten	

SCHWARZWÄLDER PRÉCISION | 14.14

Die im Schwarzwald in der Bismarckstraße in Königsfeld ansässige Firma von Arnold Schwarzwälder sprang ebenfalls auf den Zug Präzisionsuhr auf. Ab Mitte der 1960er Jahre wurden verschiedene Automatikmodelle mit dem Zusatz „Precision" auf den Markt gebracht. Diese Uhren waren mit Standard PUW Werken des Typs PUW 1261 und etwas später mit PUW 1361 ausgestattet. Anfang der 1970er folgten noch Uhren mit Hermann Becker HB 313. Alle Werke waren in Standardausführung und ohne spezielle Zusatzausstattung ausgeführt. Das PUW 1261 wurde durch die Firma Schwarzwälder mit folgendem Textzusatz beworben:
Das Uhrenprüfinstitut Stuttgart bezeichnet die Gangprüfungsergebnisse der Kld. [Kalender]-Automatics PUW 1261 im Prüfbericht vom 22.4.1964 aufgrund eines Qualitätstestes mit „außerordentlich gut".
Chronometerprüfungen fanden mit diesen Uhren jedoch nicht statt.

Datenblatt Schwarzwälder Précision

Schwarzwälder Précision	**PUW 1361**
Durchmesser (Linien)	11 ½'''
Produktionszeit	~ 1963
Hemmungsgruppe	monometallische Ringunruh
Feinregulierung	
Stoßsicherung	Incabloc
Stückzahl	unbekannt
Steine	25
Halbschwingungen (A/h)	18.000
Besonderheiten	Automatik Datum

Schwarzwälder Précision mit PUW 1361

14.15 | WEMPE ZEITMEISTER

Die Hamburger Firma Wempe, die zwischenzeitlich wieder im sächsischen Glashütte Chronometer in Deutschland baut (siehe auch Seite 20) und nicht nur die eigenen prüfen lässt, hatte mit ihrer Linie „Zeitmeister" in den 1950er Jahren hervorragende Uhren im Programm, in denen unter anderem das Kaliber AS 1680 in automatischen Uhren, das ETA 1080 oder das ETA 2370 in Handaufzugsuhren und zu guter Letzt auch das Landeron 149 in einem Chronographen tickte. Die Linie „Zeitmeister" wurde nach einer längeren Pause im Jahr 2006 reaktiviert.

Werbung Wempe Zeitmeister 1955

Datenblatt Wempe Zeitmeister mit ETA 2370

unter Mars ETA 2370 auf Seite 154

Datenblatt Wempe Zeitmeister

Wempe Zeitmeister	**AS 1680**
Durchmesser (Linien)	11 ½'''
Produktionszeit	~ 1960
Hemmungsgruppe	Beryllium-Bronze Schraubenunruh
Feinregulierung	
Stoßsicherung	Incabloc
Stückzahl	
Steine	21
Halbschwingungen (A/h)	18.000
Besonderheiten	

Wempe Zeitmeister mit AS 1680

Wempe Zeitmeister mit ETA 2370, ca. 1958

14.16 | ZENTRA

In den zwanziger Jahren des 20. Jahrhunderts begann ein Wandel in der Uhrmacherbranche. Der Markenuhrenverein Berlin (ZentRaisten) setzte sich zum Ziel, den Fachhandel mit qualitativ hochwertigen Uhren zu marktgerechten Preisen zu versorgen. Die so entstandene Marke CentRa, später ZentRa, wurde 1924 aus der Taufe gehoben. In den 30er und 40er Jahren wuchs der Bekanntheitsgrad der Firma enorm und Anfang der 50er Jahre stieg man, wenn auch etwas halbherzig, ins Präzisionsuhrengeschäft ein, obwohl die Marke bereits vor dem Zweiten Weltkrieg hochwertige Uhren mit Schweizer Werken im Programm hatte. Die Marken ZentRa Präzision, ZentRa Präzision Sonderklasse und ZentRa Solamaster wurden lanciert. In dieser Zeit wurde aus dem Markenuhrenverein letztlich die ZentRa Markenuhren GmbH mit Sitz in Köln mit zu Spitzenzeiten mehr als 2.500 Mitgliedern.

ZentRa Präzision

Die Uhren der Reihe „Präzision" sind mit verschiedenen Werken ausgestattet und im Vergleich zur „Sonderklasse" noch seltener zu finden. In den Gehäusen stecken beispielsweise das ETA 1080 und auch das Felsa 465 mit Feinregulierung. Diese Uhren dürften zeitgleich mit den Sonderklasse Uhren entstanden sein. Sie sind allerdings im Gegensatz zu diesen nicht mit Werks- und Gehäusenummern ausgestattet.

ZentRa Präzision mit Kaliber ZentRa 831, dem Felsa 465 mit hier leider unvollständiger Schwanenhalsfeinregulierung

Datenblatt ZentRa Präzision siehe Luga mit Felsa 465 Seite 152

ZentRa Präzision Sonderklasse

Das 12-linige, rotvergoldete ETA 1100 mit Schwanenhalsfeinregulierung besitzt eine Incabloc Stoßsicherung, und die Uhren tragen auf der Aufzugsplatine oder unter der Unruh und auf dem Rückdeckel eine vierstellige, individuelle Seriennummer, deren letzte drei Nummern stets übereinstimmen, im Werk jedoch mit 3 beginnen, auf dem Rückdeckel mit 6. Das gezeigte Beispiel ist auf der Aufzugs-

platine mit 3804 punziert, auf dem Deckel mit 6804. ZentRa vergab für das ETA 1100 die interne Kalibernummer 754, und obwohl auf der Räderwerksbrücke 17 Steine angegeben sind, hat das ZentRa 754 insgesamt 18 Funktionssteine.
Durch die mit den letzten drei Stellen übereinstimmende Seriennummer auf Werk und Deckel, liegt die Vermutung nahe, dass ZentRa bestimmte Uhren einer „Hausprüfung" unterzogen und diese auch entsprechend auf dem Zifferblatt mit den Begriffen „Präzision" und „Sonderklasse" präsentieren wollten.
Es scheint, dass sich die ZentRa mit dem Begriff „Sonderklasse" eventuell an die im Jahr 1930 vom Leiter der Deutschen Seewarte in Hamburg, Dr. A. Repsold, festgelegten „Prüfungsbedingungen und Methoden für die Sonderklasse der Chronometer- und Taschenuhrprüfungen" anlehnen wollte.

ZentRa Präzision Sonderklasse mit ZentRa 754, entsprechend dem ETA 1100

ZentRa Präzision Sonderklasse mit ZentRa 754, entsprechend dem ETA 1100

ZentRa Werbung 50er Jahre mit ZentRa Präzision

Datenblatt ZentRa Präzision Sonderklasse

ZentRa Präzision Sonderklasse	**ETA 1100** **ZentRa 754**
Chronometerprüfung	Herstellerprüfung in Lagen und Temperatur
Durchmesser (Linien)	12'''
Produktionszeit	um 1955
Hemmungsgruppe	vergoldete monometallische Schraubenunruh; Nivarox Spirale
Feinregulierung	Schwanenhalsfeinregulierung
Stoßsicherung	Incabloc
Stückzahl	unter tausend
Steine	18
Halbschwingungen (A/h)	18.000
Besonderheiten	

ZentRa Solamaster

Abgesehen von den ZentRa Präzision und ZentRa Präzision Sonderklasse Uhren ist die ZentRa nicht unbedingt für hochqualitative Uhren bekannt, es gibt aber weitere Ausnahmen: die hochwertigen Handaufzug- und Automatikuhren der Marken ZentRa Royal und später auch der ZentRa Savoy aus dem Hause A. Huguenin & Fils (später Hamilton) aus dem Schweizer Le Locle. Bereits in der Vorkriegszeit wurde die ZentRa auch von der Tavannes Watch Co. /Cyma, der IWC oder auch von Revue Thommen aus Waldenburg beliefert. Nicht selten trugen die Zifferblätter bei diesen Uhren eine Doppelsignatur, schließlich ließ sich mit dem für Qualität bürgenden Namen der Lieferanten hervorragend werben. Bis 1938 war der geniale Techniker und Konstrukteur Reinhard Straumann bei Revue Thommen tätig. Auch die ZentRa Solamaster stammt mit ihrem hervorragenden ZentRa 100 (Kaliber Revue 81) aus den Fertigungshallen des Schweizer Waldenburg. Das 13 ½-linige, rotvergoldete ZentRa 100, das mit 17 Funktionssteinen, großer Schraubenunruh, kleiner Sekunde und einer Kurvenscheiben-Reglage ausgestattet war, wurde von ZentRa in den frühen 50er Jahren als Antwort auf die zahlreichen deutschen Chronometer auf den Markt gebracht. Es existieren wenige als ZentRa Savoy Solamaster bezeichnete Uhren mit dem Kaliber Revue 100. Die Revue 81 Uhrwerke wurden in der Schweiz sogar chronometergeprüft, nicht nur mit kleiner Sekunde, sondern auch mit umgebauter Zentralsekunde, und in den Uhren der Revue Centenaire Reihe verwendet.

Werbung ZentRa Solamaster mit Revue 100

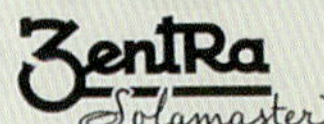

ZentRa Solamaster mit ZentRa 100 (Kaliber Revue 81) mit früherer Kurvenscheiben-Mikro-Reglage

ZentRa Solamaster mit ZentRa 100 (Kaliber Revue 81) mit späterer Kurvenscheiben-Mikro-Reglage

Datenblatt ZentRa 100

ZentRa 100	**Revue 81**
Durchmesser (Linien)	13 ½'''
Produktionszeit	~ 1954–1961
Hemmungsgruppe	Beryllium-Bronze Schraubenunruh; Nivarox Spirale
Feinregulierung	Kurvenscheiben-Mikro-Reglage
Stoßsicherung	Incabloc
Stückzahl	wenige Tausend
Steine	17
Halbschwingungen (A/h)	18.000
Besonderheiten	

ZentRa Savoy Solamaster mit ZentRa 100

In der Serie Solamaster sind stets Kaliber von Revue genutzt. Bei den Uhren mit Savoy auf dem Blatt wird eine Zuordnung schwieriger. Neben Uhren, die von Huguenin/Hamilton gefertigt wurden, gibt es auch eine ZentRa Savoy Dynawind mit einem Werk von Wyler. Steht auf dem Zifferblatt ZentRa Sola, bedienten sich die Einkäufer der ZentRa unter anderem ebenfalls bei Huguenin, und der Uhrenlieferant aus dem Schweizer Le Locle verpasste der Uhr ein Felsa 690 Bidynator. Für die frühen Formuhren der Sola Reihe wurden etliche Kaliber unterschiedlichster Hersteller genutzt: Revue 54 (ZentRa 4), Revue 70 (ZentRa 7), Venus 130 (ZentRa 235), Minerva 717 (ETA 714), FEF 130 (ZentRa 147), FEF 133, ETA 717.
Auch Mido hatte eine Liaison mit ZentRa. Bereits vor dem Krieg gab es eine ZentRa Perpetuum mit Mido 817 Hammerautomatikwerk und in den 50er Jahren die ZentRa Mido Powerwind Uhren, deren Mido 917P Werke mit einer Incastar Feinregulierung ausgestattet wurden.
Es existieren frühe Uhren mit Hammerautomatik, unter anderem von Record mit Kaliber 171, von Revue mit Kaliber 80, auf deren Zifferblatt wieder das Sola prangt, oder Modelle, die von Buren geliefert wurden und mit dem Buren 525 ausgestattet sind. Im Jahr 1966 wurde die Uhrenfabrik Buren AG an die Hamilton Watch Company verkauft. Später wurden, ähnlich wie bei Dugena, die Micro-Rotor Werke Buren 1280 und 1320 im ZentRa Modell Savoy intra-matic genutzt.
In den 1970er Jahren wurden zahlreiche Savoy Automatikuhren von Nivada und elektromechanische Uhren von Mido für ZentRa geliefert.

Datenblatt ZentRa Mido 917P

ZentRa Mido powerwind	**Mido 917P**
Chronometerprüfstelle	
Durchmesser (Linien)	12'''
Produktionszeit	~ 1958–1960
Hemmungsgruppe	Schraubenunruh; Nivarox Spirale
Feinregulierung	Incastar Feinregulierung
Stoßsicherung	Incabloc
Stückzahl	
Steine	17
Halbschwingungen (A/h)	18.000
Besonderheiten	

ZentRa Mido Powerwind mit Kaliber 917P und einer Incastar Feinregulierung

AUFLISTUNG DER ABGEBILDETEN UHREN 15

Eine zeitlich korrekte Erfassung der Chronometer ist nur bedingt möglich. Verschiedene Werke wurden über lange Zeiträume produziert, Uhren nach Produktion und Prüfung erst nach einiger Zeit in Verkauf gebracht. Obwohl die Produktion längst eingestellt war, wurden so manche Modelle noch Jahre später in Katalogen angeboten. Auch die historischen Quellen widersprechen sich mitunter. Daher sind die Angaben in den Tabellen teilweise geschätzt.

Liste der abgebildeten Uhren

Firma Zifferblatt	Bezeichnung	Hersteller Werk	Produktionsbeginn (ca.)	Kaliber	Chronometer	Seite	Bemerkung
Ancre	Chronometre	ETA	1940	ETA 717		60	
Anker	Anker Chronometer	AS	1972	AS 2063	X	167	
	Anker Extraprecision	PUW	1955	PUW 60		186	
Arctos	Elite	Durowe	1953	Durowe 1032		187	
	Elite	Hermann Becker	1955	HB 115		188	
	Automatic	Felsa	1958	Felsa 790 Bidynator		188	Schwanenhalsfeinregulierung
Badenia	Precision Superflat	Hermann Becker	1958	Badenia 1128 (HB 111)		189	
	Precision	Hermann Becker	1955	HB 115		189	
	Automatic Precision	Badenia RA	1960	RA 127 (Basis HB 111)		190	Automatik
Bellana (Krings)	de Luxe	Mauthe	1958	Mauthe 1004		121	
		AHO, August Hohl	1960	AHO 1021		122	

AUFLISTUNG DER ABGEBILDETEN UHREN

Firma Zifferblatt	Bezeichnung	Hersteller Werk	Produktions-beginn (ca.)	Kaliber	Chrono-meter	Seite	Bemerkung
		ETA	1969	ETA 2391		122	
		ETA	1970	ETA 2752		123	Etachron Feinregulierung
		ETA	1972	ETA 2773		123	Etachron Feinregulierung
Berg, Bergana	Berg Parat	A. Schild	1963	AS 1700		191	Automatik
	Berg Aquarex	AHO, August Hohl	1960	AHO 1021		191	
	Bergana	ETA	1959	ETA 2391		191	Triostat Feinregulierung
	Bergana Wehrmacht	A. Schild	1969	AS 1560		192	Triostat Feinregulierung
Bifora	Spezial	Bifora	1951	Bifora 103		67	kleine Sekunde und Zentralsekunde
	Spezial	Bifora	1953	Bifora 111		68	Zentralsekunde
	Unima Chronometer	Bifora	1956	Bifora 120 kleine Sekunde	X	116	Schwanenhalsfeinregulierung
	Unima Chronometer	Bifora	1956	Bifora 120 Zentralsekunde	X	116	Schwanenhalsfeinregulierung
	Stratos	Bifora	1965	Bifora 130		117	
	Electronic	Bifora	1973	Bifora B11-1		171	
	Unima Quartz	Bifora	1974	Bifora B12 (Mikado)		176	quarzgesteuerter Stiftanker
Blumus	De Luxe	PUW	1958	PUW 60-61		125	
		ETA	1959	ETA 2390 ETA 2391		125	Triostat
		ETA	1969	ETA 2772		126	Automatik, reguliert in 6 Lagen
Condor	75 Chronometer	Adolph Schild S.A.	1972	AS 2063	X	127	einseitiger Aufzug, Datum bei Sechs, Triovis Feinreglage
	Chronometer	Adolph Schild S.A.	1972	AS 1902/03	?	128	fragliche Prüfung, da keine Nummern
	Chronometer	Adolph Schild S.A.	1973	AS 2163	X	128	Automatik, Datumsschnell-schaltung, Unruhstopp, Zweiteiliger Rücker
Delcona		ETA	1956	ETA 1080		194	reguliert in 3 Positionen
	Precision	ETA	1953	ETA 1080		194	
		Felsa	1955	Felsa 465		194	reguliert in 3 Positionen

Firma Zifferblatt	Bezeichnung	Hersteller Werk	Produktions-beginn (ca.)	Kaliber	Chrono-meter	Seite	Bemerkung
	Damenuhr	ETA	1948	ETA 1201		195	reguliert
		Peseux	1938	Peseux 180		195	reguliert in 2 Positionen, kleine Sekunde
DUGENA	Vacuum Chronometer	ETA	1973	ETA 2832	X	133	Vacuum-Gehäuse, Etachron Reglage, Prüfung in Schweiz
	Precision	Buren	1965	Dugena 280 Buren 280		196	
	Chronometer	Helvetia	1955	Dugena 596 Helvetia 64	X	131	Prüfung in Schweiz
	Precision	Helvetia	1955	Dugena 596 Helvetia 64		197	
	Precision	Peseux	1970	Dugena 599 Peseux 320		197	ohne Sekunde
	Precision	Bifora	1953	Dugena 978 Bifora 111		197	
	Precision	Helvetia	1955	Dugena 996 Helvetia 830		198	
	Precision	Helvetia	1963	Dugena 997 Helvetia 831		198	Girocap-Kombifutter für Ankerrad
	Precision Automatic	Helvetia	1963	Dugena 1024 Helvetia 845		199	Automatik
	Precision Automatic	Helvetia (Basis AS)	1968	Dugena 1027 Helvetia 847 Basis AS 1740		199	Automatik
	Precision Automatic	Helvetia (Basis ETA)	1970	Dugena 1029 Helvetia 861 Basis ETA 2522		199	Automatik, Datum
	Precision	ETA	1970	Dugena 1074 ETA 2600		200	
	Precision	Durowe	1975	Dugena 2124 Durowe 7526/1 INT		200	Automatik, Taganzeige, Datum-Schnellschaltung
	Geneve Automatic	ETA	1975	Dugena 3352 ETA 2824		200	Automatik, Datum, Triovis Feinregulierung
Ehr	Chronometre	AS	1940	AS 1147		60	
	Primus	Durowe	1956	Durowe 446		184	
Eppo/Otero/Epora	Akkurat	Otero	1950	Otero 26		137	

Firma Zifferblatt	Bezeichnung	Hersteller Werk	Produktionsbeginn (ca.)	Kaliber	Chronometer	Seite	Bemerkung
		Otero	1961	Otero 772	X	138	Automatik
	Komtur	Otero	1957	Otero 44		185	
Exquisit		PUW	1953	PUW 60		143	
	Chronometer	ETA	1962	ETA 2459	X	143	Triostat Feinregulierung
	Space Master	AS	1972	AS 1920 Space Master		143	AS2-Reglage mit Hebeluntersetzung, Hochfrequenzwerk, Sekundenstopp
GUB Glashütte		GUB Glashütte Lange & Söhne VEB	1951	GUB 28.1		66	Zentralsekunde, teilweise Goldchatons, 1948–1951 Mechanik Lange & Söhne VEB
		GUB Glashütte	1955	GUB 60.1		89	
	Chronometer	GUB Glashütte	1959	GUB 60.3		92	
	Chronometer	GUB Glashütte	1962	GUB 70.1		92	
	Chronometer	GUB Glashütte	1964	GUB 70.3	X	93	
		GUB Glashütte	1954	GUB 64		164	Schaltrad-Chronograph
Hanhart		Hanhart	1938	Hanhart 40		163	Eindrücker-Chronograph, Breguet-Spirale, Schaltrad-Chronograph
		Hanhart	1939	Hanhart 41		163	Schaltrad-Chronograph, Breguet-Spirale, asymmetrische Drücker, Flyback
		Hanhart	1957	Hanhart 42		164	Schaltrad-Chronograph, Zwei-Drücker, Flyback, Six Adjustments
		Valjoux	1970	Valoux 23		164	Schaltrad-Chronograph
Henzi und Pfaff (H&P)	Hercules	H&P	1957	H&P 127		204	
	Goldwyn	H&P	1957	H&P 106		204	Feinregulierung
	Anker, Hercules, Goldwyn	H&P	1957	H&P 128		204	Feinregulierung, reguliert in 3 Lagen
	Mora	H&P	1957	H&P 129		205	Feinregulierung, 17 Steine, Datum
Heuer 3H Tritium Chronograph		Valjoux	1967 (Bund)	Valjoux 230 Flyback		39	Bundeswehr, Referenz 1550SG Chronograph, Flyback
Isoma	De Luxe	Hermann Becker	1958	HB (Herrmann Becker) 120		146	

Firma Zifferblatt	Bezeichnung	Hersteller Werk	Produktions-beginn (ca.)	Kaliber	Chrono-meter	Seite	Bemerkung
	Chronometer	Durowe	1968	Durowe 451	X	147	Triovis
Junghans	Meister Liste Seite 207 ff					207	
	Meister Max Bill	Junghans		Junghans J84/S3 Junghans 684.76		206	Feinregulierung
	Chronomètre	Junghans	1914	Junghans J16 Lepine Taschenuhr		57	aufgeschnittene Kompensationsunruh, Breguet Spirale
	Chronometer	Junghans	1953	Junghans J82/4 Junghans 682.74	X	77	ohne Sekundenstopp, kleine Sekunde
	Chronometer	Junghans	1953	Junghans J82/2 Junghans 682.72	X	77	mit Sekundenstopp, kleine Sekunde
	Chronometer	Junghans	1953	Junghans J82/3 Junghans 682.73	X	78	erste Modelle ohne Sekundenstopp, Zentralsekunde
	Chronometer	Junghans	1957	Junghans J83 Junghans 683.71	X	80	eine senkrechte Abgleich-schraube pro Unruhschenkel, Rotor nicht vernietet, 28 Steine
	Chronometer	Junghans	1958	Junghans J83/1 Junghans 683.72	X	80	eine Abgleichschraube pro Unruhschenkel, Datum
	Chronometer	Junghans	1961	Junghans J83/S Junghans 683.73	X	82	zwei Abgleichschrauben pro Unruhschenkel ohne und mit Datum
	Chronometer	Junghans	1961	Junghans J83/S Junghans 683.75	X	82	zwei Abgleichschrauben pro Unruhschenkel ohne und mit Datum
	Chronometer	Junghans	1960	Junghans J85 685.71	X	83	zwei Abgleichschrauben pro Unruhschenkel
	Chronometer	Junghans	1962	Junghans J85/10 685.70	X	83	Ringunruh ohne Abgleichschrauben Ankerrad mit KIF-Duofix-Kombifutter
		Junghans	1959 (Bund)	Junghans J88 Junghans 688.70		39	Bundeswehr Versorgungsnummer 12-124-8591 Typ 88/0111
	Olympic	Büren Dubois-Depraz	1971 (Junghans)	Buren 12, (Junghans 688.13)		165	Chronograph, zwei Exzenter Reglagen, Mikrorotor für Automatikaufzug
	Chronometer Dato-Chron	Junghans	1967	Junghans 600.12	X	173	Elektromechanisches Drehschwingsystem

Firma Zifferblatt	Bezeichnung	Hersteller Werk	Produktions-beginn (ca.)	Kaliber	Chrono-meter	Seite	Bemerkung
	4 MHz Quartz Chronometer	Junghans	1977	Junghans 667.26	X	181	Quarzchronometer Quarz: 4,194-Megahertz
	Junghans Tourneur	ETA SA Manufacture Horlogère Suisse	1996	Valjoux 7750	X	84	
	Junghans Meister Chronometer J802.1	ETA SA Manufacture Horlogère Suisse	2011	ETA 2824	X	85	
Kienzle	Superia	Seiko	1962	K081/27 Seikosha 6220		108	
	Superiamatic	Seiko		K08-20 Seikosha 603		108	
	Chronometer	Seiko	1962	K081/21 Seikosha 6220	X	110	
	Chronometer	ETA	1964	K081/21 ETA 2391	X	112	
	Chronometer	ETA	1965	ETA 2472	X	112	Automatik
	Kienzle SWISS	ST (FHF)		ST96 (FHF96)		109	
	Kienzle Chronoquartz	NSC (National Semiconductor)	1973	NSC WM06N		175	Quarz LED
Kurtz Glashütter Tradition		Kurtz	1948	K 25		65	Zentralsekunde, späte Modelle mit Chatons, Breguetspirale
		Kurtz	1948	K 25.1		64	kleine Sekunde, späte Modelle mit Chatons, Breguetspirale
Laco	Chronometer	Durowe	1957	Durowe 630	X	101	Schwanenhalsfeinregulierung
	B-Uhr	Durowe	1937	Durowe D5		95	
	Sport	Durowe	1955	Durowe 430		101	
	440	Durowe	1956	Durowe 440		102	
	electric	Laco	1962	Laco 861		174	
Diehl	446	Durowe	1960	Durowe 446		100	
Lange, A., Pforzheim	Lange Chronometer	ETA	1965	ETA 2472	X	119	Automatik, Datum, Prüfung in Schweiz (Biel)
Luga	Chronometre	Durowe	1968	Durowe 451	X	150	Triovis Feinregulierung
	Precision	AM Felsa	1949	AM 394 Felsa 394		148	

Firma Zifferblatt	Bezeichnung	Hersteller Werk	Produktions-beginn (ca.)	Kaliber	Chrono-meter	Seite	Bemerkung
	Precision	Felsa	1950	Felsa 395		148	
	Precision	ETA	1955	ETA 1080		149	
	Precision	Felsa	1962	Felsa 465N		150	Schwanenhalsfeinregulierung
	Precision	FHF	1956	FHF 28		149	Fonto Feinregulierung
	Precision	FHF	1955	FHF 72		150	Incastar und Triostat
Mars	Super	ETA	1955	ETA 2370		153	
	Super	AS	1954	AS 1187		154	
Meckenstock	Precision	FHF	1959	FHF 72		215	
Page	Chronometre	PUW	1940	PUW 500		60	
	Chronometre	Durowe	1950	Durowe 410		156	
	Precisa	ETA	1955	ETA 1080	X	156	
Para	Klasse	ETA	1959	ETA 2391		209	
		UROFA	1936	UROFA 58		210	Raumnutzwerk
Philippe (Frankreich)	Chronometre	FEMGA 520	1955		X	23	Punze Observatoire de Besançon
Porta	Amphibia	PUW	1952	PUW 60-61		106	
		PUW	1956	PUW 54 A		107	Automatik, Schwanen-halsfeinregulierung
	Chronometer	PUW	1952	PUW 60	X	107	
	Elechron	PUW	1973	PUW 1001		171	Triovis Mikrometer Feinregulierung, Datum
Prätina	Quartz	PUW	1972	PUW 5002		176	Triovis Mikrometer Feinregulierung, elektronische Quarz-steuerung, Tag, Datum
Preziosa	Preziosa	Otero	1961	Otero 772		138	Automatik, Datum bei 7:30
Primato	Super	PUW	1964	PUW 360		42	
	Super	PUW	1970	PUW 2750		210	
	Tropenfest	PUW	1970	PUW 1461		211	Automatik, Datum bei 6
Provita	Extra Precision	Phenix	1935	Phenix 110		61	
	Chronotest	AS	1956	AS 1604		158	Herstellerprüfung in Lagen, Temperatur Schwanenhals

Firma Zifferblatt	Bezeichnung	Hersteller Werk	Produktions-beginn (ca.)	Kaliber	Chrono-meter	Seite	Bemerkung
	Chronotest	Felsa	1961	Felsa 4000		159	Herstellerprüfung in Lagen, Temperatur Schwanenhals
	Chronotest	ETA	1970	ETA 2472		159	Herstellerprüfung in Lagen, Temperatur
	Extra	Peseux	1958	Peseux 320		158	
	Chronotest	ETA	1970	ETA 2790		159	Herstellerprüfung in Lagen, Temperatur Etachron
	Chronoquartz	ETA-ESA	1977	ESA 9362		176	quarzgesteuerter Schrittmotor, Tag: Schnellschaltung Datum: Schnellschaltung
Saxonia (Provita)	Chronotest	ETA	1970	ETA 2782		161	Herstellerprüfung in Lagen, Temperatur
Schwarzwälder	Precision	PUW	1963	PUW 1361		216	Automatik
STOWA		Recta (Muller & Vaucher)	1942	Recta G1 (MV* G1)		213	Schwanenhalsfeinregulierung
	Precision	AS	1955	AS 1187		213	
	STOWA Fliegeruhr Baumuster A		1937	Unitas 2812		18	FL23883
Tutima Glashütte		Urofa	1942	Urofa 59		163	Schaltrad-Chronograph, Breguet-Spirale
Unilectric	Unilectric	VEB Uhren und Maschinen-fabrik Ruhla	1966	UMF 25-12		174	Elektromechanisch
Vortmann	Precision	AS	1960	AS 1746/47		214	
Wempe	Zeitmeister	ETA	1958	ETA 2370		217	
		AS	1960	AS 1680		217	
Zentra	Präzision Sonderklasse	ETA	1955	Zentra 754 ETA 1100		219	Schwanenhalsfeinregulierung, Herstellerprüfung in Lagen und Temperatur
	Präzision	Felsa	1955	Felsa 465		218	Schwanenhalsfeinregulierung
	Solamaster	Revue	1950	Zentra 100, Revue 81		221	Kurvenscheiben/Mikro-Reglage
	Savoy Solamaster	Revue	1954	Zentra 100, Revue 81		221	Kurvenscheiben/Mikro-Reglage
	Zentra Mido Powerwind	Mido	1958	Mido 917 P		222	Automatik, Incastar Feinregulierung
unbekannt	Chronometer	AS	1972	AS 2163	X	168	Automatik, Datumsschnellschaltung, Unruhstopp, Zweiteiliger Rücker

ZEITLICHE EINTEILUNG DEUTSCHE CHRONOMETER 16

Tabelle zeitliche Einteilung deutsche Chronometer

Jahr	Firma	Kaliber
1951	Junghans	Vorserie J82
1953	Junghans	J82/4 682.74
1953–1956	Porta	PUW 60
1953–1958	Junghans	J82/2 682.71
1953–1958	Junghans	J82/3 682.73
1955	Dugena	Dugena 596, Helvetia 64
1955	Page	ETA 1080
1956–1965	Bifora	B120 Unima B120 Unima SCI
1957	Junghans	J83 683.71
1957–1961	Laco	D630
1958	Isoma	HB 120
1958–1960	Junghans	J83/1 683.72
1959–1962	GUB	60.3
1960–1962	Junghans	J85 685.71
1961	Eppo/Epora	Otero 772
1961–1963	Junghans	J85/10 685.70
1961–1962	Junghans	J83/S 683.73
1961–1962	Junghans	J83/S 683.75
1962	Exquisit	ETA 2459

Jahr	Firma	Kaliber
1962–1964	GUB	70.1
1962–1964	Junghans	683.00
1962–1964	Junghans	683.02
1962–1963	Kienzle	K081/21 (Seikosha 6220)
1964–1971	GUB	70.3
1964–1967	Junghans	J85/10 685.70
1964–1966	Kienzle	ETA 2391
1965–1967	Junghans	685 685.70
1965–1968	Kienzle Swiss	ETA 2472
1967–1974	Junghans	600
1968	Isoma	Durowe 451
1968	Luga	Durowe 451
1969	Bellana	ETA 2391
1969	Lange	ETA 2472 (einzelne Einreichungen ab 1957)
1972	Anker	AS 2063
1972	Condor	AS 2063
1973	Condor	ETA 2784
1973	Dugena Vac.	ETA 2832
1977–1981	Junghans	667.26

17 LISTE BESTELLSIGNATUREN DER ARCHIVALIEN STAATS-ARCHIV LUDWIGSBURG

Bestellsignatur	Nummer
StAL EL 500 III_Bü 197_0022	1
StAL EL 500 III_Bü 197_0023	1
StAL EL 500 III_Bü 197_0024	1
StAL EL 500 III_Bü 201_0025	2
StAL EL 500 III_Bü 201_0026	2
StAL EL 500 III_Bü 202_0002	3
StAL EL 500 III_Bü 197_0031	4
StAL EL 500 III_Bü 202_0001	5
StAL EL 500 III_Bü 197_0047	6
StAL EL 500 III_Bü 197_0048	6
StAL EL 500 III_Bü 197_0046	6
StAL EL 500 III_Bü 197_0026	7
StAL EL 500 III_Bü 197_0027	7
StAL EL 500 III_Bü 197_0044	8
StAL EL 500 III_Bü 197_0045	9
StAL EL 500 III_Bü 197_0006	10
StAL EL 500 III_Bü 197_0007	10
StAL EL 500 III_Bü 197_0014	11
StAL EL 500 III_Bü 197_0015	11
StAL EL 500 III_Bü 197_0016	11
StAL EL 500 III_Bü 202_0003	12
StAL EL 500 III_Bü 202_0004	12
StAL EL 500 III_Bü 197_0039	13
StAL EL 500 III_Bü 197_0041	14
StAL EL 500 III_Bü 197_0050	15
StAL EL 500 III_Bü 197_0049	15
StAL EL 500 III_Bü 197_0042	16
StAL EL 500 III_Bü 197_0043	16
StAL EL 500 III_P 27_0007	17
StAL EL 500 III_P 27_0008	17
StAL EL 500 III_Bü 197_0017	18
StAL EL 500 III_Bü 201_0007	19
StAL EL 500 III_Bü 201_0008	19
StAL EL 500 III_Bü 201_0013	20
StAL EL 500 III_Bü 197_0018	21
StAL EL 500 III_Bü 197_0018	21
StAL EL 500 III_Bü 197_0018	21
StAL EL 500 III_Bü 197_0032	22
StAL EL 500 III_Bü 196_0005	23
StAL EL 500 III_Bü 196_0003	24
StAL EL 500 III_Bü 202_0005	25
StAL EL 500 III_Bü 197_0028	26
StAL EL 500 III_Bü 197_0046	27
StAL EL 500 III_P 25_0007	28
StAL EL 500 III_P 25_0008	28
StAL EL 500 III_P 27_0003	29
StAL EL 500 III_P 27_0004	29
StAL FL 500 III_P 22_0001	30
StAL EL 500 III_Bü 201_0025	31
StAL EL 500 III_Bü 201_0026	31
StAL EL 500 III_Bü 201_0027	32
StAL EL 500 III_Bü 197_0035	33
StAL EL 500 III_P 27_0006	34
StAL EL 500 III_Bü 197_0033	35
StAL EL 500 III_Bü 201_0022	36
StAL EL 500 III_Bü 197_0038	37
StAL EL 500 III_Bü 197_0037	38
StAL EL 500 III_Bü 201_0021	39
StAL EL 500 III_Bü 201_0017	39
StAL EL 500 III_Bü 201_0018	39
StAL EL 500 III_Bü 201_0015	40
StAL EL 500 III_Bü 201_0016	40
StAL EL 500 III_Bü 201_0010	41
StAL EL 500 III_Bü 201_0011	41
StAL EL 500 III_Bü 201_0012	41
StAL EL 500 III_Bü 201_0013	41
StAL EL 500 III_Bü 201_0007	42
StAL EL 500 III_Bü 201_0008	42
StAL EL 500 III_Bü 201_0009	42
StAL EL 500 III_Bü 197_0034	43
StAL EL 500 III_P 27_0005	44
StAL EL 500 III_P 25_0010	45
StAL EL 500 III_P 25_0009	46
StAL EL 500 III_Bü 197_0051	47
StAL EL 500 III_Bü 197_0040	48
StAL EL 500 III_P 25_0006	49
StAL EL 500 III_P 25_0003	50
StAL EL 500 III_P 25_0004	50
StAL EL 500 III_P 25_0005	50
StAL EL 500 III_P 25_0001	51
StAL EL 500 III_P 25_0002	51

NACHWORT

Ein solches Buch zu schaffen erfordert zunächst Zeit – von der ein Uhrenbegeisterter eigentlich viel zur Verfügung haben sollte –, die aber schlussendlich von einigen geduldigen Menschen in kleinen und manchmal großen Einheiten abgezwackt wird. Ohne diese Menschen wäre dieses Buch nie entstanden, und das kleine Autorenteam kann nicht genug Danke sagen. In erster Linie unseren Familien.

DANKSAGUNG

Unser ausdrücklicher Dank geht an das Landesarchiv Baden-Württemberg, Abt. Staatsarchiv Ludwigsburg, für die sehr angenehme Zusammenarbeit und die Bereitstellung des Archivmaterials.
Ein weiterer besonderer Dank geht an Bernhard Schmotte, der uns unermüdlich mit zahlreichen Uhren aus seiner Sammlung versorgt hat, sowie an:

André Born
Peter-Jesko Buse
Dirk Fassbender
Jens Finkbeiner
Matthias Hoffmann
Dr. Bernhard Huber
Holger Knöferl
Martin Krause
Stefan Reichmann
Peter Reil
Dieter Schullerus
Deutsche Gesellschaft für Chronometrie
Firma Junghans, Schramberg
Firma Laco, Pforzheim
Physikalisch-Technische Bundesanstalt Braunschweig (Hans-Ulrich Loehr)
The Swatch Group Ltd
Firma Wempe, Glashütte

AUTORENVITA

Das Autorenduo Martin Fischer und Wolfgang Ingerl schreibt hier ein grandioses Debütwerk. Beide sammeln seit vielen Jahren begeistert Armbanduhren, vorwiegend deutscher Provenienz. Der 1971 geborene Martin Fischer kann auf Veröffentlichungen zum Thema Uhren in verschiedenen Uhren-Magazinen und das Standardwerk „Faszination Junghans: Sieben Jahrzehnte Armbanduhren aus Schramberg" zurückblicken und lebt mit seiner Familie in der Nähe von Regensburg, Wolfgang Ingerl, Jahrgang 1966, lebt mit Familie im Raum Landshut.

LITERATUR

Berner, G. - A.: Illustrated Professional Dictionary of Horology I + II. (French/English/German/Spanish, 4700 definitions, 2002 Edition

Bertele, Hans von: Marine- und Taschenchronometer. München: Callwey Verlag, 1981

Bielefeld, Claus-Ulrich: Elektrik am Handgelenk. Leipzig: Engelsdorfer Verlag, 2007

Eder, Norbert: Beobachtungsuhren Deck Watches Chronomètres de bord. München: Callwey Verlag, 1987

Flume, Rudolf: Stoßsicherungen. Berlin, Essen. o. V., 1967

Fischer, Martin: Faszination Junghans – Sieben Jahrzehnte Armbanduhren aus Schramberg. Regenstauf: Battenberg Gietl Verlag; 1. Auflage, 2017

Glaser, Günther: Lexikon der Uhrentechnik, Ulm: Verlag Wilhelm Kempter, Zweitauflage 1984

Hampel, Heinz: Automatic Armbanduhren aus der Schweiz, München: Callwey Verlag, 1992

Hampel, Heinz: Automatic Armbanduhren aus Deutschland, England, Frankreich, Japan, Rußland,USA. München: Callwey Verlag, 1996

Heinrich, Werner: Mechanische Armbanduhren aus Glashütte 1950 bis 1980. München: Callwey Verlag, 2007

Kahlert/Mühe/Brunner: Armbanduhren – 100 Jahre Entwicklungsgeschichte. München: Callwey Verlag; München; 1996

Kieselbach, Ralf J. F.: Zeit und Präzision. o. O.: Untitled Verlag und Agentur, 2017

Knirim, Konrad: Die Uhren der deutschen Streitkräfte 1870 bis 1990. Bottrop: Verlag Peter Pomp, 1998

Kreuzer, Anton: Meisterwerke der Uhrmacherkunst – Armbanduhren von der Zylinderuhr bis zur Grande Complication. Klagenfurth: Universitätsverlag Carinthia, 1995

Lang, Gerd-R.; Meis, Reinhard: Chronographen Armbanduhren – Die Zeit zum Anhalten. München: Callwey Verlag, 1992

Lange, Walter: Als die Zeit nach Hause kam: Erinnerungen. Düsseldorf: ECON, 2004

Öhm-Kühnle, Christoph: Laco-Durowe, Pforzheim – Geschichte, Uhren, Uhrwerke. S. 40 ff.; Band 60, Jahresschrift 2021; Nürnberg: Hrgb.: Deutsche Gesellschaft für Chronometrie, 2021

Oestmann, Günther: Auf dem Weg zum Deutschen Chronometer. Die Einführung von Präzisionszeitmessern bei der deutschen Handels - und Kriegsmarine bis zum Ersten Weltkrieg. Bremen: Hauschild, 2012

Osterhausen, Fritz von: Armbanduhren Chronometer – Mechanische Präzisionsuhren und ihre Prüfung. München: Callwey Verlag, 2. erweiterte und überarbeitete Ausgabe, 1996

Schmeltzer, Bernhard: Die automatische Armbanduhr von den Anfängen bis heute. Duisburg: Verlag Karin Schmeltzer, 1992

Schmid, Hans-Heinrich: Lexikon der deutschen Uhrenindustrie 1850–1980. Villingen-Schwenningen: Förderkreis lebendiges Uhrenmuseum e.V. (Herausgeber), 2005

Sobel, Dava; Andrewes, William J.: Längengrad. Die illustrierte Ausgabe: Die wahre Geschichte eines einsamen Genies, welches das größte wissenschaftliche Problem seiner Zeit löste. Berlin Verlag, 1999

Trueb, Lucien F.: Die Zeit der Uhren – Historie, Modelle, Hersteller. Ulm: Ebner Verlag, 1999

Trueb, Lucien F.: Zeitzeugen der Quarzrevolution. Oberhausen: Athena-Verlag, 2006

Wiechel-Kramüller, Christian: Bifora Unima – Auf die Sekunde kommt es an, Suhlendorf: WIEKRA Edition, 2018

Artikel aus Zeitschriften/Magazinen:

Brunner, Gisbert L.: Mechanische Armbandchronometer aus der Manufaktur von Junghans in Schramberg/Schwarzwald. München: Alte Uhren 4/1982; Callwey Verlag, 1982

Brunner, Gisbert L.: Werkstoffe und Materialien mechanischer Uhren: Glucydur. www.watchtime.net, 2013

Die Uhr, Nr. 10. Heft 22, 1956, S. 22

Fischer, Martin: Alte Meister – Die Meisterserie von Junghans; Armbanduhren 06/2021; Königswinter: Heel Verlag, 2021

Miklosch, Richard: 200 Jahre Marinechronometer – Klassische Chronometrie. S. 12 ff.; Klassik Uhren 1/2001; Ulm: Ebner-Verlag, 2001

Öhm-Kühnle, Christoph: Bellana Dienstuhren und die Zeitmessung der Deutschen Bahn. S. 30 ff.; Klassik Uhren 3/2017; Ulm: Ebner-Verlag, 2017

Pfeiffer-Belli, Christian; Pech, Martin; Vierhuf, Andreas: Momentaufnahmen. S. 30 ff.; Klassik Uhren 5/2012; Ulm: Ebner-Verlag, 2012

Pöhlmann, Klaus: Saxonia (Taschen-)-Uhren – Versuch einer Aufklärung. S. 25 ff.; Klassik Uhren 6/2012; Ulm: Ebner-Verlag, 2012

o. A.: Chronometer – So wird der Gang berechnet; S. 70; Uhren-Magazin 7-8/98; Bremen: Uhren-Magazin Verlag, 1998

Schmidt, Hans-Jürgen: Präzision am Handgelenk. S. 54 ff.; Königswinter: Armbanduhren International Nr. 8; Heel Verlag, 1994

Schmidt, Hans-Jürgen: Chronometer-Test, 2. Teil. S. 50 ff; Königswinter: Armbanduhren International Nr. 9; Heel Verlag, 1994

Selen, Gerhard: COSC – das Institut für Chronometerprüfung; S. 24 ff.; Uhren-Magazin 7-8/97; Bremen: Uhren-Magazin Verlag, 1997

Straumann, R.: Die Zeitwaage, ein hochpräzises Kurzzeitmeßgerät, Bericht von Dipl.-Ing. R. Straumann, S. 88 ff.; Schriftenreihe der Gesellschaft für Zeitmeßkunde und Uhrentechnik, Band 6; Berlin: Verlag der Deutschen Uhrmacher-Zeitung, 1935

Straumann, R.: Ueber Legierungen für Federn mit kleinem Temperaturkoeffizienten des Elastizitätsmoduls. Waldenburg, Schweiz, Jahr unbekannt

Strock, Karl: KURTZ – K 25 ein Werk mit Glashütter Tradition. S. 172 – 173; Ulm: NUZ, Neue Uhrmacher Zeitung 1951/6

Vilkner, Hans: Chronometerprüfung – Prüfen, Messen, Justieren. o. O.: Monatsschrift Feinmechanik Optik 77; S. 108 – 115; 1960

Vilkner, Hans: 20 Jahre Chronometerprüfung in Stralsund. Uhren und Schmuck (Heft 15); 1979

Staatliche Qualitätsprüfung für die deutsche Armbanduhr. S. 38; 25. Jahrgang; 2/1971; Ulm: NUZ, Neue Uhrmacher Zeitung, 1971

Die Geschichte der Zeitwaagen. S. 4 ff.; DIE UHR, Nr. 2/1954,

175 Jahre Uhrmacherei in Glashütte – Chronometer; Uhren-Magazin 06/2020; Ulm: Ebner Media Group GmbH & Co. KG, 2020

https://junghansarchiv.de/

http://www.hifi-archiv.info/

https://www.handelszeitung.ch/unternehmen/die-hueter-der-zeit-sind-den-sternen-nahe

https://www.ptb.de/cms/de/ueber-uns-karriere/ueber-uns/geschichte-von-ptr-und-ptb.html

3. Auflage 2022
ISBN 978-3-86646-223-6
Preis: 14,90 €

38. Auflage 2022/2023
ISBN 978-3-86646-222-9
Preis: 49,90 €

6. Auflage 2022
ISBN 978-3-86646-221-2
Preis: 16,90 €

4. Auflage 2022
ISBN 978-3-86646-210-6
Preis: 45,– €

27. Auflage 2022/2023
ISBN 978-3-86646-204-5
Preis: 34,90 €

52. Auflage 2022
ISBN 978-3-86646-215-1
Preis: 24,90 €

13. Auflage 2022
ISBN 978-3-86646-214-4
Preis: 29,90 €

3. Auflage 2022
ISBN 978-3-86646-217-5
Preis: 49,90 €

22. Auflage 2020
ISBN 978-3-86646-183-3
Preis: 39,90 €

23. Auflage 2021
ISBN 978-3-86646-201-4
Preis: 39,90 €

5. Auflage 2019
ISBN 978-3-86646-176-5
Preis: 14,90 €

7. Auflage 2021
ISBN 978-3-86646-207-6
Preis: 29,90 €

Battenberg Gietl Verlag GmbH
Postfach 166 · 93122 Regenstauf · Tel. 0 94 02/93 37-0 · Fax 0 94 02/93 37-24
E-Mail: info@battenberg-gietl.de · www.battenberg-gietl.de

Erhältlich im Buch- und Fachhandel oder direkt beim Verlag.